U1012578

ArcGIS 10.5 实例教程

杨军军　主编

电子科技大学出版社
University of Electronic Science and Technology of China Press
·成都·

图书在版编目（CIP）数据

ArcGIS 10.5 实例教程 / 杨军军主编. -- 成都：成都电子科大出版社，2025. 9. -- ISBN 978-7-5770-1897-3

Ⅰ. P208.2

中国国家版本馆 CIP 数据核字第 2025WE7462 号

ArcGIS 10.5 实例教程

ArcGIS 10.5 SHILI JIAOCHENG

杨军军　主编

策划编辑　于　兰
责任编辑　罗　雅
责任校对　万晓桐
责任印制　梁　硕

出版发行　电子科技大学出版社
　　　　　成都市一环路东一段 159 号电子信息产业大厦九楼　邮编 610051
主　　页　www. uestcp. com. cn
服务电话　028-83203399
邮购电话　028-83201495

印　　刷　成都市火炬印务有限公司
成品尺寸　185 mm×260 mm
印　　张　13. 25
字　　数　350 千字
版　　次　2025 年 9 月第 1 版
印　　次　2025 年 9 月第 1 次印刷
书　　号　ISBN 978-7-5770-1897-3
定　　价　68. 00 元

版权所有，侵权必究

前 言

地理信息系统（geographic information system，GIS）是一门融合地理学、地图学与计算机科学的新兴交叉学科。该学科以计算机辅助地图制图为技术基础，通过信息技术实现对地理空间数据的综合管理与应用。近年来，GIS 学科发展迅速，其应用已广泛渗透到国土资源管理、交通运输、土木工程、林业科学、海洋科学以及国防军事等多个领域。目前，国内高等院校、科研机构及相关应用部门正积极开展 GIS 的教学、科研与应用开发工作，使其成为现代地学研究的重要技术支撑和定量化分析的关键手段。GIS 作为前沿高新技术，已受到我国科技界尤其是地理学领域的高度关注。

ArcGIS 是由美国环境系统研究所（Environmental Systems Research Institute，ESRI）研发的全球领先的 GIS 平台系列，它有机整合了数据库技术、软件工程、人工智能、网络通信及云计算等现代信息技术，致力于为用户提供全面的开放式企业级 GIS 解决方案。其中，ArcGIS 10. 5 是 ESRI 于 2016 年 12 月发布的一个重要版本，在数据管理、空间分析、制图可视化、影像处理、三维建模、实时 GIS 及服务器部署等方面实现了多项技术突破，显著提升了 GIS 工作流程的效率。

自 20 世纪 90 年代末以来，我国高校陆续开设 GIS 本科专业。尽管各高校基于自身学科特色对 GIS 的定位存在差异，但普遍将其列为专业基础课程。值得注意的是，地质工程、水利工程、测绘工程等相关专业也将 GIS 课程纳入必修或选修课程体系，这既体现了 GIS 技术的广泛适用性，也对课程教学提出了更高的要求。

为了响应国家或地区科技创新战略需求，适应高校 GIS 教学发展的需要，满足师生教学和科研的需求，我们特编纂了本教材。全书系统地分为八章：第一章为 GIS 基本概念；第二章为 ArcGIS 10. 5 概述；第三章为 ArcGIS 应用基础；第四章为 GIS 数据采集；第五章为 GIS 数据处理技术；第六章为 GIS 空间分析；第七章为 GIS 空间统计分析；第八章为 ArcGIS 三维分析。

鉴于 GIS 学科涵盖知识体系庞大，且编者水平有限，书中难免存在疏漏之处，恳请学界同仁与读者不吝指正。

编　者

2025 年 6 月

目录

第一章 GIS 基本概念

随着信息技术的飞速发展和信息产业的蓬勃兴起，信息资源呈现爆炸式增长。其中，多尺度、多类型、多时态的地理信息，已成为人类研究土地、环境、人口、灾害、规划、建设等重大问题的关键数据支撑。系统论、信息论、控制论的成熟，以及计算机技术、通信技术、遥感技术和自动化技术等空间信息技术的广泛应用，为信息资源的科学管理与高效利用提供了坚实基础。在此背景下，GIS 应运而生。作为一门新兴交叉学科，GIS 融合了计算机科学、信息科学、地理学、测绘学、遥感、环境科学、城市科学及空间信息科学等多个领域的理论与技术。GIS 的快速发展不仅推动了地理信息管理的现代化进程，同时也为其他高新技术产业的进步提供了重要支撑。本章将系统阐述地理信息的基本概念、组成与功能。

第一节 GIS 基本概念

一、GIS 定义

地理信息系统，也称“地学信息系统”或“资源与环境信息系统”，不同学者对其定义各有侧重。美国学者帕克将其界定为“一种存储、分析和显示空间与非空间数据的信息技术”；迈克尔·古德柴尔德则定义为“采集、存储、管理、分析和显示地理现象信息的综合系统”；加拿大专家罗杰强调其工具属性，认为 GIS 是“从现实世界采集、存储、提取、转换和显示空间数据的有力工具集合”；俄罗斯学者特罗菲莫夫则突出其应用价值，称其为“解决各类复杂地理问题的工具集合”。

从本质上看，GIS 是一种重要的空间信息系统，依托计算机软硬件支持，对地球表层（含大气层）的地理分布数据进行采集、存储、管理、运算、分析、显示和描述的技术体系。其处理对象涵盖各类地理实体与现象数据及其相互关系，包括空间定位数据、图形数据、遥感影像数据和属性数据等，旨在分析特定地理区域内分布的地理实体、现象及其演变过程，为复杂规划、决策和管理问题提供解决方案。由于应用主体和目标的差异，不同领域对 GIS 的理解存在一定分歧。

GIS 兼具学科与技术双重属性。在学科层面，GIS 是横跨地球科学、空间科学和信息科学的交叉学科；在技术层面，它是以地学理论为基础，通过计算机软硬件支持，研究空间数据获取、处理、存储、管理、分析、建模、可视化及共享的理论方法与工程技术，最终服务于各类复杂管理、规划和决策问题的解决。

二、GIS 的内涵

基于上述 GIS 的多维度定义，可以系统归纳出 GIS 的四大核心内涵。

（1）系统架构层面：GIS 本质上是一个计算机化的技术集成系统。其物理载体由多个功能子系统构成的硬件平台体系组成，主要包括：数据采集子系统（负责空间数据的获取与输入）、数据管理子系统（实现数据的组织与存储）、空间分析子系统（承担数据的处理与建模）、图像处理子系统（完成遥感影像的解译与处理）以及数据可视化子系统（负责成果的输出与展示）。这些子系统的协同工作效能直接决定了 GIS 平台的整体性能，包括数据处理效率、分析精度以及成果输出质量等重要技术指标。值得注意的是，子系统的模块化设计水平将显著影响系统的可扩展性和应用灵活性。

（2）数据特征层面：GIS 以空间数据为核心操作对象，这类数据通过点（零维）、线（一维）、面（二维）和体（三维）等几何要素来表征地理实体和现象的空间特征。其本质属性体现在三个方面：首先，所有数据均基于统一的地理坐标参考系进行空间编码，确保数据的地理一致性；其次，采用“空间位置+属性特征+时间维度”的三元数据结构，实现地理要素的全息表达；最后，通过拓扑关系建立空间要素间的逻辑关联。这种独特的空间数据模型正是 GIS 区别于常规管理信息系统的本质特征，也是其核心技术挑战所在。

（3）技术功能层面：GIS 的核心价值在于其强大的空间分析能力，具体表现为，多源数据融合能力（整合矢量、栅格、属性等多维数据）、时空建模能力（构建地理过程演化模型）、空间决策支持能力（提供定量化分析结果）。通过缓冲区分析、叠置分析、网络分析、三维分析等专业分析方法，GIS 能够揭示传统手段难以获取的空间规律和潜在信息，为资源管理、环境监测、灾害预警等应用领域提供科学决策依据。

（4）学科关联层面：GIS 与测绘科学和地理学存在深度学科融合。在技术支撑维度，现代测绘技术（包括 GNSS 定位、数字摄影测量、激光雷达扫描等）为 GIS 提供了高精度的空间数据获取手段；在地理信息处理维度，遥感技术（如多光谱成像、高分辨率卫星影像解译）大幅提升了 GIS 的数据更新效率；在理论基础维度，地理学为 GIS 提供了空间认知理论、区位理论和人地关系理论等核心理论支撑。美国著名地理学家古德柴尔德曾指出：“GIS 与信息地理学的协同发展，正在引发地理科学的范式革命。”这种革命性体现在：GIS 作为“地理学的第三代语言”，通过数字化手段实现了对地理空间的精确描述和动态模拟；而信息地理学则构建了地理信息科学的方法论体系，二者共同推动着地理学研究从定性描述向定量分析的转型升级。

三、GIS 基本特征

与常规信息系统相比，GIS 具有以下三个本质特征，这些特征构成了 GIS 技术的核心特色和应用挑战。

（1）空间定位的基准性特征

空间位置信息是地理数据的核心标识要素，与属性特征（描述性信息）和时域特征（时间维度）共同构成地理数据的三元结构。其中，空间坐标系统为地理要素提供了绝对或相对的定位基准，这种基于地理参照系的精确定位能力是 GIS 区别于其他信息系统的根本特征。值得注意的是，在 GIS 中，任何缺乏空间参考的数据都不能被视为完整的地理数据。因此，GIS 必须具备空间参考系的建立与转换能力、空间数据的精确管理能力以及空间信息的可视化表达能力三大核心能力。这些能力使得 GIS 能够将抽象的地理要素转化为具有明确空间意义的数字对象。

（2）空间关系的多维复杂性特征

GIS 面临的双重数据处理任务构成了其技术复杂性的核心：一方面需要处理与传统信息系统相似的属性数据（包括定性描述和定量指标），另一方面还必须处理独特的空间拓扑关系（如相邻、包含、相交等）。这种复杂性体现在三个层面：首先，在数据结构层面，空间数据具有动态可变性（如多边形的顶点数量从几个到上千个不等）；其次，在分析过程层面，空间运算（如缓冲区分析、叠加分析）会不断生成新的空间实体和关系；最后，在数据管理层面，需要建立空间索引机制（如 R 树、四叉树）来高效组织非线性分布的空间数据。这些特性使得 GIS 数据库管理系统面临比传统关系数据库更严峻的技术挑战，特别是在处理大规模空间数据的实时查询与分析时。

（3）数据规模的巨量性特征

GIS 的海量数据特性源于两个相互强化的因素：基础数据层面，高分辨率遥感影像（如 0.5 米级卫星影像）、激光点云数据（LiDAR）以及大范围地形数据（DEM）本身就具有 TB 级的数据规模；分析过程层面，空间分析运算（如水文分析、视域分析）会产生几何级数增长的过程数据。这种数据规模带来四大技术挑战：①存储方面需要分布式文件系统和空间数据引擎的支持；②计算方面依赖并行计算框架（如 Spark）实现高效处理；③传输方面需要优化的空间数据压缩算法；④可视化方面则要解决多尺度表达与快速渲染的平衡问题。这些挑战共同构成了 GIS 设计和优化的主要技术瓶颈，也是 GIS 建设成本远高于常规信息系统的重要原因。

第二节　GIS 的组成

GIS 功能的实现需要一定的环境支持，GIS 运行环境包括计算机硬件系统、软件系统、空间数据、地学模型和应用人员五大部分（图 1-1）。其中，计算机硬件系统和软件系统为 GIS 建设提供了运行环境；空间数据反映了 GIS 的地理内容；地学模型为 GIS 应用提供解决方案；应用人员是系统建设中的关键和能动性因素，直接影响和协调其他几个组成部分。

图 1-1　GIS 的组成

一、硬件系统

计算机硬件是计算机系统中的实际物理装置的总称，是 GIS 的物理外壳。它可以是电子的、电的、磁的、机械的、光的原件或装置。系统的规模、精度、速度、功能、形式、使用方法甚至软件都与硬件有极大的关系，受硬件指标的支持或制约。

GIS 的硬件系统主要包括输入设备、处理设备、存储设备和输出设备四个部分，如图 1-2 所示。在一些情况下可能还需要一些与网络相关的硬件设备。其中，处理设备、存储设备和输出设备与一般信息系统并无差别，但由于 GIS 处理的是空间数据，其数据输入设备除了常规的设备外，还包括空间数据采集的专用设备，如全球定位系统(GPS)、全站仪和数字摄影测量仪等。

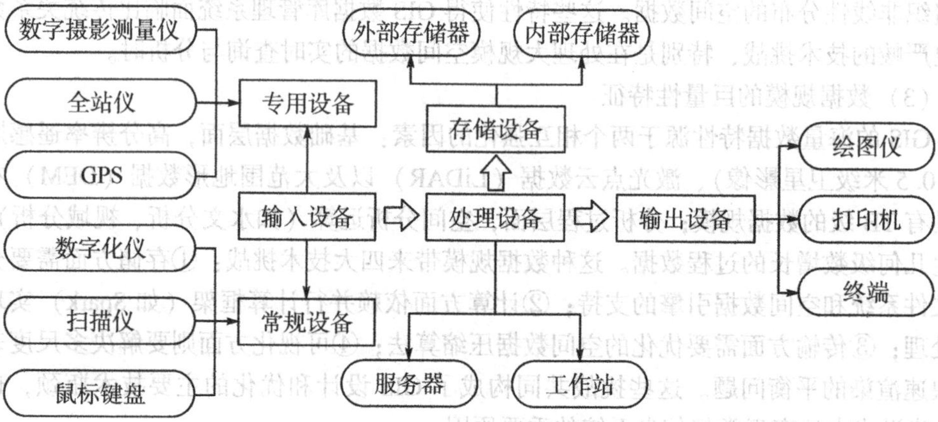

图 1-2 GIS 硬件组成

二、软件系统

软件系统是指 GIS 运行所必需的各种程序，通常包括 GIS 支撑软件、GIS 平台软件和 GIS 应用软件三类，如图 1-3 所示。其中 GIS 支撑软件是指 GIS 运行所必需的各种软件环境，如操作系统、数据库管理系统、图形处理系统等。GIS 平台软件包括 GIS 功能所必需的各种处理软件和扩展开发包。GIS 应用软件一般是在 GIS 平台软件的基础上，通过二次开发所形成的具体的应用软件，一般是面向应用部门的。

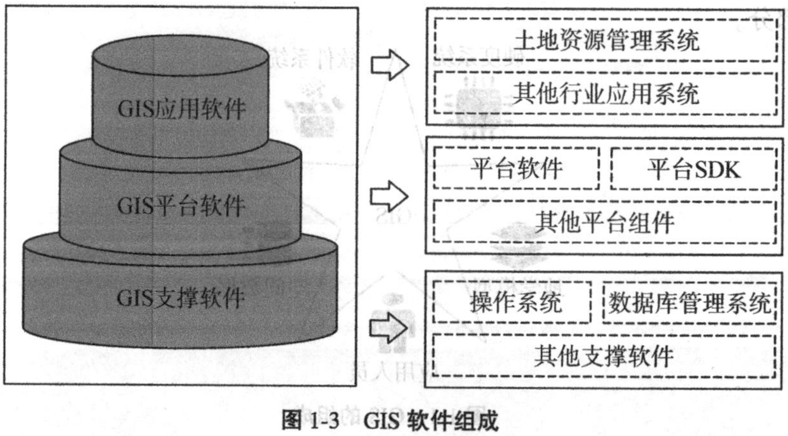

图 1-3 GIS 软件组成

（一）GIS 支撑软件

任何 GIS 软件都需要一个基础的运行环境。小到各种移动终端的 GIS Apps，大到 PC 端的各类 GIS 平台，都离不开操作系统的支持。空间数据的存储和管理也通常使用发展成熟的大型数据库管理系统。例如，常用的操作系统包括移动端的安卓、IOS，PC 端的 Windows、Linux 和 macOS 等；GIS 数据的存储管理，通常也需要依赖于大型的企业级数据库，GIS 常用的数据库系统有 Oracle、Microsoft SQL Server 和 PostSQL 等。此外，可能还需要一些用于支撑 GIS 运行的其他支撑软件。

（二）GIS 平台软件

GIS 功能的复杂性和需求的多样性决定了其平台软件在 GIS 中的重要地位。最为典型的 GIS 平台如国外的 ArcGIS 商业平台、QGIS 开源平台等；国内的有 SuperMap 和 MapGIS 等商业平台。这些大型 GIS 平台的主要表现形式为基础应用程序和软件开发包。这些 GIS 平台都必须运行或部署在支撑软件之上，主要用于完成各种 GIS 任务，其中，软件开发包可以扩展和定制满足特定领域业务需求的应用型 GIS 软件。

（三）GIS 应用软件

GIS 的应用行业非常广泛。基础平台软件提供的功能并不能满足各行业对 GIS 的业务需求。这就需要 GIS 开发人员利用某个 GIS 平台已有的功能和开放的接口，结合某个行业的具体业务需求，开发出符合行业需要的 GIS 应用系统。如与不动产相关的审批系统、与国土相关的土地资源管理系统、与城市规划相关的辅助决策系统及与地名相关的地名管理与信息化服务系统等。

三、空间数据

数据作为 GIS 的核心要素，堪称 GIS 运行的“血液”，是驱动系统实现空间分析、决策支持等功能的基石。地理空间数据是以地球表面空间位置为参照，对自然、社会和人文景观进行数字化表达的信息集合，其表现形式丰富多样，涵盖图形、图像、文件、表格及数字等。这些数据由系统构建者通过数字化仪、扫描仪、键盘录入或其他通信系统导入 GIS，作为系统程序的操作对象，是现实世界经模型抽象后，在 GIS 中呈现的实质性内容。不同应用目的的 GIS，其地理空间数据在来源、种类及精度上存在显著差异。地理空间数据主要包含带有空间位置信息的数据、与空间位置相关的属性数据，以及用于描述数据关系和特性的元数据等，基本可归纳为三种相互关联的数据类型。

（1）几何坐标定位数据：此类数据用于标识地理实体和地理现象在特定坐标系中的空间位置，是 GIS 进行空间定位的基础。常见的坐标系包括大地坐标系、直角坐标系、极坐标系及自定义坐标系等。具体表现形式既可以是经纬度（如采用 WGS84 大地坐标系描述全球地理位置）、平面直角坐标（如城市规划中常用的高斯-克吕格投影平面坐标）、极坐标，也可以是栅格数据中矩阵的行、列数。例如在遥感影像处理中，像元的行列编号对应着地面实际地理位置，通过坐标转换算法可实现与地理坐标系的关联，从而准确映射到地球表面。

（2）空间拓扑关系数据：拓扑关系描述点、线、面实体之间的空间联系，是 GIS 区别于其他信息系统的关键特征之一。例如，在交通网络分析中，网络节点与网络线之间存在枢纽关系，道路交叉点作为节点连接各条道路，形成网络结构；在行政区划管理中，边界线与面实体构成辖区范围，面实体包含内部岛屿或特定点。这种空间拓扑关系在地理空间数据的编码存储、格式转换、查询检索及模型分析等环节发挥着核心作用。以数据录入为例，通过拓扑规则检查可避免线要素未正确连接、面要素存在缝隙等错误；在空间分析中，利用拓扑关系能快速识别相邻区域、计算连通性，为城市规划、灾害应急等提供决策依据。

（3）非几何属性数据：其又称“属性数据”，指与地理实体和地理现象相关联，但不涉及几何位置的地理变量或地理意义。属性数据分为定性和定量两类，定性属性包含名称、类型、特性等描述性信息，如岩石类型（花岗岩、沉积岩等）、土壤种类、土地利用类型（耕地、林地、建设用地）、行政区划名称等；定量属性则侧重于数值表达，如面积、长度和土地等级、人口数量、降雨量、河流长度、水土流失量等。这些非几何属性通常是经过抽象概念，通过分类、命名、量算、统计等方法获取。在 GIS 应用中，属性数据是实现分析、检索和可视化表达的重要支撑。例如，通过属性查询可筛选出特定土地利用类型的区域，基于属性数据的统计分析能揭示人口分布规律、资源变化趋势，为政府部门制定政策提供数据支持。由于属性数据的分类系统和量算指标直接影响数据组织和分析逻辑，因此其科学性和合理性对 GIS 系统功能的实现具有重要影响。

GIS 特殊的空间数据模型决定了 GIS 特殊的空间数据结构和特殊的数据编码，也决定了 GIS 具有特殊的空间数据管理方法和系统空间数据分析功能，成为地理学研究和资源管理的重要工具。

四、地学模型

GIS 地学模型作为 GIS 理论与实践深度融合的核心载体，是面向特定地学目标与复杂问题，以 GIS 基础操作与方法为框架，构建的具备现象表达与过程模拟能力的计算机模型体系。尽管 GIS 已集成数据采集、处理、分析及可视化等系列基础功能，但在自然资源管理、生态环境监测、城市规划建设等实际应用场景中，各类地学问题往往呈现多要素耦合、时空动态演变等复杂特性。例如，流域洪水演进模拟需综合考虑地形地貌、河流水文、气象降雨等多源数据，仅依赖 GIS 基础功能难以精准刻画其复杂过程，必须通过构建有针对性的地学模型，将专业领域知识、空间分析逻辑与算法模型深度融合，才能实现对复杂地学现象的科学模拟与预测。

作为一门高度强调实践应用的学科，GIS 的核心竞争力源于其强大的空间分析功能，这一特性赋予其广泛的行业适配性与巨大的发展潜力。而 GIS 地学模型作为空间分析功能的深化与拓展，通过将抽象的地学理论、专业规则与空间数据处理技术相结合，将 GIS 的分析能力转化为解决实际地学问题的具体方案，是 GIS 学科价值在各行业应用中的具象化体现。以土地适宜性评价模型为例，需综合考虑地形坡度、土壤类型、交通可达性等空间属性，通过叠加分析、缓冲区分析等 GIS 空间分析方法，结合专家知识构建评价指标体系与决策模型，最终输出土地适宜性评价结果，为城市用地规划提供科学依据。由此可见，地学模型已成为连接 GIS 技术与地学实践的关键桥梁，是 GIS 系统不可或缺的重要组成部分。

值得强调的是，GIS 地学模型具有显著的软件独立性特征。其构建核心在于地学逻辑与算法设计，而非特定软件平台。同一地学模型，如河网提取模型，既可以依托 SuperMap 平台的空间分析工具集，利用其栅格数据处理、水文分析模块实现；也能够借助 ArcGIS 的 ArcHydro 工具包，通过数字高程模型（DEM）预处理、水流方向计算、河网追踪等操作完成。这种跨平台实现能力，不仅体现了地学模型理论与方法的通用性，也为 GIS 技术在不同行业、不同用户群体间的推广应用提供了便利，有效降低了技术应用门槛与平台依赖风险。如图 1-4 所示，通过对比基于 SuperMap 和 ArcGIS 实现的河网提取模型运行流程与结果，可直观展现地学模型跨平台应用的可行性与一致性。

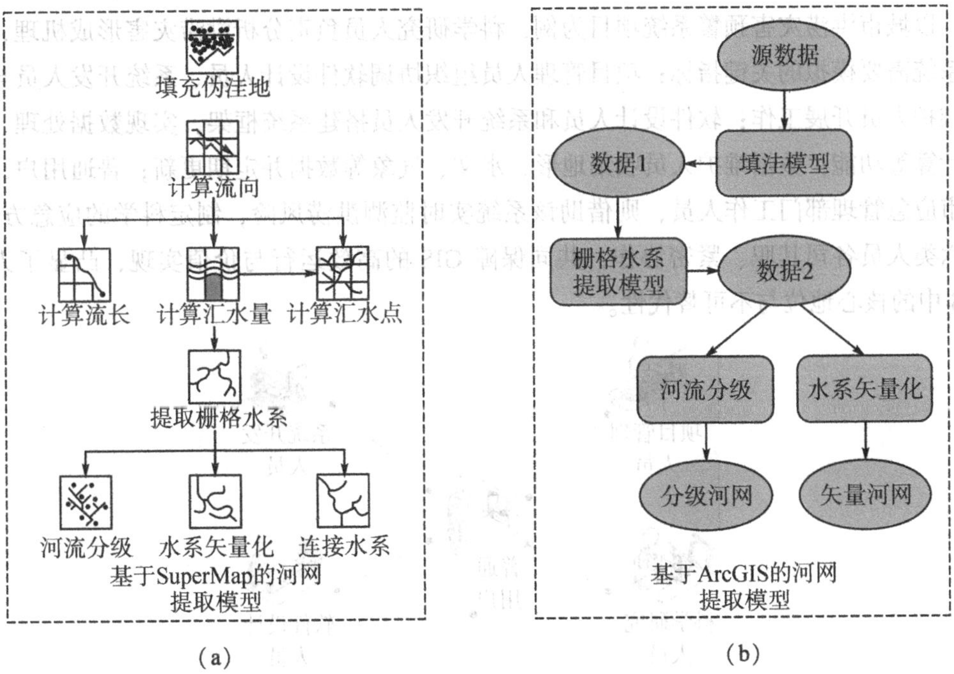

图 1-4　基于不同 GIS 软件平台的河网提取模型

五、应用人员

在 GIS 的完整生态体系中，人作为核心驱动要素，贯穿 GIS 从概念构思到实践应用的全生命周期，是推动 GIS 持续运行与创新发展的关键力量。尽管 GIS 依托先进的硬件设备、海量的数据资源以及高效的模型算法，但这些要素若缺乏人的统筹协调与智慧驱动，将难以发挥实际效能，无法构成真正意义上的地理信息系统。

从 GIS 的设计阶段开始，专业人员便承担着至关重要的角色。科学研究人员凭借深厚的地学理论知识与空间分析经验，结合实际应用需求，为系统功能设计提供专业指导，确保系统能够精准满足地理现象分析与决策支持的需求；软件设计人员与系统开发人员则将理论构想转化为可操作的技术方案，通过编写代码、优化算法，构建 GIS 的软件架构与功能模块。在系统建立过程中，数据维护人员负责采集、整理和校验地理空间数据，保障数据的准确性与完整性；项目管理人员则统筹各方资源，协调不同团队间的工作进度，把控项目整体质量与成本，确保系统顺利落地。

当 GIS 投入运行后，人的作用同样不可或缺。数据维护人员持续进行数据更新，及时补充新的地理信息，保证系统数据的时效性；系统开发人员根据用户反馈与实际需求，对系统进行扩充完善，优化系统性能；而应用程序开发人员则基于 GIS 基础功能，结合行业特点，开发针对性的应用程序，拓展系统的应用边界。此外，普通用户在日常使用过程中，通过灵活运用地理分析模型，从海量数据中提取关键信息，为科研探索、城市规划、资源管理等领域的研究和决策提供有力支撑。

根据在 GIS 中的职责与角色差异，其应用人员可系统划分为科学研究人员、项目管理人员、软件设计人员、系统开发人员、数据维护人员和普通用户六类，如图 1-5 所示。以城市洪涝灾害预警系统项目为例，科学研究人员负责分析洪涝灾害形成机理，确定系统需要模拟的关键指标；项目管理人员组织协调软件设计人员、系统开发人员与数据维护人员开展工作；软件设计人员和系统开发人员搭建系统框架，实现数据处理、模型计算等功能；数据维护人员收集地形、水文、气象等数据并定期更新；普通用户，如城市应急管理部门工作人员，则借助该系统实时监测洪涝风险，制定科学的应急方案。这六类人员各司其职、紧密协作，共同保障 GIS 的高效运行与价值实现，凸显了人在 GIS 中的核心地位与不可替代性。

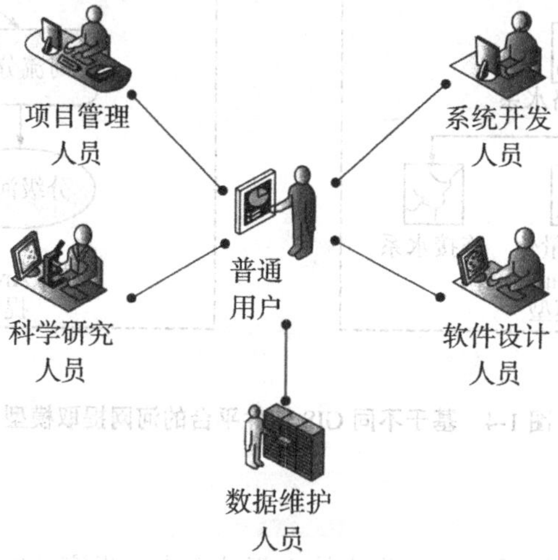

图 1-5　GIS 的应用人员

第三节　GIS 的功能

GIS 将现实世界映射到计算机环境中，其作用不仅仅是真实环境的再现，更主要是 GIS 能为各种分析提供决策支持。也就是说，GIS 实现了对空间数据的采集、编辑、存储、管理、分析及表达等处理过程，并基于此过程获得了更加有用的地理信息与知识。此处“有用的地理信息与知识”可以概括为位置、条件、趋势、模式和模拟五个基本问题。GIS 的价值与作用就是基于地理对象的重建和空间分析工具，实现对这五个基本问题的求解。

一、基本功能需求

（一）位置查询功能

位置查询是 GIS 解决“某个地方有什么？”的核心功能模块。该功能通过地理对象的空间定位信息（如经纬度坐标、街道编码及行政区划代码等）实现目标地理实体的精准定位，并基于空间索引技术快速关联其属性数据集。例如，输入某地块的 UTM 坐标，系统可自动检索并输出该位置的建筑物名称、建成时间、用地性质、权属单位等结构化属性信息。此功能是 GIS 空间分析的基础，其技术实现依赖于空间数据模型（如矢量数据结构中的点、线、面要素关联）与高效的空间查询算法（如 R 树索引）。

（二）条件检索功能

条件检索功能解决“符合某些条件的地理对象在哪里？”的问题，属于 GIS 中高级查询功能。该功能基于属性数据的逻辑表达式构建查询条件，通过空间叠加分析实现属性条件与空间位置的匹配检索。例如，设置“土地利用类型 = 商业用地 AND 建筑容积率>3.0 AND 距离地铁站<500 米”的复合条件表达式，系统可自动筛选并生成符合条件的地理要素空间分布图。此功能广泛应用于城市规划、资源管理等领域，其技术核心是 SQL 空间查询语言与拓扑关系运算的有机结合。

（三）趋势分析功能

趋势分析功能应用于探究地理现象随时间的演变规律及预测未来发展态势。该功能基于时空数据模型（如时态 GIS），整合现状数据与历史序列数据，通过时间序列分析、空间插值等算法构建演变模型。例如，在地貌演变研究中，利用多期 DEM 数据（数字高程模型），结合河流侵蚀模型与沉积动力学方程，可实现地形演化的动态模拟与预测。此功能需解决时空数据组织（如基态修正模型）、演变过程可视化（如时间滑块技术）等关键技术问题。

（四）模式识别功能

模式识别功能聚焦于挖掘地理实体与现象之间的空间关联模式。该功能运用空间统计分析（如 Moran's I 指数）、空间自相关分析、热点分析等方法，揭示地理要素的空间分布规律与相互作用机制。例如：通过 Getis-Ord Gi* 统计量识别城市犯罪热点区域与酒吧、交通节点的空间耦合关系；运用空间回归模型分析海拔高度与气温、植被类型的垂直地带分异规律；此功能在景观生态学、疾病传播分析等领域具有重要应用价值，其技术难点在于空间依赖性度量与非线性模式的可视化表达。

（五）情景模拟功能

情景模拟功能基于已识别的空间模式与趋势规律，构建因果关系模型以预测假设条件下的地理过程。该功能采用空间模拟技术（如元胞自动机、系统动力学模型），通过参数调整实现不同情景的推演。例如：在城市犯罪防控研究中，基于已建立的犯罪空间分布模型，模拟“酒吧密度降低 20%”“增加夜间照明设施”等干预措施对犯罪率的影响；在生态保护规划中，运用 InVEST 模型模拟土地利用变化对生物多样性的影响；此功能需解决模型参数校准、多情景对比分析等技术问题，其输出结果可为决策支持提供科学依据。

二、GIS 的基本功能

GIS 的核心使命是将复杂的现实地理环境数字化重构，进而为各类地理问题提供科学解决方案。这一过程以准确可靠的空间数据为基石，通过系统化的数据采集、精细的数据处理、高效的数据管理，结合强大的空间分析能力，最终实现分析成果的可视化输出与应用转化。因此，GIS 的基本功能体系涵盖以下六个关键层面。

（一）数据采集功能

数据作为 GIS 运行的“血液”，贯穿系统全生命周期，而数据采集则是构建 GIS 的首要环节。该功能依托多样化的采集设备与技术手段，实现现实世界地理要素的数字化表达。例如，利用全站仪可精确获取地形地貌的三维坐标数据；通过数字化仪能将纸质地图转化为计算机可识别的矢量数据；借助移动终端设备与 GPS 定位技术，可实现外业调查数据的实时采集与上传。为保障数据采集的兼容性与便捷性，成熟的 GIS 系统需配备标准化通信接口，支持与无人机航测系统、卫星遥感数据接收平台等设备的无缝对接，确保多源异构数据的高效获取。

（二）数据编辑与处理

通过数据采集获取的原始数据，往往存在空间误差、格式不统一、逻辑矛盾等问题。为确保数据质量，需开展数据编辑、格式转换、拓扑构建等系统性处理工作。例如：在地形数据处理中，需通过平滑算法消除高程异常值；在多源数据整合时，要进行坐标系转换与数据投影变换；针对矢量数据，需建立精确的拓扑关系以保障面要素闭合、线要素连通。GIS 系统应提供交互式数据编辑平台，支持图形节点的增删改、属性表的批量处理、数据压缩优化等操作，同时实现图形数据与属性数据的动态关联，为后续分析奠定坚实基础。

（三）数据存储、组织与管理功能

由于地理空间数据具有空间定位性、拓扑关联性和多尺度特征，传统数据库管理系统难以满足其存储与管理需求。GIS 通过发展专属的数据存储模型与管理架构，实现数据的高效组织与快速调用。矢量数据结构以点、线、面几何要素存储地理实体的空间位置与拓扑关系，适用于精确表达建筑物边界、道路网络等对象；栅格数据结构则以规则格网记录空间信息，常用于遥感影像、数字高程模型（DEM）的存储。在数据管理方面，文件-关系型数据库混合管理方式结合了文件系统对空间数据的高效存储与关系型数据库对属性数据的灵活管理；全关系型数据库管理方式则将空间数据与属性数据统一存储，便于数据的一体化查询；对象-关系型数据库管理方式进一步引入面向对象技术，增强了对复杂地理实体的表达能力。

（四）空间查询与空间分析功能

传统数据库查询语言（如 SQL）无法满足 GIS 对空间位置、拓扑关系的查询需求。为此，GIS 需扩展或定制专用的空间查询语言，实现如“查询与某河流距离小于 1 千米且坡度小于 5°的耕地”“统计高速公路服务区周边 3 千米范围内的商业网点数量”等复杂查询。空间分析作为 GIS 的核心竞争力，涵盖基础几何量算、地形分析、网络分析和空间统计等多维度功能。例如：在城市规划中，通过缓冲区分析评估学校周边人口密度，辅助确定招生范围；利用网络分析优化物流配送路线，降低运输成本。值得注意的是，GIS 提供的空间分析工具是通用化的“基础零件”，而实际应用中需结合专业领域知识，将这些工具整合构建成针对性的应用模型，才能解决复杂的现实问题，如基于叠置分析与适宜性评价模型开展土地利用规划。

（五）数据输出与可视化表达功能

数据可视化是 GIS 将分析成果转化为直观信息的关键环节。GIS 继承了计算机制图的技术优势，具备强大的地图制图与可视化能力。在地图制作方面，可定制丰富的地图符号库，实现道路、水系、居民地等要素的差异化表达；通过智能注记算法优化文字标注布局，避免压盖冲突；结合专题制图技术，制作人口密度分级图、土地利用现状图等专题地图。除地图可视化外，GIS 还支持属性数据的报表输出、统计图表生成（如柱状图、饼图、折线图），以及三维场景的动态展示。输出成果可适配多种终端设备，包括高清显示器、大幅面绘图仪，同时支持 PDF、PNG、SHP 等数据格式的导出，满足不同场景的应用需求。

（六）应用模型与系统开发功能

随着 GIS 在自然资源管理、生态环境监测、智慧城市建设等领域的深入应用，通用化的 GIS 平台已难以满足行业定制化需求。为此，GIS 提供二次开发功能，允许用户基于应用程序编程接口（API）和集成开发环境，开发专属的应用模型与业务系统。例如：在灾害预警领域，可利用 GIS 二次开发功能整合气象数据、地形数据与水文模型，构建洪水演进模拟系统；在农业生产中，结合卫星遥感数据与作物生长模型，开发精准农业管理平台。这种开放性的开发架构，使得 GIS 能够不断拓展应用边界，实现技术与行业需求的深度融合。

三、GIS 的应用功能

GIS 的应用功能与基本功能存在显著差异，二者共同构成 GIS 完整的功能体系。GIS 的基本功能是系统运行的基础框架，是任何 GIS 平台均需具备的标准化能力，涵盖数据采集、编辑处理、存储管理、空间查询分析、可视化表达等核心模块，这些功能相对固定且具有技术边界。而应用功能则以基本功能为支撑，紧密围绕不同行业的应用环境与个性化需求，通过构建多样化的应用模型，针对性地解决特定领域的复杂问题（详见表 1-1）。

表 1-1　GIS 的主要应用功能

应用领域	应用功能	应用领域	应用功能
社会经济/政府	地方管理	公共服务	网络管理
	交通规划		服务提供
	社会服务规划		电力与通信
	城市管理		紧急维护
	援助与发展	环境管理	垃圾填埋场选择
国防、警务	目标位置识别		矿物分布制图
	战术支持决策		污染检测
	智能数据集成		自然灾害评估
	国土安全与防恐		灾害管理和救济
商业	市场份额分析		资源管理
	运输车辆管理		环境影响评估
	保险		—
	零售点位置		—

从功能特性来看，基本功能侧重于提供通用化的数据处理与空间分析工具，如同搭建 GIS 的“标准组件”，确保系统能够实现地理数据的全流程管理与基础分析操作；应

用功能则更强调专业性与定制化，是根据具体行业场景，将基本功能模块进行重新组合与深度拓展，如同为不同“患者”量身定制的“治疗方案”。例如：在自然资源管理领域，基于 GIS 基本功能中的空间查询与叠置分析能力，结合土地利用分类、生态保护红线等专业数据，构建土地资源动态监测模型，实现对土地利用变化的实时监管；在公共卫生领域，利用空间分析与可视化功能，整合人口分布、医疗设施布局、疾病传播数据，开发传染病传播模拟模型，为疫情防控决策提供科学依据。

从服务对象与应用场景角度，GIS 基本功能面向系统开发者与基础用户，旨在满足数据管理与常规分析需求；应用功能则服务于各行业的专业用户，聚焦于解决行业核心问题。随着 GIS 技术与云计算、物联网、大数据等新兴技术的深度融合，其应用功能在智慧城市、智慧农业、灾害应急、生态保护等领域持续拓展。例如：在智慧城市建设中，通过集成交通流量监测、人口热力分析、建筑物能耗管理等应用模型，实现城市资源的精细化管理；在灾害应急领域，结合遥感影像处理、地形分析与应急预案库，构建灾害风险评估与应急指挥调度模型，提升灾害应对效率。

现阶段，地理信息系统凭借其强大的数据整合能力、精准的空间分析能力和直观的可视化表达能力，展现出“博采众长、统筹全局”的独特优势。这种优势使其成为地理信息相关领域开展科学研究与实际应用的核心工具。例如：在科学研究层面，GIS 应用功能助力研究人员突破传统研究方法的局限，实现多源数据融合分析与复杂地理过程模拟，推动地理科学、环境科学等学科的发展；在实际应用中，从自然资源调查、城市规划设计到公共安全管理、文化遗产保护，GIS 已深度融入各行各业的业务流程，成为提升决策科学性与管理效率的重要支撑。

第二章 ArcGIS 10.5 概述

自 1978 年创立以来，美国环境系统研究所（ESRI）始终处于 GIS 技术发展的前沿，持续推动 GIS 软件的革新与演进。在长达四十余年的发展历程中，ESRI 陆续推出多个版本系列的 GIS 软件产品，通过不断优化软件架构、丰富功能模块、提升系统兼容性，逐步构建起覆盖不同用户群体与机型的多元化产品矩阵。从面向基础用户的轻量级工具，到服务于专业机构的高端 GIS 平台，ESRI 的产品体系全面满足了科研、商业、政府等多领域的应用需求。

ArcGIS 作为 ESRI 的核心产品，是融合 GIS 技术与数据库管理、软件工程、人工智能、网络技术等多学科前沿成果的集大成之作。该系列产品凭借先进的技术架构与高度集成化的功能体系，代表了 GIS 领域的顶尖技术水平，为用户搭建完善的 GIS 提供了从数据获取、存储、分析到可视化表达的全流程解决方案。无论是处理大规模空间数据的高效性，还是支持复杂空间分析的专业性，ArcGIS 都展现出强大的技术优势，成为全球范围内 GIS 应用的主流选择。

ArcGIS 10.5 作为 ArcGIS 系列的重要版本，于 2016 年 12 月正式发布，标志着 GIS 技术应用进入新阶段。该版本在继承前代稳定性与高效性的基础上，引入多项突破性创新技术，显著拓展了 GIS 的分析能力与数据呈现维度。在数据处理方面，ArcGIS 10.5 优化了多源异构数据的融合机制，支持快速接入卫星遥感影像、无人机航测数据、物联网实时监测数据等，提升数据整合效率；在空间分析层面，新增高级空间统计工具与动态模拟模型，如时空大数据分析模块，能够更精准地揭示地理现象的时空演变规律；在可视化方面，增强的三维场景构建与动态渲染功能，可生成沉浸式地理信息可视化成果，为用户带来更直观的空间认知体验。

凭借全面的功能与强大的技术性能，ArcGIS 10.5 在多领域得到广泛应用。在政府部门，它支撑自然资源调查、城市规划管理、应急指挥调度等工作，助力实现科学决策与精细化管理；在商业领域中，企业利用其进行市场选址分析、物流路径优化、客户分布研究，提升运营效率与竞争力；科研机构借助该平台开展地理过程模拟、生态环境监测、灾害风险评估等研究，推动地理科学及相关学科发展；在教育领域，ArcGIS 10.5 成为地理信息科学专业教学与实践的重要工具，通过直观的操作界面与丰富的案例资源，降低 GIS 技术学习门槛，促进 GIS 知识的普及与应用。ArcGIS 10.5 以其易用性与专业性，推动 GIS 技术从专业领域向大众应用延伸，加速了 GIS 技术的社会化普及进程。

第一节 ArcGIS 10.5 的系统架构

ArcGIS 10.5 的系统架构主要由网络适配器、企业门户网站、服务器（托管）、数据存储、地理文件服务站点和数据存储（时空数据）组成，如图 2-1 所示。

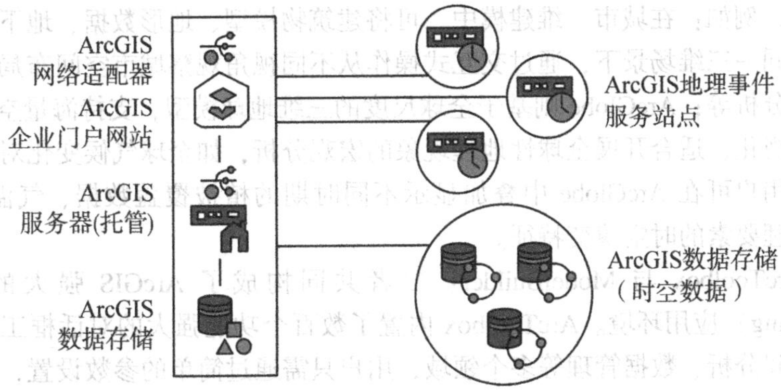

图 2-1 ArcGIS 10.5 系统架构图

一、ArcGIS for Desktop

ArcGIS for Desktop 作为 ArcGIS 10.5 生态体系中的核心桌面端软件产品，为用户提供了一套集成化、交互式的 Windows 应用程序套件。该套件深度整合了数据管理、地图制作、空间分析、三维可视化等全流程 GIS 功能，不仅适用于地理信息科学专业人员开展复杂的空间数据分析与建模工作，也便于普通用户通过直观的图形化界面快速上手 GIS 操作，满足从基础数据浏览到高级空间决策分析的多样化需求。其主要由以下功能模块构成：

（1）ArcMap：作为 ArcGIS for Desktop 的核心应用程序，ArcMap 构建了以地图为中心的综合操作平台，承载着 GIS 数据处理与可视化表达的核心功能。在地图制图方面，ArcMap 支持自定义地图符号库，用户可根据制图规范与需求，灵活设计点、线、面要素的符号样式，同时具备智能注记引擎，能自动优化地图文字标注的布局，避免压盖冲突，最终输出符合专业标准的高质量地图成果，如土地利用现状图、行政区划图等。在数据分析领域，ArcMap 集成了丰富的空间分析工具，涵盖缓冲区分析、叠置分析、网络分析等，可帮助用户解决诸如分析学校周边人口密度分布、规划最佳物流配送路线等实际问题；编辑功能则支持对矢量数据的节点编辑、属性修改以及拓扑关系调整，例如，在更新道路数据时，能够精确修改道路走向、更新道路名称等属性信息，确保数据的准确性与现势性。

（2）ArcCatalog：ArcCatalog 充当着地理数据资源中枢的角色，是用户管理 GIS 信息资产的核心工具。它采用树状目录结构，支持对地图文档、空间数据集、地理处理模型、元数据文件、GIS 服务等各类资源进行统一组织与高效管理。用户可通过 ArcCatalog 快速浏览数据存储位置，预览数据内容与空间范围，便捷地创建、导入和导出各类地理数据。例如，在项目数据管理过程中，利用 ArcCatalog 可将分散的遥感影像、地形数据、社会经济统计数据进行分类整理，并为每个数据集添加详细的元数据说明，包括数据来源、采集时间、坐标系信息等，便于后续的数据查询与共享。此外，ArcCatalog 还具备数据质量检查功能，能够通过预定义的规则验证数据的完整性与准确性，及时发现并修复数据错误。

（3）ArcScene 与 ArcGlobe：这两款应用程序专注于三维地理空间数据的可视化与分析，为用户提供了沉浸式的三维空间探索体验。ArcScene 适用于小范围、高精度的三维场景构建，例如：在城市三维建模中，可将建筑物模型、地形数据、地下管网等多源数据整合到同一三维场景下，通过交互式操作从不同视角观察城市空间布局，进行日照分析、通视分析等；ArcGlobe 则基于全球尺度的三维地球模型，支持海量空间数据的无缝加载与可视化，适合开展全球性地理现象的宏观分析，如全球气候变化对生态系统的影响研究，用户可在 ArcGlobe 中叠加显示不同时期的植被覆盖数据、气温分布数据，直观展现地理要素的时空演变特征。

（4）ArcToolbox 与 ModelBuilder：二者共同构成了 ArcGIS 强大的地理处理（Geoprocessing）应用环境。ArcToolbox 内置了数百个功能强大的对话框工具，涵盖数据转换、空间分析、数据管理等多个领域，用户只需通过简单的参数设置，即可快速执行复杂的地理处理任务。例如，使用“投影变换”工具可将不同坐标系下的数据统一转换为项目所需坐标系，利用“插值分析”工具能基于离散的采样点数据生成连续的表面模型。ModelBuilder 则提供了可视化的工作流建模环境，用户可以通过拖拽、连接 ArcToolbox 中的工具，像搭建积木一样构建自定义的地理处理模型，实现复杂数据处理流程的自动化与批量化。例如，在进行土地适宜性评价时，可通过 ModelBuilder 将数据提取、叠加分析、权重计算等多个步骤组合成一个完整的模型，一键执行即可输出评价结果，大幅提高工作效率，同时便于模型的复用与修改。

二、ArcGIS Server

ArcGIS Server 作为企业级 GIS 应用开发与部署的核心平台，为构建可扩展、高性能的 GIS 解决方案提供了完整的技术框架。在数字化转型加速的背景下，各行业对地理信息的共享与协同应用需求日益增长，ArcGIS Server 通过整合空间数据管理、服务发布、应用开发等功能，打破数据孤岛，实现 GIS 资源在企业内部及跨组织间的高效流通与共享，成为支撑智慧城市管理、大型资源调查、多部门协同决策等复杂应用场景的关键基础设施。

ArcGIS Server 由 GIS 服务器和 .NET 与 Java 的 Web 应用开发框架（ADF）两大核心部件构成，二者相互协作，共同支撑起企业级 GIS 应用的全生命周期管理。

GIS 服务器作为 ArcGIS Server 的核心中枢，承担着 ArcObjects 对象的运行与管理任务。ArcObjects 是 ESRI 提供的一套功能强大的组件对象模型，封装了海量的 GIS 功能接口，涵盖数据访问、空间分析、地图渲染等领域。GIS 服务器充当 ArcObjects 的运行宿主，通过统一管理与调度这些对象，为 Web 应用、桌面应用以及企业级系统提供稳定可靠的 GIS 服务。例如，在智慧城市交通管理系统中，GIS 服务器可实时接收交通流量监测数据，利用 ArcObjects 中的网络分析对象计算最优交通疏导方案，并将结果以服务形式发布，供交通指挥中心的 Web 应用实时调用，实现交通资源的动态调配。此外，GIS 服务器具备强大的集群管理与负载均衡能力，能够根据用户访问量自动分配计算资源，确保在高并发访问场景下，如大型灾害应急指挥时，各类 GIS 服务仍能保持高效稳定运行。

.NET 与 Java 的 Web 应用开发框架（ADF）则为开发者提供了便捷的应用构建途径。ADF 允许开发者基于 .NET 或 Java 开发环境，调用运行在 GIS 服务器上的 ArcObjects 组件，快速构建定制化的桌面应用与 Web 应用。通过 ADF，开发者无须从头实现复杂的 GIS 功能，只需专注于业务逻辑设计与用户交互界面开发。例如：在自然资源调查项目中，开发人员可使用 ADF 结合 Java 语言，构建移动端野外数据采集应用，利用 ArcObjects 中的数据编辑功能，实现调查数据的在线采集、实时校验与同步上传；在 Web 端，借助 ADF 与 .NET 技术，搭建资源管理信息系统，调用 GIS 服务器发布的地图服务与分析服务，实现资源分布可视化展示、统计分析等功能。ADF 还提供了丰富的 UI 组件库与模板，降低了应用开发门槛，使开发者能够快速响应不同业务场景的需求变化，加速 GIS 应用的开发与部署进程。

ArcGIS Server 通过两大核心部件的协同运作，不仅实现了 GIS 功能的集中管理与高效分发，还为企业提供了灵活的应用开发模式，极大提升了 GIS 技术在企业级应用中的适应性与扩展性，助力各行业充分挖掘地理信息价值，推动空间信息技术与业务深度融合。

三、ArcGIS Data Store

ArcGIS Data Store 作为新一代 WebGIS 平台的核心数据存储组件，构建了一套高效、灵活且具备强扩展性的数据管理体系。在地理信息数据量呈爆发式增长、多源异构数据融合需求日益迫切的背景下，ArcGIS Data Store 通过对不同类型数据的针对性存储与管理，为 ArcGIS 平台的稳定运行和功能实现提供坚实的数据支撑，确保地理信息的高效存储、快速调用与深度分析，在智慧城市、环境监测、交通管理等多领域的 GIS 应用中发挥着不可或缺的作用。

ArcGIS Data Store 主要包含关系型数据库存储、切片缓存数据库存储和时空大数据存储三种类型，它们各司其职，共同满足 WebGIS 平台多样化的数据管理需求。

关系型数据库存储是 ArcGIS Data Store 用于管理结构化数据的重要模块，主要承担门户托管要素图层数据的存储任务。它采用成熟的关系型数据库管理机制，通过结构化表结构对地理要素的空间位置信息与属性数据进行统一存储与管理，如行政区划、道路网络、建筑物分布等矢量数据及其关联属性。在实际应用中，政府部门利用关系型数据库存储功能，将土地利用现状数据、不动产登记信息等要素图层进行集中管理，通过 ArcGIS 平台实现数据的高效查询、编辑与共享，支撑自然资源确权登记、城市规划审批等业务开展。同时，该存储类型支持标准 SQL 查询语言，便于与其他业务系统进行数据交互，提升数据的通用性和协同性。

切片缓存数据库存储专注于提升三维 GIS 应用的数据加载与展示效率，主要负责存储三维图层缓存数据。其工作原理是预先将三维地理数据按照特定的规则和层级进行切片处理，生成一系列不同分辨率的图像缓存。当用户在 ArcGIS 平台访问三维 GIS 应用时，系统能够快速调用对应层级的缓存切片，实现三维场景的流畅加载与实时渲染，有效避免因数据量过大导致的显示卡顿问题。例如，在智慧园区三维可视化管理系统中，通过切片缓存数据库存储园区建筑模型、地形数据等三维图层，管理者可快速浏览园区全貌，进行空间规划分析、设施运维管理等操作。此外，切片缓存技术还支持多终端适配，无论是PC端、移动端还是Web端，都能获得良好的三维可视化体验，极大拓展了ArcGIS平台三维应用的适用场景。

时空大数据存储是ArcGIS Data Store应对实时数据处理与大数据分析需求的关键模块，主要用于存储ArcGIS GeoEvent Server采集的实时观测数据，以及GeoAnalytics Server大数据分析的结果。在物联网技术广泛应用的当下，大量地理空间相关的实时数据，如气象监测数据、交通流量数据、环境传感器数据等不断产生，时空大数据存储通过优化的数据存储结构和索引机制，能够高效接收、存储这些动态数据，并记录数据的时间和空间维度信息。以城市交通管理为例，ArcGIS GeoEvent Server将道路上的车辆实时位置、速度等数据传输至时空大数据存储中，GeoAnalytics Server基于这些数据进行交通流量预测、拥堵热点分析等操作，分析结果也存储于此，为交通部门制定实时交通疏导方案提供数据依据。同时，时空大数据存储还支持数据的版本管理和历史回溯，便于用户对地理现象的时空演变过程进行研究和分析。

ArcGIS Data Store的三种数据库存储类型相互配合，从结构化数据管理到三维场景优化，再到实时大数据处理，形成了覆盖数据全生命周期的管理能力，为WebGIS平台的高效运行和创新应用提供了强大的数据保障，推动了GIS向智能化、实时化、三维化方向不断发展。

四、Portal for ArcGIS

Portal for ArcGIS作为WebGIS平台的核心门户中枢，构建了一个高度集成化、智能化的地理信息资源管理与共享生态系统。在地理信息数据规模持续膨胀、跨部门协同需求日益增长的数字化时代背景下，Portal for ArcGIS通过统一的数据资源管理、便捷的应用搭建机制以及严格的安全访问控制，打破数据壁垒，促进地理信息资源在组织机构内部及跨组织、跨部门间的高效流通与深度应用，为智慧城市建设、区域协同治理、多学科联合研究等复杂场景提供坚实的技术支撑。

资源集中管理与共享是Portal for ArcGIS的核心功能之一。该平台支持对各类在线GIS资源进行全生命周期管理，涵盖地图服务、数据图层、分析工具、应用模板等。用户可通过简洁直观的操作界面，将分散存储于不同位置的资源进行集中整合与分类管理，例如，将城市规划部门的土地利用数据、交通部门的路网信息、环保部门的监测图层等，统一纳入Portal进行托管。在此基础上，平台提供灵活的资源共享策略，既可以在组织机构内部实现资源的分级共享，如仅向特定项目组开放高精度地形数据，也能够支持跨组织、跨部门的资源共享，通过生成可访问链接或设置共享权限，使合作单位可直接调用相关GIS资源，极大提升了地理信息资源的利用率和协同效率。

高效查询检索与应用搭建赋予用户便捷获取资源和快速构建应用的能力。Portal for ArcGIS配备先进的智能检索机制，支持基于关键词、标签、空间范围、数据类型等多维度的精准检索。例如：用户只需输入“某区域2023年遥感影像”，系统即可快速筛选出符合条件的地图图层与数据资源；结合空间检索功能，还能定位特定区域内的所有可用GIS资源。检索到的资源可无缝对接平台内置的应用模板，用户无须复杂的编程操作，通过简单的拖拽、配置，即可快速搭建定制化的WebGIS应用。例如，利用Portal提供的模板，可快速生成灾害应急指挥调度应用，将实时灾情数据、救援力量分布、避难场所位置等资源进行整合展示，为应急决策提供可视化支持。

基于角色的安全管理体系是保障 GIS 资源安全使用的关键，Portal for ArcGIS 采用精细化的角色权限管理机制，管理员可根据用户的工作职责与业务需求，灵活定义不同的角色，如数据管理员、普通浏览者、应用开发者等，并为每个角色分配对应的资源访问权限和操作权限。例如：数据管理员可拥有数据上传、编辑、删除等权限，而普通浏览者仅能查看公开的地图服务；对于敏感数据，还可设置基于地理位置的访问限制，如仅允许特定区域内的用户访问相关图层。此外，平台支持多因素身份认证，结合数据加密传输与存储技术，全方位保障 GIS 资源在共享与应用过程中的安全性，确保不同角色的用户能够安全、合规地使用各类地理信息资源。

Portal for ArcGIS 凭借其强大的资源管理、便捷的应用构建和严密的安全管控能力，重塑了地理信息资源的共享与应用模式，成为推动 WebGIS 平台高效运行、促进地理信息技术广泛应用的核心枢纽，在提升组织协同效率、深化地理信息价值挖掘等方面发挥着不可替代的作用。

五、ArcGIS Web Adaptor

ArcGIS Web Adaptor 作为 ArcGIS 生态体系中连接 ArcGIS Server 与企业级 Web 服务器的核心组件，承担着打通 GIS 服务与 Web 应用通道的关键任务。在企业级 GIS 应用场景中，ArcGIS Server 负责提供强大的地理信息数据处理与服务发布能力，而 Web 服务器则专注于 Web 应用的部署与用户交互，ArcGIS Web Adaptor 通过建立两者之间的高效通信链路，使基于 Web 的 GIS 应用能够无缝调用 ArcGIS Server 发布的地图服务、地理处理服务等资源。

其核心工作原理在于请求转发与协议适配。当用户通过 Web 浏览器发起对 GIS 服务的访问请求时，ArcGIS Web Adaptor 首先接收该 HTTP/HTTPS 请求，对请求进行解析后，将其转换为 ArcGIS Server 可识别的协议格式，并转发至站点内对应的 GIS 服务器进行处理。例如，当用户在 Web 端请求加载某区域的地形数据服务时，WebAdaptor 会迅速将请求定向到 GIS 服务器的相关服务接口，确保数据能够高效返回至 Web 应用界面，ArcGIS 10.5 Web Adaptor 框架简图如图 2-2 所示。

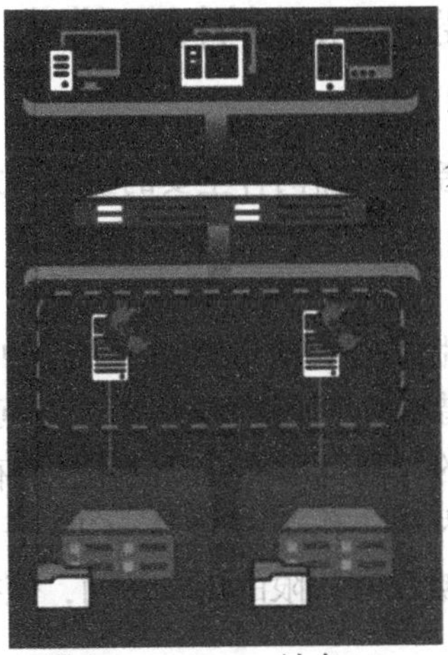

图 2-2　ArcGIS 10.5 Web Adaptor 框架简图

在提升系统性能与可靠性方面，ArcGIS Web Adaptor 具备灵活的部署策略。它可以借助 HTTP 负载均衡器、路由器或第三方负载均衡软件，将大量的服务请求均匀分配到多个 GIS 服务器实例上，有效避免单点负载过高导致的服务响应迟缓或中断。例如，在大型智慧城市项目中，面对海量用户对交通监控、公共设施查询等 GIS 服务的并发访问，Web Adaptor 与负载均衡方案联合部署，能够动态调整资源分配，保障服务的稳定运行。同时，这种联合部署模式还支持服务的弹性扩展，便于根据实际业务需求灵活增减服务器资源。

ArcGIS 10.5 凭借 ArcGIS Runtime SDKs 为移动端和桌面端应用开发提供了强大的技术支撑。ArcGIS Runtime SDKs 包含了丰富的 API 接口和开发工具包，支持 Android、iOS、Windows 等多平台应用开发。开发者可利用这些 SDK，将 ArcGIS 强大的地图显示、空间分析、数据编辑等功能嵌入自定义应用中。例如：在野外地质勘查场景中，基于 ArcGIS Runtime SDKs 开发的移动端应用，能够帮助地质工作者在手机或平板上实时查看高精度地质图、采集现场数据并同步至服务器；在桌面端，城市规划师可借助相关 SDK 开发的应用，对城市三维模型进行精细化设计与分析。这种跨平台的开发能力，极大地拓展了 GIS 应用的覆盖范围与使用场景。

在系统架构层面，ArcGIS 10.5 的分布式地理信息处理能力与云服务支持使其具备更强的适应性与扩展性。通过分布式架构，系统能够将大规模地理数据处理任务分解到多个计算节点并行处理，显著提升数据处理效率。例如，在处理 TB 级的卫星遥感影像数据时，分布式架构可将影像分割成多个小块，由不同节点同时进行解译与分析，大幅缩短了处理时间。同时，依托云服务技术，ArcGIS 10.5 实现了跨平台的无缝访问，用户无论使用 PC、移动设备还是 Web 浏览器，都能通过互联网安全访问 GIS 资源。此外，该架构在保障企业级数据管理能力的同时，还配备了完善的安全防护机制，包括数据加密传输、用户身份认证、访问权限控制等，确保地理信息数据在分布式处理与云端存储过程中的安全性与完整性，为政府、企业等用户构建可靠的 GIS 应用体系提供了坚实保障。

第二节　ArcGIS 10.5 的授权模式

ArcGIS 10.5 提供了 Named User 和授权机器两种主要的授权模式。

一、Named User 模式

Named User 是 ArcGIS 产品自 10.3 版本正式推出的一种以用户为中心的授权机制。获得 Named User 授权后，用户可以凭借账户密码登录组织、访问资源以及使用各类 Apps。这种模式定义了组织中不同用户的权利，用户可以制作、保存私有内容，在组织中分享内容以及浏览其他用户分享的内容。作为登录 ArcGIS 平台的“唯一标识”，Named User 模式确保用户的私有内容不被没有权限的用户访问，使得平台更加安全。

二、授权机器模式

授权机器模式是根据 CPU 数量和计算核心数进行软件授权，比较典型的是 ArcGIS

Server 的授权模式。这种模式适用于需要大规模计算资源的场景，如服务器端的 GIS 服务。

第三节 ArcGIS 10.5 的特点

ArcGIS 10.5 是 GIS 领域的佼佼者，它凭借创新性的功能与架构，为用户打造了一个智能的以 Web 为中心的地理平台，极大地推动了 GIS 技术在各个行业的应用，引领地理信息新时代的到来。

一、革新性的产品架构

（一）分级授权精细化

ArcGIS 10.5 创新性地引入全新分级授权模型，以 Named User 作为用户访问平台的唯一凭证，构建起 Level 1 和 Level 2 两级权限体系：Level 1 权限专为仅需浏览地理信息资源的用户设计，这类用户能够便捷访问平台内的地图服务、数据图层、分析报告等资源，快速获取地理信息概况；Level 2 权限则面向需要对平台内容进行深度操作的专业人员，不仅赋予数据编辑、图层修改权限，还支持地理分析模型创建、应用程序定制开发等高级功能。

这种精细化的权限划分，有效避免了权限滥用风险，在保障数据安全的同时显著提升工作效率。以大型城市规划项目为例，普通工作人员通过 Level 1 权限，可快速浏览城市地形地貌、建筑分布等基础地理数据，了解城市现状；规划师凭借 Level 2 权限，能够基于原始数据进行深度编辑，运用空间分析工具开展土地适宜性评价、交通流量模拟等工作，为科学规划方案的制定提供数据支撑。同时，分级授权机制还支持动态权限调整，可根据项目需求灵活变更用户权限等级，满足复杂业务场景下的权限管理需求。

（二）企业级平台的集成

ArcGIS Enterprise 在 ArcGIS 10.5 中承担着搭建组织机构内部 WebGIS 平台的核心职责，它深度整合 ArcGIS Server、Portal for ArcGIS、ArcGIS Data Store 等关键组件，形成功能完备、高度集成的企业级地理信息解决方案。

ArcGIS Server 作为平台的服务中枢，提供多样化的服务器产品。其中：GIS Server 提供基础地理信息服务，支撑地图浏览、数据查询等常规功能；GeoAnalytics Server 基于分布式计算框架，实现对矢量大数据的高效分析，可处理数十亿级数据，在短时间内完成复杂空间统计运算；GeoEvent Server 专注于实时大数据处理，支持 TCP、WebSocket 等主流传输协议，能快速接入物联网设备产生的实时数据流，并进行连续分析；Image Server 负责栅格数据管理与分析，提供影像存储、处理、发布等服务；Business Analyst Server 则针对商业领域需求，开展市场分析、选址评估等商业智能分析。用户可根据实际业务需求，灵活选择并扩展各服务器产品，定制专属平台功能。

Portal for ArcGIS 构建起统一的地理信息资源管理与共享平台，支持地图服务、数据图层、分析工具等资源的集中管理。通过灵活的权限设置与共享策略，促进组织内部数据流通与协同合作，打破数据孤岛。

ArcGIS Data Store 则采用优化的数据存储架构，针对关系型数据、切片缓存数据、时空大数据进行差异化存储管理，保障数据存储的高效性与安全性，为平台稳定运行提供坚实的数据基础。各组件协同运作，使 ArcGIS Enterprise 能够满足不同企业在地理数据管理、分析与应用方面的多样化需求，从政府部门的智慧城市建设到企业的商业决策支持，均能提供有力支撑。

二、技术创新的引领

（一）全新 i3S 三维标准

ESRI 推出的 i3S（Indexed 3D Scene Layer）三维标准，为 WebGIS 平台的三维数据处理与展示带来颠覆性的变革。该标准遵循 Web 访问规范，基于 HTTP 协议实现数据传输，使桌面端、Web 端、移动端等不同客户端能够无障碍访问三维地理数据，彻底打破设备与平台限制，实现三维地理信息的跨终端共享。

i3S 标准采用层次细节（LOD）技术与流式数据加载机制，根据用户视角与设备性能，动态调整数据加载精度与速度。在浏览大规模三维场景时，系统优先加载低精度数据以保证场景快速显示。随着用户视角拉近，系统会自动加载高精度细节数据，确保模型显示流畅，有效解决大数据量三维场景加载缓慢、卡顿的问题。同时，作为开放性标准，i3S 获得 Smart 3D、Pix4D 等第三方平台的广泛支持，能够轻松接入倾斜摄影数据、BIM 模型等多源三维数据，极大丰富平台数据来源。在城市数字化建设中，利用 i3S 标准将城市倾斜摄影数据快速接入 ArcGIS 平台，可构建高精度、逼真的三维城市模型，为城市规划方案评审、城市管理可视化决策、文化遗产数字化保护等提供直观、准确的地理信息依据。

（二）大数据分析的突破

ArcGIS 10.5 在大数据分析领域实现重大技术突破，推出 ArcGIS GeoAnalytics Server 和 ArcGIS Image Server 两款核心产品，分别针对矢量与栅格大数据处理，提供高效解决方案。两款产品均集成分布式计算框架，采用并行处理技术，将大规模数据处理任务分解至多个计算节点同时执行，大幅提升数据处理效率。以数十亿级矢量数据计算为例，借助分布式架构，处理时间可缩短至几分钟，相较于传统单机处理模式，效率提升数十倍。

同时，产品提供丰富的大数据分析工具库，涵盖空间聚类分析、时空趋势分析、影像分类提取等功能。用户可通过 ArcGIS Pro 专业桌面软件、Portal for ArcGIS 网页平台等多个客户端，以图形化操作或脚本调用方式使用这些工具，如同操作常规地理处理（GP）工具般便捷。例如：在自然资源管理领域，利用 ArcGIS Image Server 对海量卫星影像数据进行分析，可实时监测森林覆盖变化、土地利用类型转换，及时发现非法占地、森林火灾等异常情况；在交通领域，ArcGIS GeoAnalytics Server 通过对交通流量、车辆轨迹等矢量大数据分析，能够挖掘交通拥堵规律，为交通规划优化、智能信号灯调控提供数据支持，助力实现交通资源的科学配置。

（三）实时大数据处理的优化

伴随物联网技术普及，实时大数据处理需求激增。ArcGIS 10.5 推出的 GeoEvent Server 服务器产品，专注于实时数据流处理，支持 TCP、WebSocket、REST 等多种主流数据传输协议，能够快速、稳定接入来自气象监测设备、交通传感器、环境监测仪器等物联网终端的实时数据。

GeoEvent Server 采用流式计算技术，能够对实时数据进行连续、动态处理分析。处理后的数据可分布式存储至 ArcGIS Data Store 的时空大数据存储模块中，支持历史数据回溯与深度挖掘。同时，系统还提供了动态聚合显示功能，将实时数据以热力图、流向图等可视化形式实时呈现，帮助用户直观掌握数据变化趋势。在智慧城市管理场景中，GeoEvent Server 接入空气质量监测站、交通摄像头、水位传感器等设备数据，实时分析空气质量指数、道路拥堵状况、河流水位变化，一旦检测到数据异常（如空气质量超标、道路严重拥堵、水位超警戒值），立即触发预警机制，并联动相关部门应急处置，实现城市精细化、智能化管理。

三、便捷的操作与开发

ArcGIS 10.5 不仅在功能和应用方面表现出色，还为用户提供了便捷的操作体验和丰富的开发工具，降低了使用门槛，提高了工作效率。

（一）友好的用户操作体验

1. 操作工具丰富易用

ArcGIS 10.5 配备功能齐全、操作简便的工具集，充分满足不同用户群体需求。在数据处理环节，ArcToolbox 集成数据转换、编辑、清洗等上百种工具，用户可轻松实现数据格式转换（如 Shapefile 与 GeoJSON 格式互转）、拓扑错误检查与修复、属性表批量处理等操作。例如：在地图制作方面，Mapping 功能提供高度灵活的制图工具，支持自定义地图符号库，用户可根据制图规范与需求，设计点、线、面要素符号样式；智能注记引擎自动优化文字标注布局，避免压盖冲突；专题制图模板帮助用户快速生成土地利用现状图、人口密度分布图等专业地图。

在空间分析领域，平台提供缓冲区分析、叠加分析、网络分析、地形分析等多种工具。例如，通过缓冲区分析可计算学校周边 500 米范围内的人口分布；利用叠加分析对比土地利用与土壤类型数据，评估土地适宜性；借助网络分析优化物流配送路线，降低运输成本。此外，ArcGIS 10.5 配套完善的帮助文档、视频教程与在线社区支持，用户在使用过程中遇到问题，可通过搜索帮助文档、观看教学视频或在社区与其他用户交流，快速获取解决方案。

2. 交互界面优化升级

ArcGIS 10.5 对交互界面进行全面优化，采用简洁直观的设计风格，操作界面布局合理、功能菜单层级清晰。数据浏览界面支持多图层叠加显示与透明度调整，用户可通过滑块、按钮等控件实时查看数据变化；空间分析结果以可视化图表、高亮地图要素等形式直观呈现，便于用户快速理解分析结论。

平台支持跨设备、跨平台使用，用户可在 Windows、Mac 桌面端、Web 浏览器以及

iOS、Android 移动端无缝切换访问。通过云端同步功能，用户在移动端采集的数据、制作的地图可自动同步至其他设备，实现工作流程的连续性。同时，响应式设计确保界面在不同屏幕尺寸设备上均能保持良好显示效果与操作体验，提升用户使用便捷性。

(二) 强大的开发支持

1. ArcGIS Runtime 跨平台开发

ArcGIS Runtime 100.0 在 ArcGIS 10.5 中全新发布，为开发者带来高效、便捷的跨平台开发体验。该开发框架支持 Windows、Linux、macOS、iOS、Android 等主流操作系统，采用统一的功能架构与 API 接口设计，开发者只需编写一次代码，即可在不同平台部署应用，大幅降低开发成本与周期。

ArcGIS Runtime 与 WebGIS 平台深度集成，开发者可直接调用 WebGIS 平台的地图服务、数据资源与分析工具，实现应用功能快速扩展。在三维应用开发方面，框架增强 3D 可视化能力，支持倾斜摄影模型、BIM 模型等全场景展示，提供三维符号化、三维路径分析、空间量测等功能，助力开发者打造沉浸式地理应用。在离线应用开发领域，ArcGIS Runtime 支持移动地图包、底图切片包、要素服务离线同步等多种离线模式，使用户在无网络环境下仍可浏览地图、采集数据、执行分析任务，满足野外作业、应急救援等特殊场景需求。

2. Python 脚本开发助力

ArcGIS 10.5 高度重视 Python 脚本开发支持，通过 arcpy 模块为开发者与 GIS 专业人士提供强大的自动化操作能力。arcpy 模块封装 ArcGIS 平台核心功能，支持对矢量数据（点、线、面要素）和栅格数据（影像、数字高程模型）的全流程处理，涵盖数据创建、编辑、分析、可视化等环节。

开发者可利用 arcpy 编写 Python 脚本，实现地理数据批量处理、自动化制图、空间分析模型构建等任务。例如，编写脚本自动将多个 Shapefile 文件合并为一个数据集，并执行投影变换；通过循环语句批量处理遥感影像，进行辐射定标、大气校正；利用 arcpy 与 ArcGISPro 联动，自动生成系列化专题地图。同时，ArcGIS 的 Python 环境具备良好开放性，支持调用 NumPy、Pandas 等第三方 Python 库，结合机器学习、深度学习算法拓展 GIS 分析功能。用户可在 IDLE、PyCharm 等 Python 集成开发环境中编写、调试 arcpy 脚本，享受代码智能提示、版本控制等便捷开发功能，极大提升开发灵活性与效率。

第四节 ArcGIS 10.5 的应用领域

ArcGIS 10.5 凭借其多元化的功能体系与卓越的性能表现，已成为自然资源、城市规划、公共安全等多个行业数字化转型的核心技术支撑。通过深度融合空间分析、大数据处理和可视化技术，该平台不仅为复杂现实问题提供科学解决方案，还推动各领域向智能化、精细化管理迈进。

一、自然资源与环境保护

（一）资源监测与管理

在自然资源全生命周期管理中，ArcGIS 10.5 构建起智能化监测体系。针对森林资源，平台通过整合高分辨率卫星影像（如 Landsat、哨兵系列卫星数据）和无人机航测数据，结合 NDVI（归一化植被指数）分析模型，实现森林覆盖动态监测。例如：在东北林区管护中，利用 ArcGIS 的栅格分析工具，可每月生成森林覆盖率专题图，精准识别盗伐区域；借助时空大数据存储功能，将十年间的森林生长数据进行版本化管理，为林业部门制定采伐计划提供历史趋势参考。

在湿地生态系统管理方面，ArcGIS 10.5 集成多源数据协同分析能力。通过接入水质传感器实时数据、地形高程模型（DEM）及土地利用分类数据，构建湿地生态健康评价模型。以鄱阳湖湿地为例，系统自动计算水体富营养化指数、植被退化面积等指标，结合空间插值分析生成生态脆弱性分布图，辅助管理者划定核心保护区。水资源管理领域，平台支持水文模型与实时监测数据联动，在长江流域水资源调度中，通过 GeoEvent Server 接入流域内 2 000 余个水文站点的水位、流量数据，运用网络分析工具优化水库群联合调度方案，实现枯水期水资源的精准调配。

（二）环境评估与灾害管理

在环境动态监测场景中，ArcGIS 10.5 搭建起多维度评估框架。针对大气污染研究，平台整合空气质量监测站 PM2.5 浓度数据、气象数据（风速、气压）及交通流量数据，利用空间自相关分析算法，识别污染热点区域并追溯工业源、交通源贡献比例。在青藏高原生态保护项目中，通过叠加近 20 年的冰川面积变化遥感影像与气候数据，构建气候变化影响模型，预测未来 30 年冻土消融趋势。

灾害全周期管理是 ArcGIS 10.5 的核心应用方向之一。在地震预警领域，系统对接地震监测台网的实时振动数据，通过 GeoAnalytics Server 的时空聚类算法，30 秒内完成震中定位并生成烈度预测图，同步推送至应急管理平台。在 2021 年泸县 6.0 级地震中，基于该平台的预警系统提前 10～20 秒向震中周边乡镇发送警报，有效减少人员伤亡。灾后评估阶段，利用无人机倾斜摄影快速生成三维模型，结合 ArcGIS 的建筑物损毁评估工具，48 小时内完成全县 2 万栋房屋的损坏程度分级，为救援资源调配提供数据支撑。

二、城市规划与基础设施管理

（一）城市规划与土地利用

ArcGIS 10.5 为城市规划提供全流程技术支持。在战略规划层面，通过叠加人口普查数据、经济统计年鉴与地形数据，运用多准则决策分析（MCDA）模型，辅助确定城市副中心选址。在深圳市光明科学城规划中，基于平台构建的土地适宜性评价模型，综合考虑生态保护红线、交通可达性等 12 项指标，从 200 平方千米候选区域中筛选出 50 平方千米核心发展区。

在土地开发管理过程中，ArcGIS 的空间分析工具发挥了关键作用。在杭州市土地储备项目中，利用缓冲区分析计算地铁站点周边 800 米范围内的可开发地块，结合地块容积率、拆迁成本等属性数据，生成土地开发潜力热力图。同时，通过 ArcGIS Data Store 实现土地出让数据与规划审批系统的实时联动，确保土地利用符合控规要求。

（二）基础设施监测与维护

交通基础设施智慧化管理依托 ArcGIS 10.5 实现突破。在北京市交通大脑项目中，平台接入全市 3 000 余个道路传感器、10 万路监控摄像头数据，运用网络分析算法优化信号灯配时方案，使核心区平均通行效率提升 15%。结合 ArcGIS Runtime 开发的移动端巡检应用，支持道路养护人员实时上报病害信息，系统自动生成维护工单并推送至最近作业班组。

在水电基础设施运维领域，ArcGIS 10.5 构建起数字孪生管理体系。在三峡水电站，通过整合三维 GIS 模型与设备运行数据，实现对 118 台发电机组的状态监测。利用 ArcGIS Pro 开发的预测性维护系统，基于历史故障数据训练机器学习模型，提前 3～5 天预警轴承过热、管道泄漏等故障，使设备非计划停机时间减少 40%。当突发事件响应时，平台可快速生成应急物资调配方案，如 2021 年，在郑州“7·20”特大暴雨中，系统 30 分钟内规划出最优救援路线，保障 2 000 吨防汛物资及时送达灾区。

三、公共安全与商业分析

（一）公共安全保障

在警务智能化建设中，ArcGIS 10.5 重塑了犯罪防控模式。上海市公安局通过分析近 5 年 10 万余条盗窃案件数据，运用热点分析工具识别出 237 个犯罪高发街区，并结合人口密度、夜间照明条件等因素，建立了犯罪风险预测模型，使巡逻警力部署效率提升 30%。在消防领域，平台整合了建筑物消防设施数据、地形坡度与风向信息，构建了火灾蔓延模拟系统。成都市消防支队利用该系统对春熙路商圈进行消防演练，通过模拟不同起火点的火势扩散路径，优化了应急疏散方案，将理论疏散时间从 12 分钟缩短至 5 分钟。

（二）商业与市场分析

商业决策支持是 ArcGIS 10.5 的重要应用场景。星巴克在中国门店选址中，通过平台分析 280 个城市的人口年龄结构、消费水平、周边竞品分布等 50 余项指标，运用加权叠加分析模型评估商业潜力。在杭州湖滨商圈，基于 ArcGIS 生成的人流量热力图与消费偏好分布图，精准锁定目标客群，使新店首年营收超出预期 25%。在电商领域，京东物流利用 ArcGIS 的网络分析功能优化仓储布局，通过模拟不同仓库选址方案的配送时效与成本，在华北地区新增 3 个前置仓，使区域订单履约时效提升 1.2 小时。

第三章 ArcGIS应用基础

在 GIS 的实际应用中，ArcMap、ArcCatalog 和 Geoprocessing 作为 ArcGIS 平台的核心基础模块，构成了用户开展空间分析与数据处理工作的基石。对于地理信息科学专业的学习者而言，熟练掌握这三大模块的功能与操作逻辑，是有效运用 ArcGIS 解决实际地理问题的必要前提。

ArcMap 作为 ArcGIS 桌面系统的核心应用程序，集地图数据的显示、查询、编辑与分析功能于一体，同时具备专业级的地图制图能力，是用户进行空间数据可视化与分析的主要操作平台。ArcMap 提供数据视图和布局视图两种工作模式：数据视图专注于地理数据的浏览与分析，用户可在此进行空间数据的实时查询、要素编辑、空间分析等操作；布局视图则侧重于地图成果的排版与输出，支持地图符号设计、图例配置、图幅整饰等制图流程，帮助用户生成符合专业标准的地图产品。无论是基础的地理数据可视化展示，还是复杂的空间分析任务，ArcMap 都能提供全面且灵活的解决方案。例如：在城市绿地分布研究中，用户可在数据视图下利用 ArcMap 的空间查询功能，筛选出特定区域内的公园绿地，并通过缓冲区分析评估其服务范围；在布局视图中，结合制图工具将分析结果制作成专题地图，直观呈现研究成果。

ArcCatalog 扮演着空间数据资源中枢的角色，为用户提供了一套系统化的数据管理方案。以数据为核心，ArcCatalog 支持用户对空间数据进行全生命周期管理，包括数据的定位、浏览、搜索、组织和维护。用户可以通过直观的树状目录结构，快速定位存储在本地硬盘、网络服务器或数据库中的各类空间数据，如矢量图层、栅格影像、地图文档等，并进行预览和元数据查看；此外，ArcCatalog 还具备强大的数据库管理功能，支持创建和管理地理数据库，包括要素数据集、属性表等；同时，用户可以定制和应用元数据标准，为数据添加详细的描述信息，如数据来源、采集时间、坐标系等，极大地提高了数据的可理解性和共享性。在大型地理信息项目中，ArcCatalog 能够帮助团队高效组织和管理海量数据，确保数据的一致性和准确性，提升项目整体运作效率。

Geoprocessing 地理处理框架是 ArcGIS 实现空间数据处理与分析的核心引擎，由基础组件工具箱（ArcToolbox）、模型组件模型构建器（ModelBuilder）和编程组件 Python（ArcPy）三大部件协同构成。ArcToolbox 集成了数百个功能强大的地理处理工具，涵盖数据管理、数据转换、矢量分析、栅格分析、地理编码、统计分析等多个领域。这些工具能够满足从简单数据处理到复杂建模的多样化需求，例如，使用数据管理工具进行数据格式转换和投影变换，利用矢量分析工具开展缓冲区分析、叠加分析等。ModelBuilder 则提供了一个可视化的建模环境，用户通过拖拽、连接 ArcToolbox 中的工具，以图形化的方式构建地理处理模型，实现复杂工作流程的自动化和批量化处理。无论是重复性的数据处理任务，还是涉及多步骤分析的复杂模型构建，ModelBuilder 都能大幅提升工作效率。对于 ArcToolbox 和 ModelBuilder 无法满足的个性化需求，用户可以借助 Python 编程语言及其 ArcPy 库进行自定义开发。ArcPy 库封装了 ArcGIS 的核心功能，支持用户通过编写 Python 脚本来实现自动化操作、定制分析算法等高级功能，并且紧密集成于 ArcMap 环境中，为用户提供了强大而灵活的扩展能力。

第一节　ArcMap 应用基础

本节将从 ArcMap 的基础操作入手，分八个部分系统介绍 ArcMap 窗口组成、数据层管理、数据符号化、注记标注以及专题地图编制等核心内容，帮助学习者快速熟悉 ArcMap 的操作环境与基本工作流程。

一、ArcMap 窗口组成

ArcMap 窗口是用户与软件进行交互操作的主要界面，其布局设计遵循功能分区明确、操作便捷的原则，主要由主菜单、窗口标准工具栏、内容列表窗口、地图显示窗口和快捷菜单五部分构成，如图 3-1 所示。

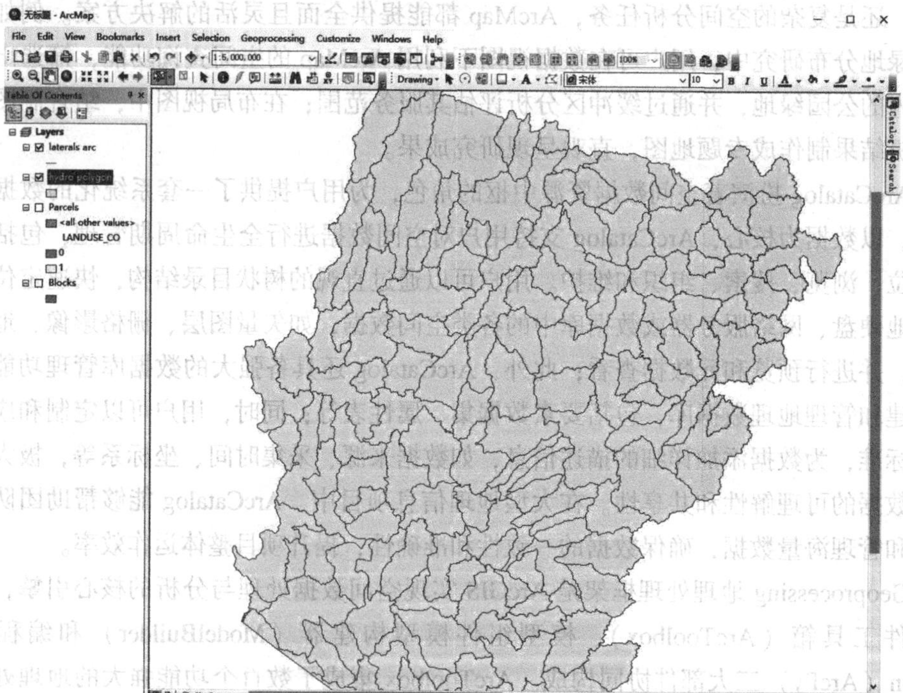

图 3-1　ArcMap 窗口

（一）主菜单

主菜单作为 ArcMap 功能的总入口，包含文件（File）、编辑（Edit）、视图（View）、书签（Bookmark）、插入（Insert）、选择（Selection）、地理处理（Geoprocessing）、自定义（Customize）、窗口（Windows）和帮助（Help）10 个子菜单，涵盖了从数据文件操作到系统自定义设置的全流程功能。例如："文件"菜单用于新建、打开和保存地图文档，管理数据连接；"编辑"菜单提供要素创建、修改和删除等编辑功能；"地理处理"菜单集成了 Geoprocessing 框架下的各类分析工具，方便用户进行空间数据处理；"帮助"菜单则为用户提供软件使用指南、在线帮助文档和技术支持资源，助力用户解决操作过程中遇到的问题。

（二）窗口标准工具栏

窗口标准工具栏包含 19 个功能按钮，前 10 个按钮为通用的软件操作按钮，如文件的新建、打开、保存，以及编辑操作中的撤销、重做，视图的放大、缩小等，便于用户快速执行常见操作。后 9 个按钮则紧密关联 ArcGIS 的核心功能模块，依次为加载地图数据、设置显示比例、调用编辑器工具条、显示内容列表窗口、启动 ArcCatalog 目录窗口、启动 Search 搜索窗口、启动 ArcToolbox 窗口、启动 Python 窗口和启动模型构建器窗口，如图 3-2 所示。这些按钮为用户提供了便捷的功能入口，例如：点击"加载地图数据"按钮，可快速将矢量数据、栅格影像等添加到地图显示窗口；通过"启动 ArcToolbox 窗口"，能够直接访问丰富的地理处理工具，开展空间分析工作。

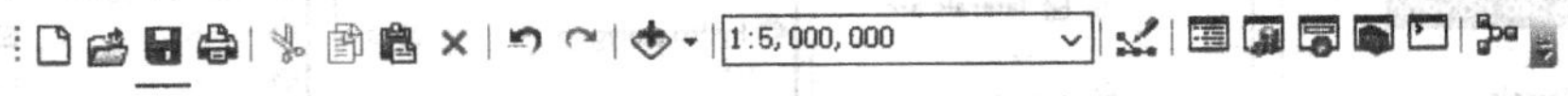

图 3-2 窗口标准工具栏

（三）内容列表窗口

内容列表窗口作为 ArcMap 中数据管理与可视化控制的核心界面，承担着展示地图数据架构、调控图层显示状态以及管理地理要素可视化样式的重要职责。该窗口以层级分明的树状结构，清晰呈现了地图文档中包含的数据框、数据层及其下属地理要素，用户可直观获取各数据组件的属性信息与显示状态。

在 ArcMap 的地图文档架构中，数据框是组织和管理地理数据的基本单元，一个地图文档至少包含一个数据框。当存在多个数据框时，仅有一个处于激活状态的当前数据框可进行操作，其余数据框处于待激活状态。每个数据框由若干数据层叠加组成，用户通过点击数据层前方的勾选框，可快速控制该数据层在地图显示窗口中的可见性，实现图层的动态显示与隐藏。例如，在进行城市交通规划分析时，可通过勾选或取消勾选交通线路、人口分布等数据层，灵活切换分析视角。

内容列表窗口提供四种高效的数据显示模式（图 3-3），以满足多样化的数据管理与分析需求。

（1）按目录排列：该模式严格遵循图层绘制优先级，清晰呈现所有数据框与数据层中各类地理要素（点、线、面）的叠加顺序，便于用户把控地图渲染效果。例如，在制作专题地图时，可通过此模式调整不同要素的显示层级，确保水系图层位于地形图层之上，避免要素间的视觉冲突［图 3-4（a）］。

（2）按源排列：除展示地理要素外，该模式着重标注数据的存储路径与组织形式，如文件存储位置、数据库连接信息等，有助于用户快速定位数据来源，尤其适用于多源数据整合场景，方便数据的溯源与管理［图 3-4（b）］。

（3）按可见图层排列：针对图层数量庞大、结构复杂的地图，此模式可将当前可见与不可见图层分类展示，帮助用户快速筛选和管理可见要素，简化地图显示结构，提升操作效率［图 3-4（c）］。

（4）按选择要素排列：该模式聚焦于当前选中的地理要素及其所属数据层，方便用户集中处理选定要素，实现对特定数据层选择状态的精准控制，在批量编辑或分析特定区域数据时具有显著优势［图 3-4（d）］。

图 3-3　内容列表显示模式按钮

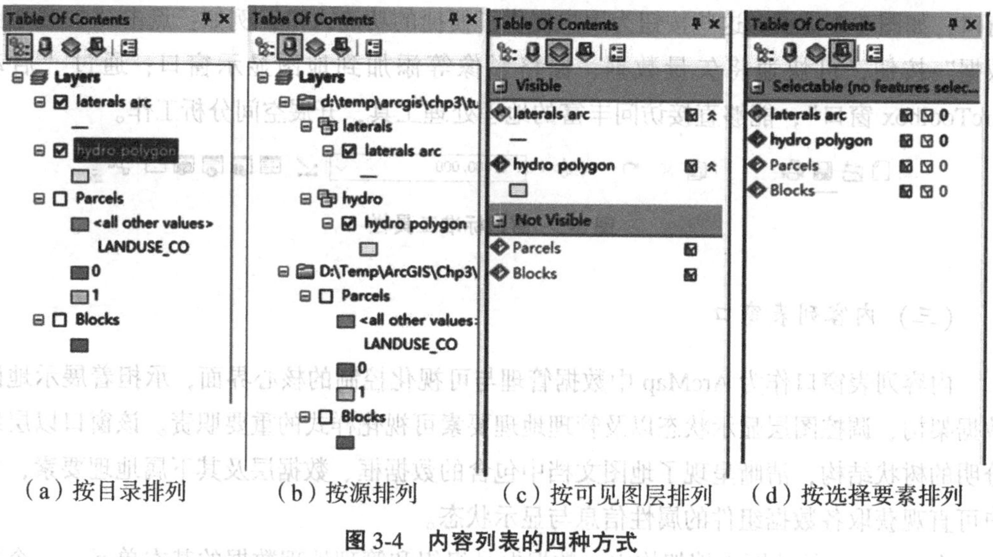

（a）按目录排列　（b）按源排列　（c）按可见图层排列　（d）按选择要素排列

图 3-4　内容列表的四种方式

（四）地图显示窗口

地图显示窗口是 ArcMap 实现地理数据可视化与交互操作的核心区域，承载着展示地图全部地理要素的关键功能。ArcMap 通过数据视图和布局视图两种模式，为用户提供差异化的工作环境与操作体验（图 3-5）。

在数据视图模式下，地图显示窗口专注于地理数据的查询、检索、编辑与分析操作。用户可运用选择工具、查询工具等对地理要素进行属性查看、几何编辑和空间分析，例如，通过交互式查询获取某区域内建筑物的详细属性信息，或使用编辑工具修改道路的走向与长度。该模式下不显示地图辅助要素，以简洁的界面突出数据主体，便于用户专注于数据处理与分析任务。

图 3-5　不同视图下的地图显示窗口

布局视图则以地图成果输出为导向，用户可在此添加图名、图例、比例尺、指北针等地图辅助要素，对地图进行整体排版与整饰，将数据视图中的分析结果转化为专业、美观的地图产品。同时，布局视图继承了数据视图的部分核心功能，借助输出显示工具，用户能够完成数据查询、要素编辑等操作，实现地图制作与数据处理的无缝衔接。两种视图模式可通过显示窗口左下角的切换按钮快速切换，以满足用户在数据处理与成果输出不同阶段的需求。

为提升操作效率，地图显示窗口还配备了刷新和暂停绘制按钮。刷新按钮可实时更新地图显示内容，确保数据显示与操作结果同步；暂停绘制按钮则在处理大规模数据或复杂操作时，暂时停止地图渲染，避免因频繁刷新导致的系统卡顿。此外，两种视图模式分别对应【工具】（图 3-6）和【布局】（图 3-7）两类专属显示工具集，为用户提供针对性的操作支持。

图 3-6　数据视图下的显示工具

图 3-7　布局视图下的显示工具

在 ArcGIS 10.6 版本中，系统将 ArcCatalog 深度嵌入 ArcMap，在地图显示窗口右侧新增目录窗口和搜索窗口的悬挂式设计（图 3-8、图 3-9）。这一优化使地理要素创建、数据库添加等操作更加便捷，用户无须频繁切换界面，即可快速访问和管理数据资源，显著提升工作效率。

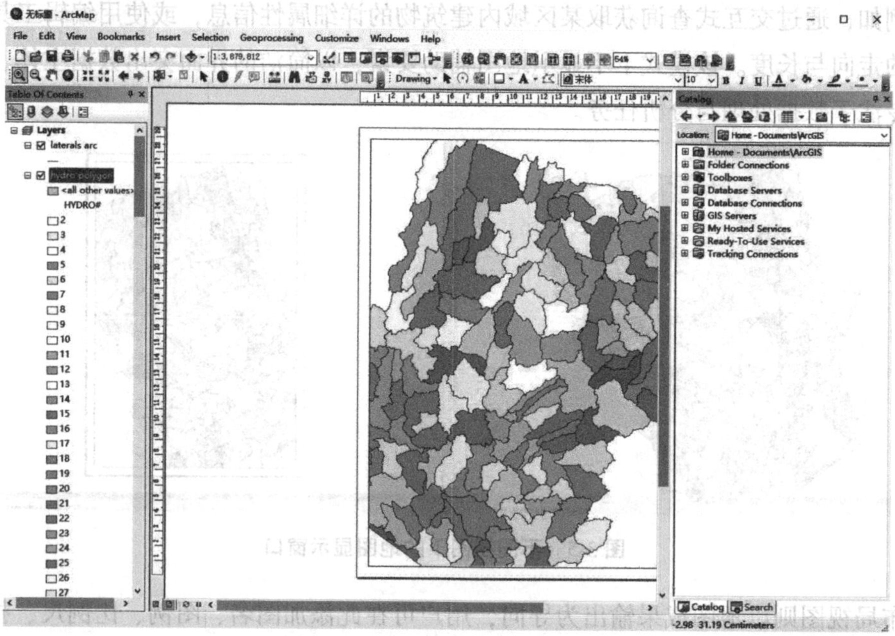

图 3-8　ArcMap 中目录界面

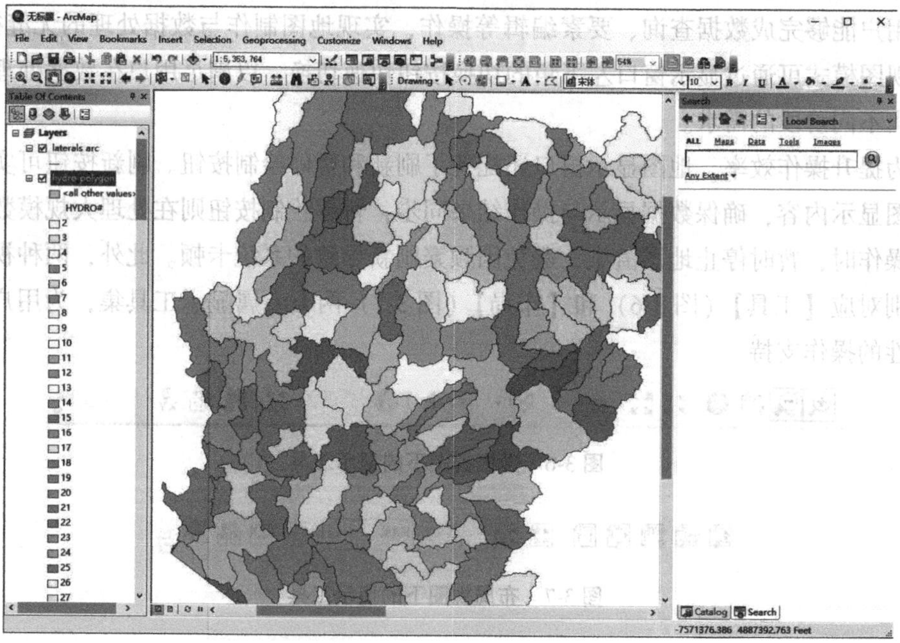

图 3-9　ArcMap 中搜索界面

（五）快捷菜单

ArcMap 的快捷菜单系统为用户提供了高效、便捷的操作入口，通过在窗口不同区域单击右键，可快速调用针对性的功能菜单。以下为四类常用快捷菜单及其核心功能。

1. 数据框操作快捷菜单：在内容列表中的当前数据框（layers）上单击右键，或在数据视图区域右键点击，即可激活该菜单（图 3-10）。此菜单涵盖数据框属性设置、坐标系统管理、数据框内图层的整体操作等功能。例如，用户可通过菜单快速调整数据框的坐标系，或对数据框内所有图层进行统一的显示比例设置，便于多图层协同操作与分析。

2. 数据层操作快捷菜单：在内容列表中的任意数据层上点击右键，可打开数据层操作快捷菜单（图 3-11）。该菜单提供数据层属性编辑、符号化样式调整、数据连接管理、要素选择与编辑等丰富功能。例如，在进行土地利用类型可视化时，用户可通过此菜单快速修改不同土地利用类型的符号样式，或对数据层进行统计分析，获取要素数量、面积等属性信息。

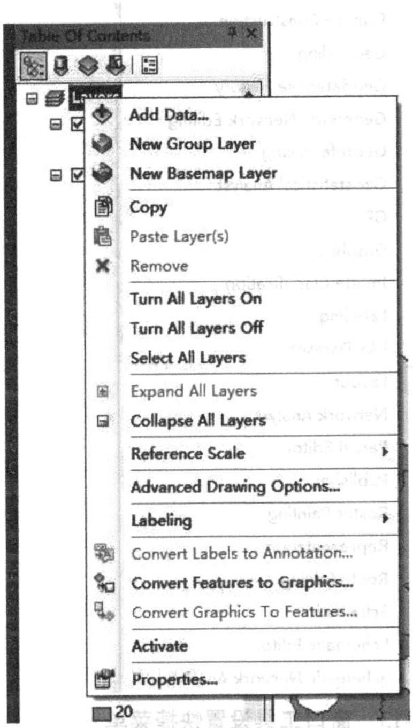

图 3-10　数据框操作快捷菜单

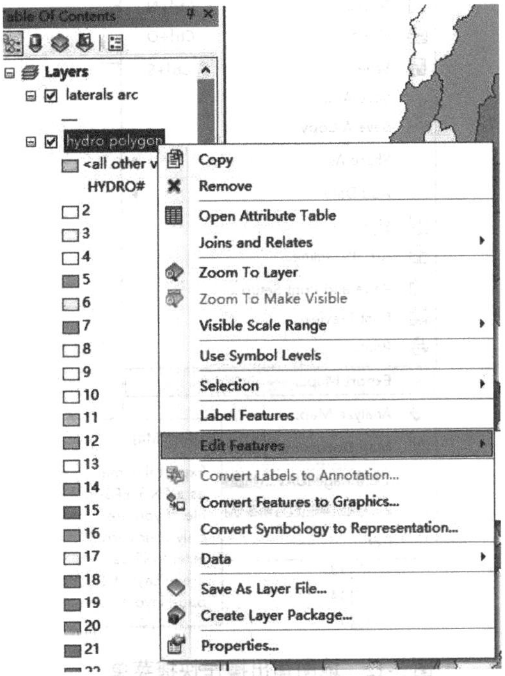

图 3-11　数据层操作快捷菜单

3. 地图输出操作快捷菜单：在布局视图中单击右键，将弹出地图输出操作快捷菜单（图 3-12）。此菜单聚焦于地图输出设置，包括图面内容配置（如选择输出的图层与要素）、图面尺寸调整（设置纸张大小、打印分辨率）以及图面整饰（添加边框、背景色等）。通过这些功能，用户能够快速定制符合需求的地图输出样式，为成果展示与打印输出做好准备。

4. 窗口工具设置快捷菜单：将鼠标移至 ArcMap 窗口的主菜单、工具栏等空白区域点击右键，可打开窗口工具设置快捷菜单（图 3-13）。该菜单允许用户灵活控制各类工具条的显示与隐藏，包括主菜单、标准工具、数据显示工具、绘图工具、编辑工具、标注工具以及空间分析工具等。用户可根据当前工作需求，自定义窗口界面布局，隐藏暂时无须使用的工具条，使操作界面更加简洁高效。

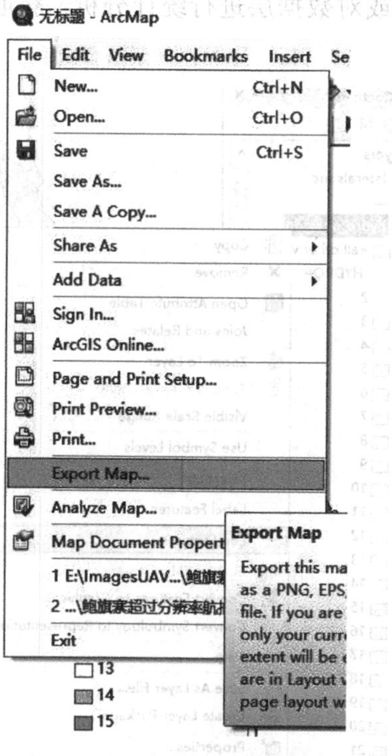

图 3-12　地图输出操作快捷菜单

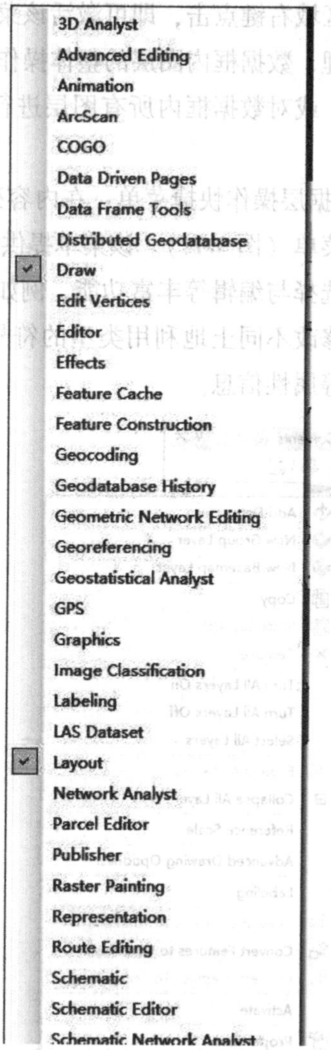

图 3-13　窗口工具设置快捷菜单

二、地图文档创建

地图文档（map document）是 ArcMap 中用于组织和管理地理数据、地图样式及相关设置的核心数据文件，其文件扩展名为 .mxd。需要特别注意的是，地图文档并非直接存储实际的地理数据，而是保存指向硬盘存储数据的指针，以及地图符号化样式、图层显示顺序、标注设置等可视化状态信息。此外，它还记录了地图的版面大小、所包含的地图元素（如标题、比例尺、图例、指北针等）配置信息，这些内容共同构成了完整的地图项目环境。这种存储方式既节省了存储空间，又便于用户快速调用和管理数据资源，通过地图文档，用户可以在不同工作场景下高效复用地图配置，显著提升工作效率。

在 ArcMap 中，用户可以通过以下两种便捷方式创建新的地图文档。

（1）在启动 ArcMap 时创建：当启动 ArcMap 软件时，系统会弹出初始对话框，在此界面中，用户可以选择【新建地图】选项。若希望创建一个空白地图文档，则可选择【我的模板】下的空白模板；若需要基于预设样式快速搭建地图框架，则可应用已有的地图模板。具体操作流程为：首先在模板选项中选择标准页面大小（standard page sizes），如 A4、A3 等；然后在版式列表中选择符合需求的地图布局样式，例如横版、竖版或专题地图版式；最后点击【确认】按钮，系统将自动生成包含预设样式的地图模板，并进入地图编辑环境。这种方式适用于需要快速套用特定格式的项目，如城市规划图、交通线路图等场景的初始搭建。

(2) 在工作环境中创建：若用户已处于 ArcMap 工作界面，可通过主菜单进行地图文档创建。具体操作为单击主菜单中的【文件】选项，在下拉菜单中选择【新建】命令，此时系统将弹出【新建文档】对话框，该对话框的功能与启动 ArcMap 时的对话框一致。用户同样可以在此选择空白模板或预设模板，完成新地图文档的创建。这种方式便于用户在进行多项目操作时，随时创建新的地图文档，实现不同地图项目的并行管理。

在创建地图文档时，用户应充分认识到其重要价值：通过保存地图文档，可将当前加载的数据资源、符号化比例设置、添加的各类地图元素等信息完整存储。当下次打开该地图文档时，所有内容将以保存时的状态完整呈现，避免了重复配置的烦琐操作，极大地提高了工作连续性。例如，在进行区域地质调查项目时，研究人员可将采集的地质数据、配置好的地层符号样式及添加的图名、图例等信息保存于地图文档，后续开展数据分析和成果汇报时，可直接调用文档，快速进入工作状态。

三、数据层的加载

在成功创建新的地图文档后，加载数据层是开展地理数据分析与可视化的关键步骤。在 ArcMap 中，系统支持多种类型的数据层加载，涵盖了地理信息领域常见的数据格式，主要包括：ArcGIS Geodatabase 中的要素数据集，其具有强大的空间数据管理和拓扑处理能力；ArcGIS Workstation 的矢量数据 Coverage，常用于存储具有严格拓扑关系的地理数据；TIN（不规则三角网）数据，适用于高精度地形表面建模；栅格数据 Grid，可应用于存储遥感影像、数字高程模型等；ArcView 3. x 的 Shapefile，作为轻便灵活的矢量数据格式，被广泛应用于各类地理信息项目；AutoCAD 的矢量数据 DWG，便于与建筑设计、工程制图数据进行交互；ERDAS 的栅格数据 Image File，常用于遥感影像处理与分析；USGS 的栅格数据 DEM（数字高程模型），为地形分析提供基础数据支持。这些丰富的数据格式支持，使 ArcMap 能够充分整合多源地理信息，满足不同专业领域和项目的多样化需求。

在 ArcMap 中，加载数据层主要有以下两种实用方法。

(1) 直接在地图文档中加载：用户可直接在 ArcMap 界面操作实现数据层加载。在具体操作时，点击窗口标准工具栏中的【加载地图数据】按钮，或选择主菜单【文件】→【添加数据】命令，系统将弹出【数据浏览】对话框。在此对话框中，用户可在本地硬盘、网络存储或数据库中定位所需数据文件，通过鼠标双击或选中文件后点击【添加】按钮，即可将数据层加载到当前地图文档中。例如，在制作城市绿地分布图时，可通过此方法将城市公园、绿地的 Shapefile 数据快速加载到地图中。

（2）利用 ArcCatalog 加载：ArcCatalog 作为强大的空间数据资源管理器，也可用于数据层加载。用户可通过窗口标准工具栏中的【启动 ArcCatalog 目录窗口】按钮，或在主菜单【窗口】中选择 ArcCatalog 选项，打开 ArcCatalog 界面。在 ArcCatalog 中，用户可像操作文件资源管理器一样，对数据进行浏览、查找和管理。当找到目标数据后，用户可直接将数据文件拖拽至 ArcMap 的内容列表窗口或地图显示窗口，完成数据层加载。此外，在 ArcCatalog 中还可预先对数据进行格式转换、元数据编辑等预处理操作，再将处理好的数据加载到 ArcMap 中，这种方式适用于对数据质量有较高要求、需要进行复杂数据管理的项目。

（一）直接在新地图文档上加载数据层

（1）单击主菜单【文件】→【添加数据】→【添加数据】，打开对话框。

（2）在“查找范围”列表框设置加载数据的位置，如打开 C：arcgis \ ArcTutor \ Maplex \ Parcels. mdb 数据库，按下 Ctrl 键，选择 parcels_arc 和 strees_arc 两个要素层。

（3）单击【添加】按钮，两个图层被加载到新地图中（图 3-14）。

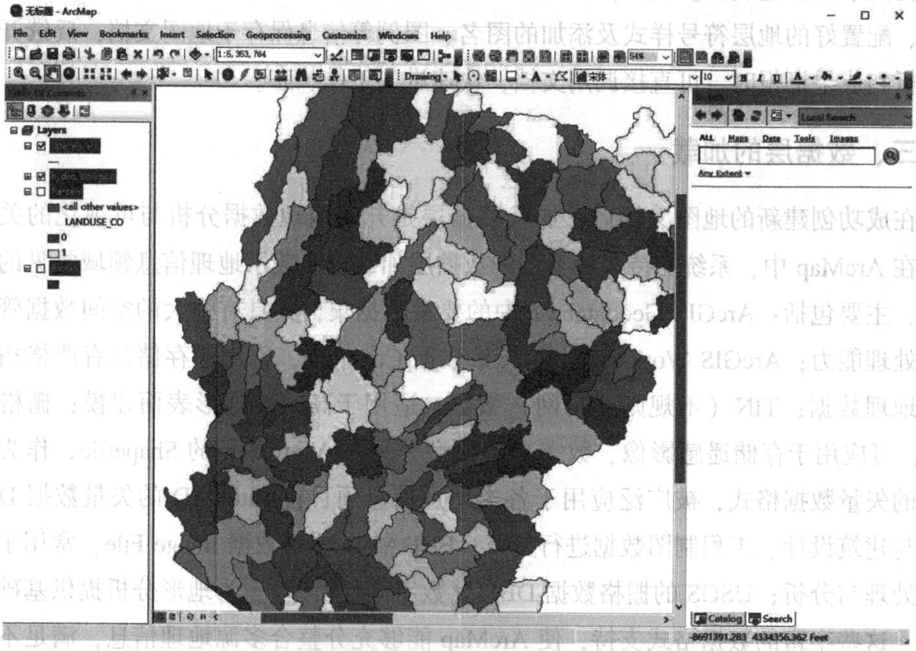

图 3-14　加载图层后的界面

（二）用 ArcCatalog 加载数据层

用 ArcCatalog 加载数据层，只需将需要加载的数据层直接拖放到 ArcMap 的图形显示器中即可，具体操作如下：

（1）启动 ArcCatalog。

（2）在 ArcCatalog 中浏览要加载的数据层。

（3）点击需加载的数据层，拖放到 ArcMap 视图中，完成数据层的加载。

（三）地图中加载文本数据的方法

（1）选择主菜单【文件】→【添加数据】→【添加 XY 数据】（图 3-15）。

（2）选择包含 X、Y 坐标数据的文本文件（支持 txt 文本、dbf 表或者 xls 表）。

（3）指定含有 X 坐标和 Y 坐标的列，并且可选择性地标识含有 Z 坐标的列。

（4）指定坐标系。

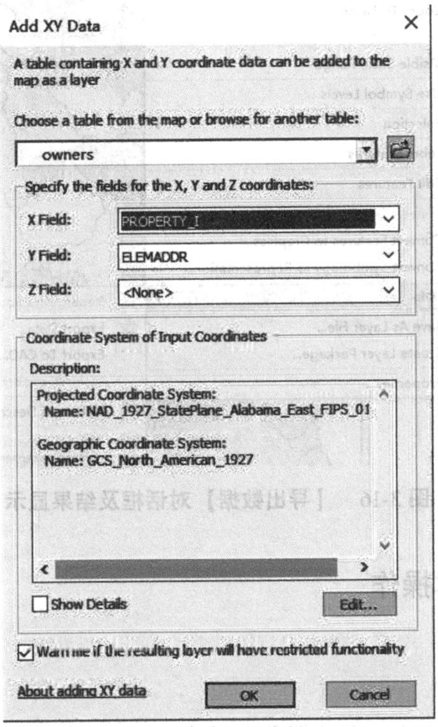

图 3-15 【添加 XY 数据】对话框

此时，分两种情况，如果 X、Y 事件图层所基于的表中含有 ObjectID 字段，则点击【确定】后，将文本文件顺利转换成图层形式数据。

如果 X、Y 事件图层所基于的表中没有 ObjectID 字段，会弹出“表没有 ObjectID”字段的对话框，则无法执行以下操作。

（1）在地图图层中选择要素。

（2）执行使用了选择集的操作，如从表导航到地图。

（3）编辑图层属性。可直接在磁盘上编辑图层所基于的表（如．txt 文件，可在文本编辑器中编辑）。

（4）对任意 X、Y 事件图层执行任意交互式编辑操作（如在编辑会话中选择点，并对它们进行移动、删除和添加新点）。此时无论图层所基于的表是否具有 ObjectID 字段，都将如此。

（5）定义关联。

若要执行上述操作，则应将 X、Y 数据图层另存为要素类。步骤如下。

（1）右键单击 X、Y 图层名称，然后选择【数据】→【导出数据】，打开对话框（图 3-16）。

（2）设置输出坐标系，指定新要素类的位置和名称。

（3）单击【确定】，保存新要素类。

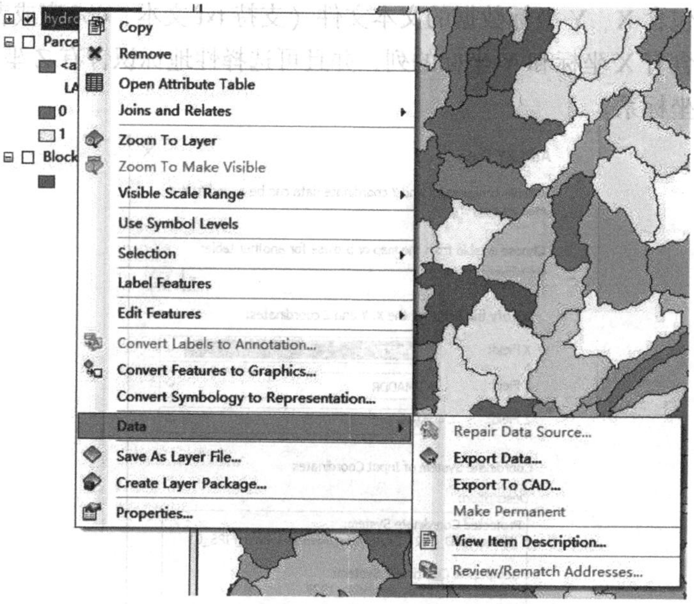

图 3-16 【导出数据】对话框及结果显示

四、数据层的基本操作

（一）数据层更名

在 ArcMap 的内容列表中，每个数据框内的图层及其包含的地理要素均对应着特定的描述字符。在默认设置下，新添加至地图的图层通常以其数据源名称命名，地理要素的描述则依据要素类型字段的取值确定。然而，这种默认命名方式可能存在表述模糊、缺乏针对性等问题，不仅影响用户对数据内容的快速理解，还会在地图输出时导致图例信息不清晰，降低地图的可读性和专业性。因此，用户可根据实际需求，为图层和地理要素赋予更具辨识度和表意性的名称。

在具体操作时，在 ArcMap 内容列表中，首先用鼠标左键单击需要更名的数据层，此时该数据层被选定；短暂间隔后再次单击左键，数据层名称区域将进入可编辑状态，用户可直接输入新的名称，完成后按下回车键或在空白处单击，即可确认更名操作。地理要素的更名流程与之类似，通过双击要素名称或在选中要素后进行二次单击，即可修改其描述信息。例如，在制作城市交通地图时，可将默认名为“Roads. shp”的图层更名为“城市主干道分布”，将“桥梁”要素更名为具体的桥梁名称，使数据信息一目了然。

（二）改变数据层顺序

数据层在内容列表中的排列顺序直接决定了地理要素在地图显示窗口中的上下叠加关系，进而显著影响最终地图成果的表达效果。为确保地图要素显示合理、层次分明，图层排列应遵循以下四条核心准则。

（1）要素类型准则：按照点、线、面的要素类型顺序，由上至下依次排列。这是因为点要素通常代表位置信息，置于上层便于突出显示；线要素用于表示线性地理特征，位于中间层次可清晰展现走向；面要素覆盖范围较大，放在底层可避免遮挡其他要素，保证地图整体布局的合理性。

（2）重要程度准则：依据要素在地图主题中的重要程度，将关键要素置于上层优先显示。例如，在旅游地图中，景点图层的重要性高于次要道路图层，应将景点图层排列在上方，确保用户能快速获取核心信息。

（3）线画粗细准则：按照要素线画的粗细程度，由细到粗从下至上排列。较细的线画在底层不易被遮盖，较粗的线画在上层可突出显示，这种排列方式有助于增强地图的视觉层次感。

（4）色彩浓淡准则：根据要素色彩的浓淡程度，从淡到浓由下至上排列。色彩较淡的图层置于底层，色彩浓重的图层置于上层，可避免深色图层掩盖浅色图层信息，使地图色彩搭配更加协调美观。

在 ArcMap 中调整数据层顺序，需先确认内容列表处于“按绘制顺序显示”模式。随后，将鼠标指针移至目标数据层，按住鼠标左键拖动该图层至期望的新位置，释放左键后，图层顺序即调整完成。此时，地图显示窗口中的要素叠加效果将同步更新，用户可直观查看调整后的显示效果，并根据需要进一步优化。

（三）数据层的复制与删除

在 ArcMap 地图制作过程中，同一数据文件往往需要在不同数据框或同一数据框的多个数据层中重复引用，通过数据层复制功能可高效实现这一需求。以打开地图文档 Parcels. mxd 为例，若要将数据在不同数据框间共享：首先选择主菜单【插入】→【数据框】，此时内容列表中会新增一个名为【新建数据框】的数据框，且该数据框处于高亮激活状态；若需将第一个数据框中的 Streets 图层复制到当前数据框，可在内容列表中选中 Street 数据层，单击鼠标右键，在弹出的快捷菜单中选择【复制】命令；接着将鼠标指针移至【新建数据框】，再次单击右键并选择【粘贴图层】（图 3-17），即可完成数据层的跨数据框复制操作。这种方式不仅避免了重复加载数据的烦琐，还能确保不同数据框中的数据保持一致性。

当数据层不再需要时，可通过删除操作清理地图文档，简化数据管理。删除单个图层时，只需在内容列表中该图层上单击右键，在快捷菜单中选择【移除】选项，即可将图层从地图文档中删除。若需批量删除多个图层，可按住 Shift 键选择连续的多个图层，或按住 Ctrl 键选择不连续的多个图层，再进行删除操作，从而高效完成数据层的清理工作，使地图文档更加简洁、运行更加流畅。

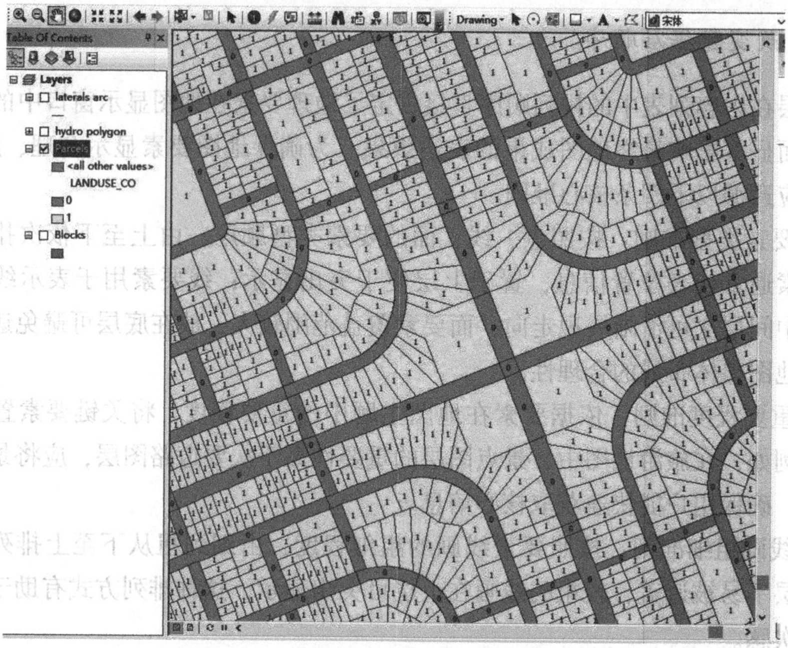

图 3-17　完成粘贴后的 ArcMap 地图窗口

（四）数据层的坐标定义

在 ArcMap 的地理信息处理流程中，数据层的坐标系统是确保空间数据准确定位、正确叠加和有效分析的关键基础。绝大多数数据层都承载着坐标系统信息，这些信息如同空间数据的“定位锚点”，决定了地理要素在地图空间中的具体位置。当用户创建新地图文档并开始加载数据层时，第一个被加载的数据层的坐标系统将被 ArcMap 自动设定为该数据框的默认坐标系统。后续加载的数据层，只要满足坐标转换条件，系统会自动执行坐标转换操作，将其纳入数据框的默认坐标系统框架下进行统一管理。值得注意的是，这种自动转换仅作用于数据的空间定位参照，不会对数据层所包含的实际地理数据内容产生任何影响，从而保证了数据的完整性和原始性。

对于部分缺乏完整坐标信息的数据层，通常需要操作人员手动提供准确的坐标信息。若未进行手动设置，ArcMap 将启动默认处理机制：系统首先会判断数据层的 X 坐标值是否处于-180 到 180 的区间，Y 坐标值是否在-90 到 90 的范围内。若判断结果为真，ArcMap 会将该数据层按照大地坐标系统进行处理；反之，则认定其采用简单的平面坐标系统。这种默认处理方式在一定程度上为用户提供了便捷性，但也可能导致数据定位的偏差，因此在实际操作中，建议用户尽可能明确数据层的坐标系统信息。

当用户不确定所加载数据层的坐标系统时，可以通过数据框属性或数据层属性窗口进行详细查阅，并根据项目实际需求对坐标系统进行进一步修改和调整。具体操作流程如下。

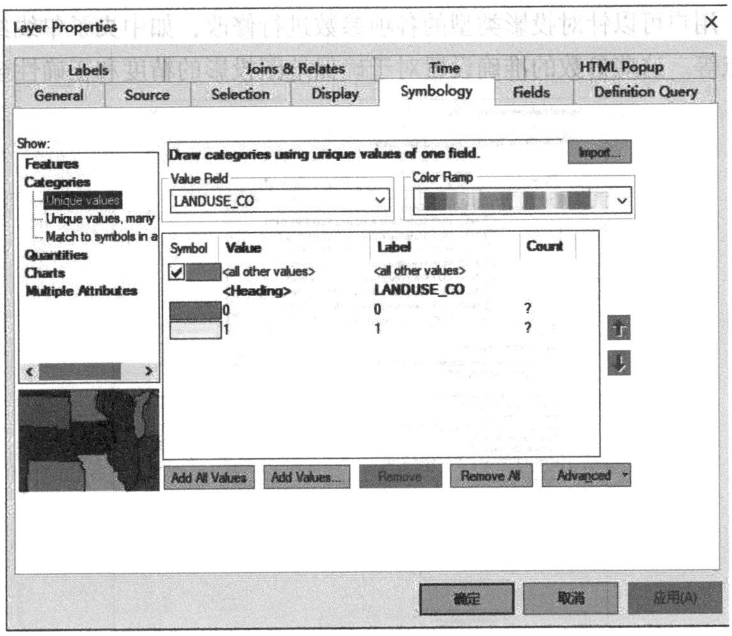

图 3-18 【数据框属性】对话框

1. 查阅数据框坐标

（1）在 ArcMap 主菜单中，依次选择【视图】→【数据框属性】，系统将弹出【数据框属性】对话框（图 3-18），该对话框集成了数据框的各类属性设置选项。

（2）进入对话框中的【坐标系】选项卡，这里集中展示了当前地图数据框所采用的坐标系统详细信息，包括坐标系统名称、投影类型、地理坐标系参数等内容。用户通过查看该选项卡，能够快速掌握数据框的坐标系统配置情况。

2. 变换数据框坐标

（1）在内容列表或地图显示窗口中的数据框上，单击鼠标右键，在弹出的快捷菜单中选择【属性】选项，打开【属性】对话框。

（2）切换至【坐标系】选项卡，点击【预定义目录】按钮。此时，系统会展示一个丰富的坐标系统库，其中包含了 ArcMap 内置的多种地图投影类型，如高斯-克吕格投影、墨卡托投影、兰伯特投影等，每种投影类型都适用于不同的地理区域和应用场景。

（3）用户根据项目需求，从预定义目录中选择合适的地图投影类型。例如：在进行小范围高精度的地形测绘项目时，可选择高斯-克吕格投影；而在制作全球范围的航海地图时，墨卡托投影则更为合适。

（4）选择完成后，点击【确定】按钮，ArcMap 将自动对数据框内的所有数据层进行投影变换操作，使它们统一采用新选定的投影类型，确保地图数据在空间表达上的一致性和准确性。

3. 修改坐标系统参数

（1）同样进入数据框【属性】对话框中的【坐标系】选项卡，此时用户可以对当前坐标系统的参数进行精细化调整。

（2）点击【修改】按钮，系统将弹出【投影坐标系属性】对话框（图 3-19）。在该对话框中，用户可以针对投影类型的各项参数进行修改，如中央子午线经度、标准纬线、投影原点等。这些参数的准确设置对于确保地图投影的精度和正确性至关重要。

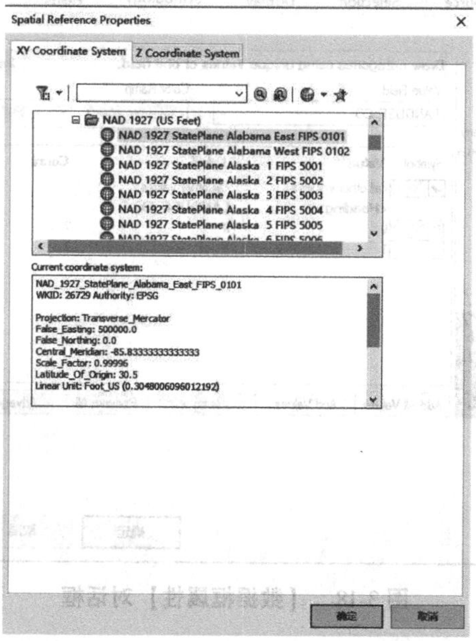

图 3-19　【投影坐标系属性】对话框

（3）完成参数修改后，单击【确定】按钮，系统将应用新的参数设置，使坐标系统更加符合项目的具体要求。

4．设置地图显示参数

（1）打开数据框【属性】对话框，单击【常规】标签，进入【常规】选项卡（图 3-20）。该选项卡主要用于设置与地图显示相关的基础参数。

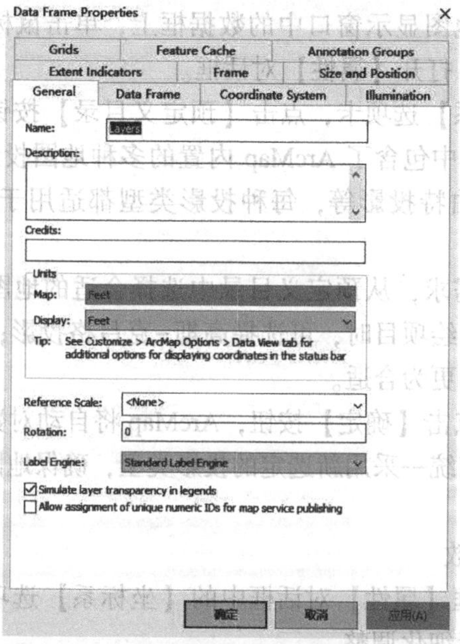

图 3-20　【数据框属性】对话框中【常规】

（2）在【显示单位】下拉菜单中，选择“米”作为地图显示的长度单位。合理选择显示单位有助于用户更直观地理解地图上地理要素的实际距离和范围。

（3）设置【参考比例】为 1：1 200。参考比例是控制地图标注、注记字体大小以及符号化后符号尺寸变化的关键参数。当用户缩放地图时，若当前显示比例大于参考比例，地图上的字体和符号会自动放大，以保证清晰可读；若显示比例小于参考比例，字体和符号则会相应缩小，避免地图显示过于拥挤杂乱。如果未设置参考比例，地图上的符号大小将保持固定不变，在地图缩放过程中可能会出现显示效果不佳的情况。

（4）完成参数设置后，单击【确定】按钮，ArcMap 将应用所设置的显示参数，使地图以优化后的效果进行展示，提升用户的视觉体验和数据解读效率。

（五）数据层的分组

在 ArcMap 的地理信息处理与地图制作过程中，当用户需要将多个具有相关性的数据层作为一个整体进行统一管理、操作或可视化展示时，数据层分组功能便发挥出重要作用。通过将多个图层组合形成组图层（group layer），能够有效提升数据管理效率，简化复杂地图的操作流程。例如，在制作区域交通专题地图时，可将代表铁路和公路的两个图层合并为一个名为“交通网络”的组图层，便于对交通要素进行集中编辑、分析和展示。

组图层在地图文档中的属性与独立数据层相似，但其内部包含的多个图层需确保属性兼容，避免出现相互冲突的情况，以保证地图显示和分析的准确性。例如，组图层内的各图层应尽量保持相同的坐标系统和数据精度，防止因属性差异导致显示错位或分析误差。

对组图层的操作主要涵盖以下四个核心步骤。

（1）建立组图层：在 ArcMap 的内容列表中，通过按住 Ctrl 键（选择不连续图层）或 Shift 键（选择连续图层），选中需要组合的多个数据层；随后单击鼠标右键，在弹出的快捷菜单中选择【组】选项，即可快速完成组图层的创建。新生成的组图层将以默认名称显示在内容列表中，用户可根据实际需求对其进行重命名。

（2）添加图层到组图层：双击内容列表中的组图层，系统将弹出【图层组属性】对话框（图 3-21）；切换至【组合】选项卡，单击【添加】按钮，在弹出的文件浏览窗口中选择需要添加的图层，确认后即可将新图层纳入组图层中进行统一管理。此操作适用于后续需要不断补充相关数据层的场景，如在交通网络组图层中添加机场、港口等运输节点图层。

（3）调整组图层顺序：同样双击内容列表中的组图层打开【图层组属性】对话框，进入【组合】选项卡；在图层列表中选中需要调整顺序的图层，通过点击【向上】或【向下】按钮，可精确调整图层在组图层内的排列顺序，从而控制其在地图显示窗口中的叠加效果。合理的图层顺序有助于突出重点要素，优化地图的视觉表达。

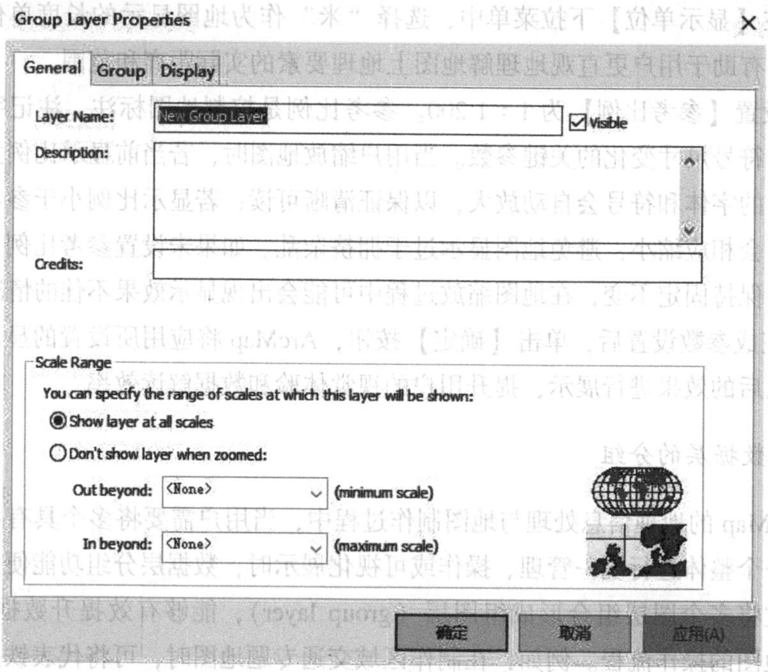

图 3-21　【图层组属性】对话框

（4）在组图层中删除某一图层：打开【图层组属性】对话框并切换至【组合】选项卡，在图层列表中选择需要移除的图层，单击【移除】按钮，即可将该图层从组图层中删除。此操作可帮助用户及时清理冗余数据，保持组图层结构的简洁性。

（六）数据层比例尺设置

在 ArcMap 中，默认情况下，只要在内容列表中勾选数据层，无论地图显示比例尺如何变化，该数据层均会始终显示在地图窗口中。然而，这种默认设置在实际应用中存在局限性：当地图比例尺较小时，过多的数据层同时显示可能导致地图内容过于繁杂，要素相互遮挡，难以清晰表达地理信息；若仅为适应小比例尺地图而简化数据层，在放大比例尺时又可能出现地图内容稀疏、要素线画粗糙等问题。为解决这些问题，ArcMap 提供了灵活的数据层比例尺范围设置功能，允许用户根据各数据层的内容特点，精确设定其最小显示比例尺和最大显示比例尺。当地图显示比例尺超出所设范围时，对应的数据层将自动隐藏，从而实现地图显示效果的动态优化。

数据层比例尺设置可分为绝对显示比例尺设置、相对显示比例尺设置以及删除比例尺设置三种操作方式，具体流程如下。

1. 设置绝对显示比例尺

（1）在内容列表中的目标数据层上单击鼠标右键，在弹出的快捷菜单中选择【属性】命令，打开【图层属性】对话框。

（2）切换至【常规】选项卡，勾选【缩放超过下列限制时不显示图层】选项；在【缩小超过】文本框中输入数据层的最小显示比例尺，该比例尺表示地图缩小到何种程度时，该数据层将不再显示；在【放大超过】文本框中输入最大显示比例尺，即地图放大到何种程度时，数据层停止显示。通过精确设置这两个参数，可有效控制数据层在不同比例尺下的显示状态。

2. 设置相对显示比例尺

（1）在数据层上单击鼠标右键，选择快捷菜单中的【可见比例范围】命令，进入相对显示比例尺设置界面。

（2）使用【设置最小比例】或【设置最大比例】按钮，通过鼠标拖动滑块或直接输入数值的方式，灵活调整数据层显示比例尺的最大值和最小值。这种设置方式更加直观便捷，适合对比例尺范围进行快速调整。

3. 删除比例尺设置

当用户不再需要已设置的显示比例尺范围时，可在对应数据层上单击鼠标右键，选择【可见比例范围】→【清除比例范围】选项，系统将立即移除已设定的比例尺限制，使数据层恢复为默认的始终显示状态。

五、地图文档的保存

ArcMap 地图文档（.mxd 文件）的存储机制具有独特性，其并不直接保存数据层的原始地理数据，而是记录各数据层源数据在磁盘中的存储路径信息，以及数据在 ArcMap 环境下的符号化样式、图层显示顺序、标注设置等可视化状态参数。这种存储方式既节省了存储空间，又便于用户对地图项目进行快速组织与管理。然而，该机制也带来了数据路径依赖问题：一旦磁盘中数据文件的存储路径发生改变，在打开 ArcMap 地图文档时，会弹出提示框要求用户重新指定数据的新路径；若用户选择忽略，系统将无法读取对应数据层，导致该数据层的地理信息在地图中不再显示。

为有效应对数据路径变化带来的挑战，ArcMap 提供了两种数据层路径保存方式：完整路径保存与相对路径保存，同时支持用户对地图文档中数据层的源数据进行编辑操作。以下通过实际操作示例，详细说明具体流程。

首先，创建一个空白地图文档，通过单击【添加数据】按钮，将若干所需图层加载至地图中，构建基础地图项目。

（1）在 ArcMap 操作界面中，依次选择主菜单【文件】→【地图文档属性】，系统将弹出【地图文档属性】对话框。该对话框集成了地图文档的关键属性设置选项，是进行路径设置的核心操作窗口。

（2）在【地图文档属性】对话框中，若勾选【存储数据源的相对路径名】选项，系统将采用相对路径保存数据层的路径。在这种方式下，只要地图文档与对应的数据文件处于同一目录结构，无论该目录被拷贝至本地磁盘的任何位置，或是移动到其他存储设备中，用户均可直接打开地图文档，且所有数据层能够正常显示，极大地提高了地图文档在不同存储环境下的可移植性；反之，若不勾选此选项，系统将默认采用完整路径（绝对路径）保存数据层路径。一旦后续地图文档或数据文件的存储路径发生变动，系统将无法自动关联数据，导致数据层显示异常。

（3）完成路径设置后，在主菜单中选择【文件】→【另存为】命令，在弹出的保存对话框中指定地图文档的保存位置、文件名及保存格式，即可按设置好的路径方式保存当前地图项目。

此外，在版本兼容性方面需特别注意，当使用 ArcGIS 10.5 打开并保存现有地图文档后，该文档将无法在 ArcGIS 早期版本中打开。若需与低版本软件兼容，则可通过主菜单【文件】→【保存副本】命令，将地图文档另存为 ArcGIS 9.3、9.2、9.0/9.1 或 8.3 等老版本格式。但需明确的是，由于不同版本间存在功能差异，将文档保存为老版本时，在 ArcGIS 10.x 版本中使用的部分新功能相关设置及成果可能会丢失，用户在操作时应谨慎评估并做好数据备份。

六、数据框的添加

在地图制图实践中，为满足用户同时查看地图全貌与局部细节的需求，例如，在城市地图中既要展示城市整体布局，又需突出显示某一重点区域的详细地物分布及空间关系，ArcMap 提供了数据框添加功能。通过创建多个数据框，分别设置不同的显示范围与比例尺，能够有效实现地图的多层次表达。以下以打开地图文档 Parcels.mxd 为例，详细介绍数据框添加及局部放大图制作的完整流程。

（1）启动 ArcMap 软件，打开目标地图文档 Parcels.mxd，进入地图编辑环境。

（2）添加新数据框：在主菜单中选择【插入】→【数据框】命令，此时内容列表与地图显示窗口中将新增一个默认命名为【新建数据框】的数据框；为便于区分与管理，右键点击该数据框，选择【重命名】选项，将其命名为“Local Arca”。接着，在原图层数据框中选中所有数据层（可通过按住 Ctrl 键选择多个不连续图层，或按住 Shift 键选择连续图层），单击鼠标右键并选择【复制】命令；然后将鼠标指针移至“Local Arca”数据框，再次右键点击并选择【粘贴图层】，即可将原数据框中的数据同步至新数据框。

（3）激活新数据框：在内容列表或地图显示窗口中，选中“Local Arca”数据框并单击鼠标右键，选择【激活】选项，使其成为当前可操作的数据框。此时，利用地图显示窗口中的缩放工具（如放大镜工具、缩小工具），对新数据框内的局部区域进行放大操作，以聚焦于特定地物；完成放大后，通过点击地图显示窗口左下角的视图切换按钮，将视图模式从数据视图转换为布局视图，为地图整饰与输出做准备。

（4）布局调整：在布局视图中，选中“Local Arca”数据框，通过鼠标拖动数据框边框上的控制点，调整其大小；同时，按住鼠标左键拖动数据框，将其放置在地图版面的合适位置，确保与全图布局协调统一。

（5）地图整饰与输出：在布局视图中，运用 ArcMap 的地图整饰工具，依次添加图名、指北针、比例尺、图例等地图辅助要素，对地图进行完善；根据实际需求设置各要素的样式、位置及属性，完成专题地图制作；通过主菜单【文件】→【导出地图】或【打印】命令，将具有局部放大功能的专题地图输出，满足多样化的展示与应用需求，如图 3-22 所示。

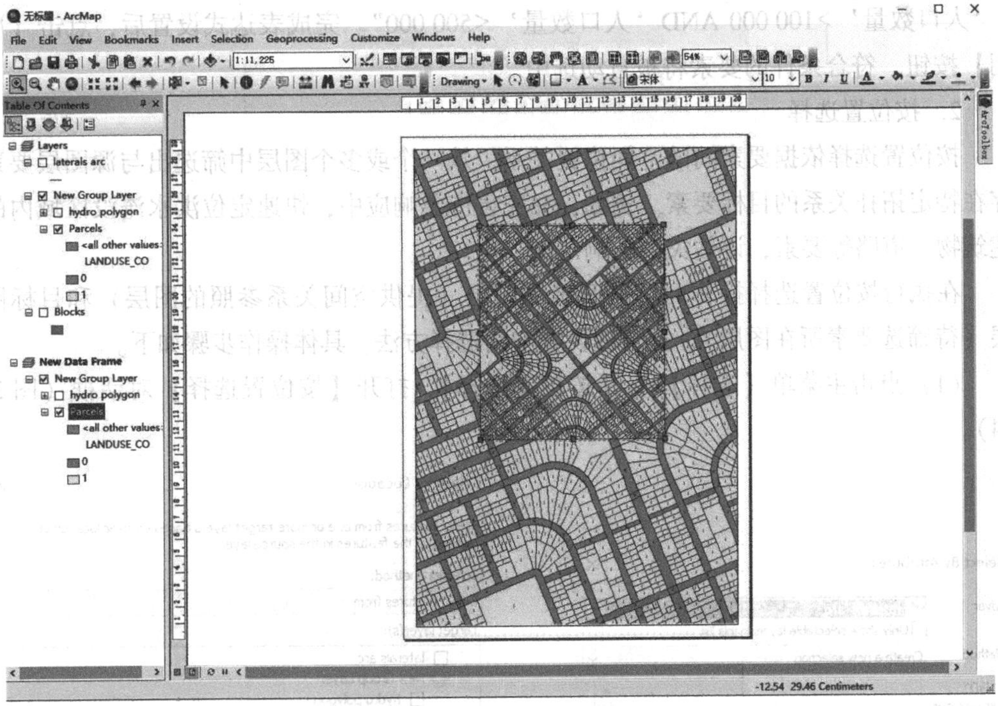

图 3-22　多数据框显示图

七、要素的选择与转出

（一）要素选择的三种方式

在地理信息数据处理与分析过程中，从海量的地理要素中精准选取目标要素，并将其转出为独立数据图层，是进行深入研究与专题制图的关键环节。ArcMap 提供了丰富且灵活的工具，支持用户通过按属性选择、按位置选择以及按图形选择三种方式筛选要素，并具备便捷的要素转出功能，有效满足多样化的数据分析与应用需求。

1. 按属性选择

按属性选择是基于地理要素的属性信息，通过构建 SQL 查询表达式，筛选出符合特定条件要素的方法。该方式适用于依据属性特征快速定位目标要素的场景，如在人口普查数据中筛选出特定年龄段、特定职业的人群分布要素。

（1）在 ArcMap 主菜单中，依次点击【选择】→【按属性选择】，系统将弹出【按属性选择】对话框（图 3-23）。此对话框是执行属性选择操作的核心界面。

（2）在对话框的【图层】下拉列表中，选取执行选择操作所依据的目标图层。该图层需包含待筛选要素及其属性字段。

（3）在【表达式】文本框中构建 SQL 查询表达式。用户既可以手动输入表达式，也可借助对话框中的【获取唯一值】【获取字段】等按钮辅助构建。例如：若要从“城市道路”图层中选择“道路等级”为“主干道”的要素，可构建表达式“‘道路等级’ =‘主干道’”；若需筛选“人口数量”大于 10 万且小于 50 万的区域，则表达式为

“‘人口数量’>100 000 AND‘人口数量’<500 000”。完成表达式设置后，点击【应用】按钮，符合条件的要素将被自动选中。

2. 按位置选择

按位置选择依据要素间的空间位置关系，从一个或多个图层中筛选出与源图层要素存在特定拓扑关系的目标要素。例如，在灾害应急响应中，快速定位洪水淹没区域内的建筑物、道路等要素，评估灾害影响范围。

在执行按位置选择操作时，需明确源图层（提供空间关系参照的图层）和目标图层（待筛选要素所在图层），并合理设置空间选择方法。具体操作步骤如下。

（1）点击主菜单【选择】→【按位置选择】，打开【按位置选择】对话框（图 3-24）。

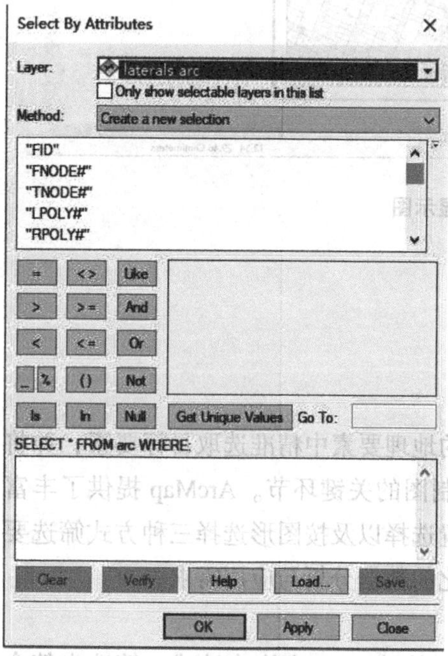

图 3-23 【按属性选择】对话框

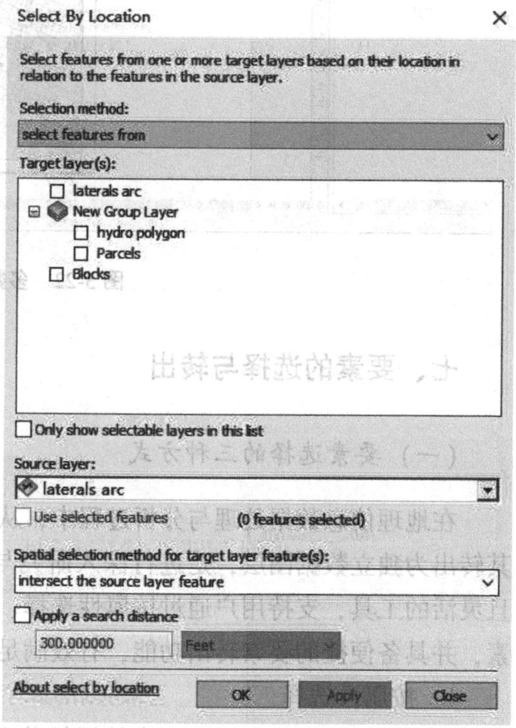

图 3-24 【按位置选择】对话框

（2）在【选择方法】下拉菜单中，根据实际需求选择“创建新选择内容”“向当前选择内容添加”“从当前选择内容中移除”等选项，确定选择结果与现有选择集的关系。

（3）在【目标图层】列表框中，勾选需要选择要素的目标图层。

（4）在【源图层】下拉列表中，指定与目标图层要素存在空间关系的参照图层。

（5）在【空间选择方法】区域，依据要素间的拓扑关系选择相应规则，如“相交”“包含”“被包含”“邻接”等。例如，选择“相交”规则，将选中与源图层要素存在交叉部分的目标图层要素。

（6）部分空间选择方法支持设置缓冲距离（缓冲距离仅用于某些选项）。通过输入缓冲距离值，可在源图层要素周边生成缓冲区域，并以此区域为依据筛选目标要素。设置完成后，点击【应用】按钮，系统将按照设定条件完成要素选择。

3. 按图形选择

按图形选择借助在视图中临时绘制的图形元素（不同于存储在图层中的地理要素），快速筛选出与图形元素存在特定空间关系的地图要素。该方式操作直观，适用于在地图上快速圈选特定区域要素的场景。

用户可通过【绘图】工具在数据视图或布局视图中绘制点、线、面等图形元素。例如，绘制一个面状图形后，可提取该面所覆盖区域内的所有地图要素（通常包含点、线、面等多种类型要素）。具体操作流程为：首先使用【选择元素工具】选中一个或多个绘制好的图形元素，然后在主菜单中选择【选择】→【按图形选择】命令，系统将自动选中与图形元素满足空间关系的地图要素。

（二）要素的转出

当通过上述方法完成要素选择后，选中的要素将以高亮形式显示在地图视图中。为进一步对这些要素进行独立分析、制图或共享，可将其转出为新的数据图层。ArcMap 提供了以下两种常用的要素转出方式。

第一种根据所选要素创建图层：在内容列表中，右键单击包含选中要素的数据层，在弹出的快捷菜单中依次选择【选择】→【根据所选要素创建图层】。系统将自动生成一个新的数据层，该图层仅包含当前选中的要素及其属性信息，并添加至内容列表中。新图层的命名默认为原图层名加上“_Selection”后缀，用户可根据需求进行重命名。

第二种导出数据：在内容列表中右键单击目标数据层，选择快捷菜单中的【数据】→【导出数据】；在弹出的【导出数据】对话框中，将【导出要素】选项设置为“所选要素”，确保仅导出当前选中的要素；接着指定输出数据的坐标系（可选择与原数据相同的坐标系，或根据需求进行转换）和存储位置；完成设置后，点击【确定】按钮，系统将在指定位置生成一个新的数据文件，包含选中要素及其属性，同时可选择将新生成的数据文件添加到当前地图文档中（图 3-25）。

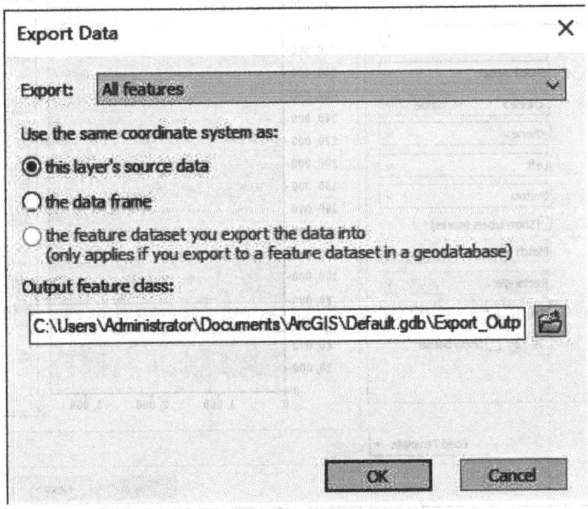

图 3-25 【导出数据】对话框

八、利用属性制作统计图表

在地理信息分析与可视化表达中，将空间数据的属性特征值以直观的统计图表形式呈现，是挖掘数据内在规律、传递地理信息的重要手段。ArcMap 系统具备强大且便捷的统计图表制作功能，能够将抽象的属性数据转化为柱状图、折线图、饼图等多样化图表，帮助用户快速洞察制图要素的数量特征、分布规律及变化趋势，广泛应用于资源统计、人口分析、经济指标展示等众多领域。例如：在城市规划中，通过制作不同区域的人口密度柱状图，可直观对比区域间人口分布差异；利用土地利用类型的饼图，能清晰呈现各类用地的占比情况，为规划决策提供可视化依据。

ArcMap 制作统计图表的具体操作流程如下。

（1）数据加载：启动 ArcMap 软件，在操作窗口中，通过点击标准工具栏上的【加载地图数据】按钮，或选择主菜单【文件】→【添加数据】命令，将包含目标属性数据的图层加载至当前地图文档，确保加载的数据层包含用于制作图表的属性字段。如在人口统计数据层中，需包含“人口数量”“年龄分段”等相关字段。

（2）打开属性表：在 ArcMap 的内容列表框中，找到已加载的数据层，右键单击该数据层，在弹出的数据层快捷菜单中选择【打开属性表】选项。此时，系统将弹出【属性表】对话框，其中详细罗列了数据层中各地理要素的属性信息，每一行代表一个地理要素，每一列对应一个属性字段，用户可在此查看和确认用于图表制作的属性数据。

（3）启动图表创建功能：在【属性表】对话框的主菜单栏中，单击【表选项】按钮，在下拉菜单中选择【创建图表】命令，系统将弹出【创建图表向导】对话框。该对话框是进行图表参数设置的核心界面，引导用户逐步完成图表的定制化创建。

（4）图表参数设置：在【创建图表向导】对话框（图 3-26）中，用户可根据数据特点和表达需求，对图表的样式、显示内容和标题等关键参数进行详细设置。

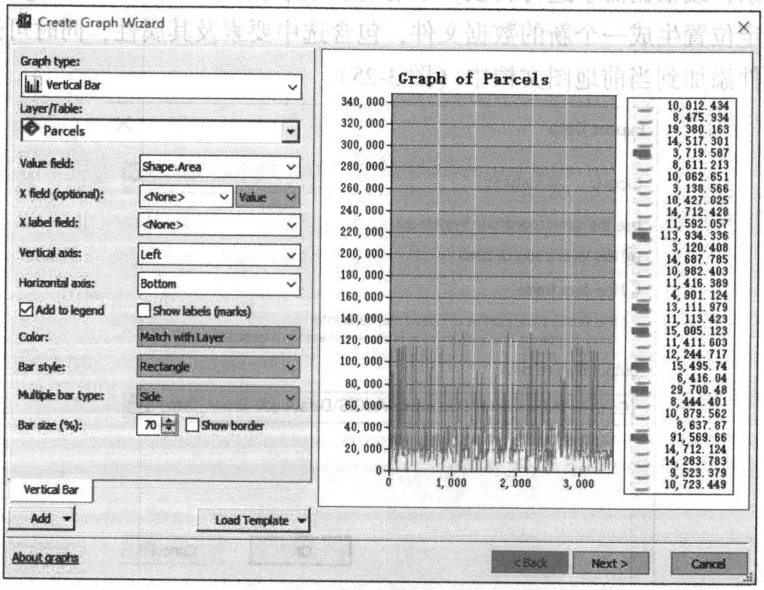

图 3-26 【创建图表向导】对话框

选择图表类型：对话框提供柱状图、折线图、饼图、散点图等多种图表类型供选择。例如，若要对比不同类别数据的数量大小，可选择柱状图；分析数据随时间的变化趋势，折线图更为合适；展示各部分占总体的比例关系时，饼图是理想选择。

定义数据系列：指定用于生成图表的数据字段，确定横坐标和纵坐标所代表的属性内容。例如，以“区域名称”字段作为横坐标，“GDP 数值”字段作为纵坐标，可生成各区域 GDP 对比图表。

设置显示样式：对图表的颜色、字体、坐标轴标签、图例位置等外观样式进行调整，使图表更加美观、清晰。同时，可设置数据标签的显示方式，以便直观展示具体数值。

添加图表标题：为图表添加简洁明了的标题，准确概括图表主题内容，如“2023 年各城区人口分布统计图表”。此外，还可根据需要添加副标题、注释等信息，增强图表的可读性。

(5) 完成图表制作与后续操作：完成上述参数设置后，点击【完成】按钮，系统将自动生成统计图表，并显示在 ArcMap 窗口中。此时，用户可对生成的图表进行进一步操作：在图表标题栏中点击右键，若选择【导出】选项，则可将图表以图片（如 PNG、JPEG）、矢量图形（如 PDF、SVG）等格式保存至本地磁盘，方便在报告、论文等文档中使用；若选择【添加到布局】，则可将图表嵌入地图布局视图中，与地图要素相结合，制作成图文并茂的专题地图，实现地理空间信息与属性统计信息的有机融合，提升地图的信息表达能力和可视化效果。

第二节 ArcCatalog 应用基础

在 GIS 的工作流程中，ArcCatalog 作为重要的数据资源管理中枢，承担着连接用户与地理数据的关键角色。当 ArcCatalog 与文件夹、数据库或者 GIS 服务器成功建立链接后，用户便拥有了一个高效管理地理数据的平台，能够便捷地浏览数据内容、创建和管理元数据、快速搜索所需地图资源以及对数据源进行全方位管理。以下将对 ArcCatalog 中的核心功能与基础操作进行详细介绍，帮助用户熟练掌握这一强大的数据管理工具。

一、ArcCatalog 基础操作

（一）文件夹链接

在 ArcGIS 的操作环境中，ArcCatalog 可与 ArcMap 紧密集成。当在 ArcMap 窗口的标准工具栏点击启动 Catalog 窗口图标时，ArcCatalog 会自动以悬挂式窗口的形式显示在地图窗口右侧，相较于早期版本不再弹出独立界面，这种集成方式使数据管理与地图操作更加便捷高效。首次启动 ArcCatalog 时，目录树会自动展示本机硬盘上的目录结构，方便用户快速访问本地存储的地理数据。

然而，在实际工作中，地理数据往往存储在网络路径、外接存储设备或特定子目录中。此时，通过定制“文件夹连接”功能，用户能够添加指向目标子目录的链接，将

常用数据资源纳入 ArcCatalog 的管理范围，极大提升数据访问效率。具体操作步骤如下：

（1）在 ArcCatalog 的标准工具栏上，直接单击【连接到文件夹】按钮，系统将弹出【文件夹浏览】对话框。该对话框用于定位目标数据所在的文件夹路径。

（2）在对话框中，通过浏览文件夹层级结构，找到需要经常访问的文件夹，选中后单击【确定】按钮。此时，系统会在 ArcCatalog 的目录树中创建一个对应的文件夹链接，用户可通过该链接快速访问文件夹内的地理数据，如矢量图层、栅格影像等。

（3）若后续不再需要某一文件夹链接，可在目录树中找到需删除链接的文件夹，右键单击并选择【断开文件夹连接】选项。执行该操作后，文件夹链接将从目录树中移除，但不会影响原始文件夹及其数据的存储与完整性。例如，当项目结束，不再需要访问特定项目文件夹中的数据时，即可通过此操作清理目录树，保持界面简洁。

（二）文件类型显示和增删

初次启动 ArcCatalog 时，用户可能会发现部分在 Windows 资源管理器中可见的文件类型，在 ArcCatalog 中却无法显示。这是由于 ArcCatalog 专注于地理数据管理，默认仅展示与地理信息直接相关的文件类型。但在实际工作中，一些非标准地理数据文件（如包含地理坐标信息的办公文档、特定格式的遥感影像文件）也蕴含着重要的地理信息。为了使这些文件能够在 ArcCatalog 中显示和管理，用户需要将相应的文件类型添加到 Catalog 的文件类型列表框中。

进行文件类型相关操作时，需单独启动 ArcCatalog 应用程序。在 Windows 系统中，可通过选择【开始】→【所有程序】→ArcGIS→ArcCatalog 路径启动软件。具体操作分为条目显示设置和文件类型增删两部分。

1. 条目显示设置：用户可根据自身需求，灵活控制 ArcCatalog 中特定条目的显示或隐藏状态，以优化界面显示，聚焦核心数据。

（1）启动 ArcCatalog 后，选择主菜单【自定义】→【ArcCatalog 选项】，系统将弹出【ArcCatalog 选项】对话框（图 3-27）。该对话框集成了 ArcCatalog 的多种个性化设置选项。

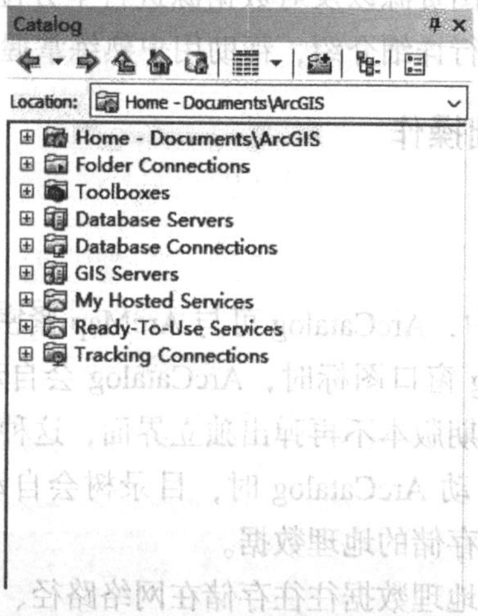

图 3-27　【ArcCatalog 选项】对话框

（2）进入对话框的【常规】选项卡，在【目录树】区域中，可看到一系列可供勾选的条目选项，如“文件夹连接”“数据库连接”“服务器连接”等。用户根据实际工作需求，勾选想要显示在目录中的条目，设置完成后点击【确定】按钮，即可完成条目显示设置。例如，若用户主要使用文件夹连接管理数据，可取消勾选“服务器连接”条目，减少目录树的冗余信息。

2. 文件类型的增删：ArcCatalog 支持用户根据实际需求，灵活添加或移除空间数据类型及非空间数据类型，以适配多样化的数据管理场景。

● 增加与空间数据有关的文件类型：当遇到新的空间数据文件格式，且希望在 ArcCatalog 中对其进行管理时，可按以下步骤操作。

（1）打开【ArcCatalog 选项】对话框，进入【文件类型】选项卡。

（2）点击【新类型】按钮，系统将弹出【文件类型】对话框（图 3-28）。在该对话框的【文件扩展名】文本框中，准确填写文件类型的后缀名，如“docx”（若该文档包含地理相关信息）。

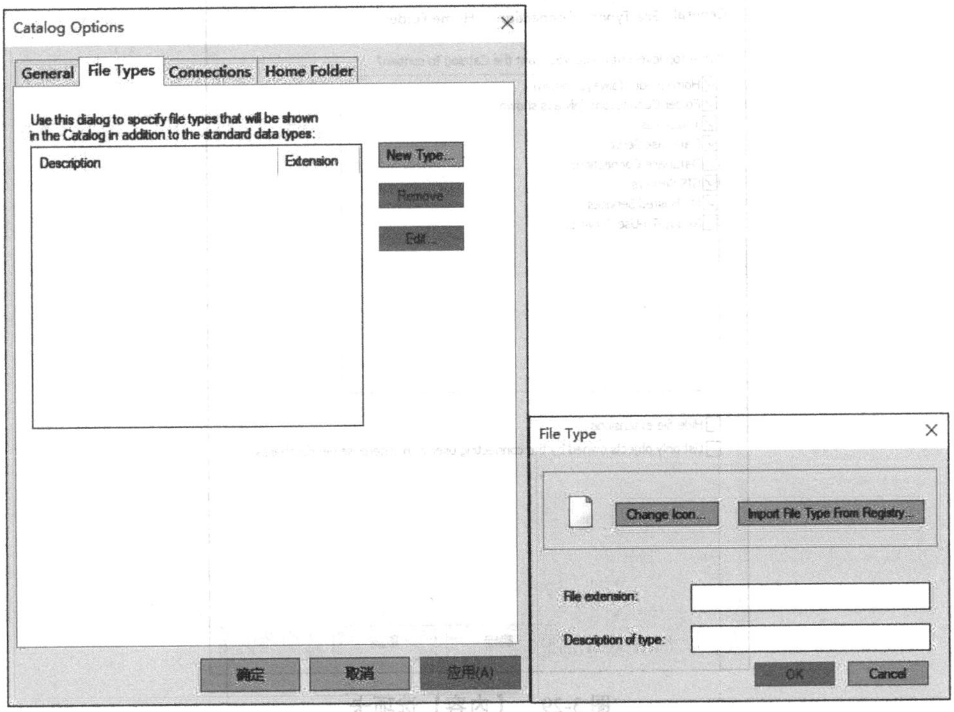

图 3-28 【文件类型】对话框

（3）填写完成后，点击【确定】按钮，新的文件类型将被添加到 ArcCatalog 的文件类型列表框中，后续该类型文件将能够在 ArcCatalog 中正常显示和管理。

另一种是增加非空间数据文件类型，对于一些虽不属于标准地理数据格式，但包含地理信息的非空间数据文件，可通过注册表导入的方式添加文件类型。

（1）同样在【文件类型】选项卡中，单击【新类型】按钮。

（2）在打开的【文件类型】对话框中，单击【从注册表导入文件类型】按钮。此时，系统将弹出显示本机已注册文件类型的对话框，用户可在列表中浏览并选择需要添加的类型，如“TIFF”影像文件，选中后点击【确定】，该文件类型将被成功添加到 ArcCatalog 的文件类型列表框中。

• 删除文件类型：若某一文件类型不再需要在 ArcCatalog 中显示，则用户可在【文件类型】列表框中选中该类型，点击【移除】按钮，即可将其从列表中删除。删除后，相应文件类型的文件将不再在 ArcCatalog 中显示，有助于保持数据管理界面的简洁性和针对性。

（三）文件特性项的显示操作

（1）打开【ArcCatalog 选项】对话框，进入【内容】选项卡（图 3-29）。

（2）勾选相关选项，可以控制 ArcCatalog 标准栏的详细信息以及元数据内容信息的显示。

（3）单击【确定】按钮，完成设置。

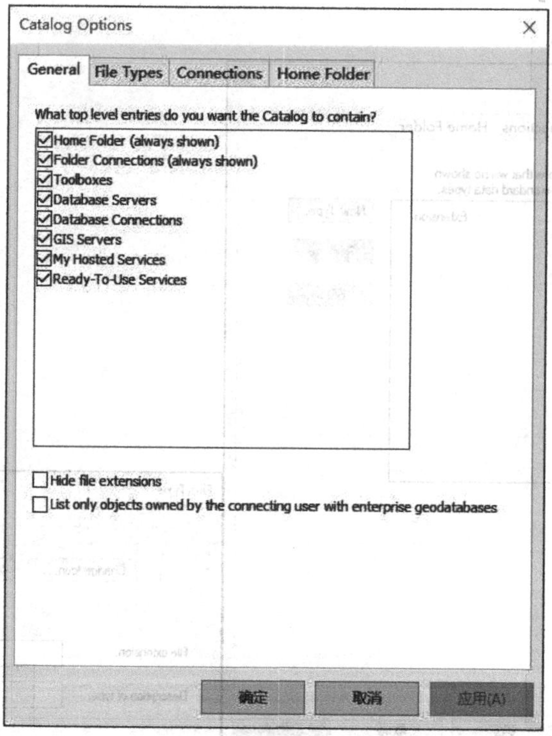

图 3-29　【内容】选项卡

（四）栅格数据的显示

在 GIS 的数据体系中，栅格数据以其独特的数据结构，广泛应用于地形模拟、遥感影像分析、土地利用分类等众多领域。然而，栅格数据的存储形式具有多样性，并非所有栅格数据都以单一文件形式存在，部分栅格数据会以文件夹形式进行存储，其中包含多个关联文件用于记录数据的不同属性和参数。这种复杂的存储结构使得系统识别和加载栅格数据时需要进行大量的运算和判断，耗费较多时间和系统资源。为了避免因自动加载大量栅格数据导致软件启动缓慢或运行卡顿，在 ArcGIS 的默认设置下，栅格数据处于不显示状态。若用户希望在 ArcCatalog 或 ArcMap 中显示栅格数据，则可通过以下操作流程进行设置。

（1）打开设置对话框：启动 ArcCatalog 应用程序（若在 ArcMap 环境下操作，也可通过相关链接进入 ArcCatalog 设置界面），选择主菜单【自定义】→【ArcCatalog 选项】，系统将弹出【ArcCatalog 选项】对话框（图 3-30）。该对话框集成了 ArcCatalog 的众多个性化设置功能，是进行栅格数据显示相关配置的核心入口。

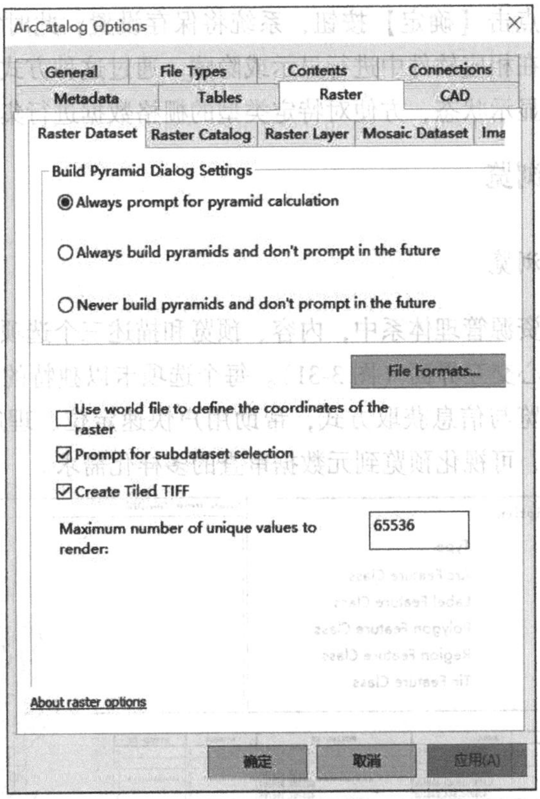

图 3-30 【栅格】选项卡

（2）金字塔计算设置：在【ArcCatalog 选项】对话框中，切换至【栅格】选项卡。此选项卡专门用于管理与栅格数据相关的显示和处理参数。进入【栅格数据集】标签页，用户会看到关于金字塔计算的相关选项。金字塔是一种用于加速栅格数据显示的技术，通过预先计算不同分辨率层级的数据，在用户缩放地图时，系统能够快速调用合适分辨率的数据进行显示，从而提升显示效率。

若选中【始终提示进行金字塔计算】选项，当用户加载栅格数据时，系统会弹出提示框，询问是否为该栅格数据构建金字塔。这种模式适用于对数据显示效率要求较高，但又希望根据具体数据情况灵活决定是否构建金字塔的场景，例如对于一些临时使用且数据量较小的栅格数据，可选择暂不构建金字塔以节省存储空间。

若选中【始终构建金字塔】选项，系统在加载栅格数据时，将自动为其构建金字塔，且后续不再弹出提示。此模式适用于经常使用的栅格数据，能够确保每次加载数据时都能快速显示，但会占用一定的磁盘空间用于存储金字塔数据。

（3）文件格式显示设置：完成金字塔计算设置后，单击【文件格式】按钮，系统将弹出【栅格文件格式属性】对话框。在该对话框的栅格数据类型列表中，详细罗列了 ArcGIS 支持的各种栅格文件格式，如常见的 TIFF、JPEG、ERDAS IMAGINE（.img）等。用户可根据实际需求，勾选或取消勾选相应的文件格式。若勾选某一文件格式，该格式的栅格数据在 ArcCatalog 或 ArcMap 中将正常显示；若取消勾选，则对应格式的栅格数据将被隐藏，即使数据文件存在于目录中也不会显示在地图窗口或数据列表里。选择完成后，点击【确定】按钮，系统将保存设置，此时符合显示条件的栅格数据将按照设置规则在相应软件中进行显示或隐藏。通过这种方式，用户能够灵活控制不同格式栅格数据的显示状态，方便对特定类型的栅格数据进行集中管理和分析。

二、目录内容浏览

（一）目录内容浏览

在 ArcCatalog 的资源管理体系中，内容、预览和描述三个选项卡构成了用户查看目录树中项目内容的核心交互界面（图 3-31）。每个选项卡以独特的视角和功能，为用户提供差异化的数据浏览与信息获取方式，帮助用户快速定位、理解和管理地理数据资源，满足从数据检索、可视化预览到元数据审查的多样化需求。

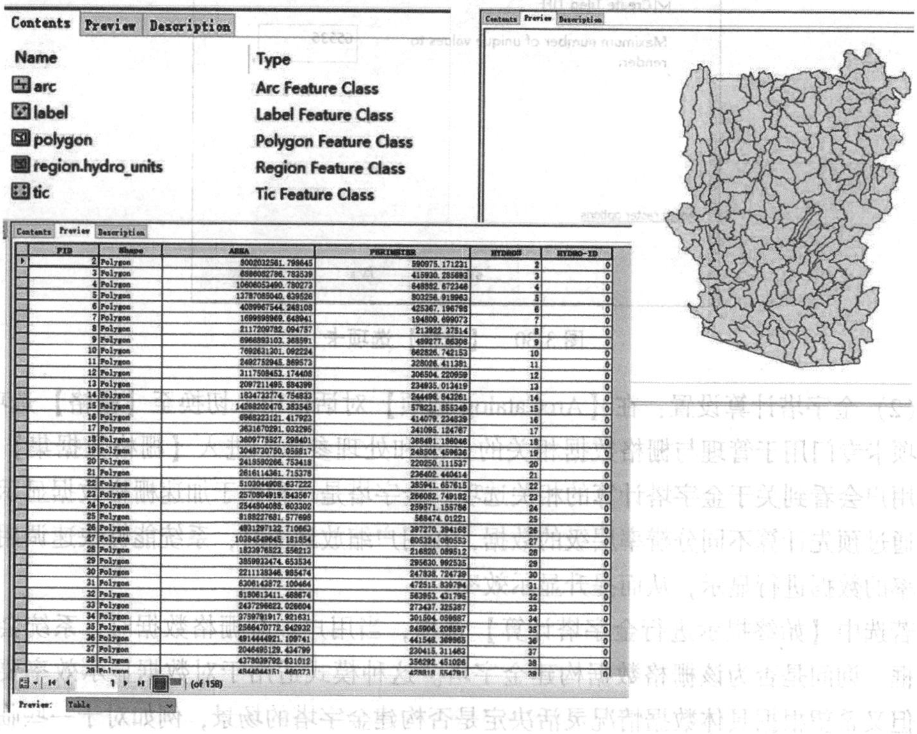

图 3-31　Catalog 的三种视图方式

（1）【内容】选项卡：结构化数据导航

当用户在 Catalog 目录树中选中文件夹、地理数据库或要素数据集等项目时，【内容】选项卡将以层级分明的列表形式，全面展示目标项目所包含的子项目。与 Windows

资源管理器仅显示文件夹结构的特性不同，【内容】选项卡具备深度扩展功能，不仅能清晰呈现文件夹内的子文件夹，还能详细罗列各类地理数据文件（如 Shapefile、栅格影像、数据库表等），以及与之关联的元数据文件、地图文档等资源，实现对目录树内容的完整可视化。

例如，当用户选中存储城市规划数据的文件夹时，【内容】选项卡会依次列出包含道路网络的矢量数据集、土地利用分类栅格影像、配套的元数据文件以及相关地图模板。通过这种结构化展示，用户可快速定位所需数据，高效完成数据检索与管理任务，尤其适用于对复杂数据目录进行系统性梳理的场景。

（2）选项卡：多维度数据可视化

【预览】选项卡为用户提供了“地理视图”“表”“3D 视图”“Globe 视图”等多样化的数据浏览模式，满足不同类型数据的可视化需求。其中，“地理视图”为系统默认显示方式，适用于快速浏览空间数据的空间分布特征。而对于同时包含空间几何信息与属性数据的复合数据集，用户可通过下拉菜单灵活切换视图模式，深入探索数据的不同维度。

地理视图：在此模式下，系统以符号化的方式对矢量数据集的地理要素（如点、线、面）、栅格数据集的像元阵列以及 TIN 数据集的三角网结构进行可视化渲染。例如，显示行政区划矢量数据时，不同区域将按预设符号和颜色填充；栅格影像则以像素矩阵呈现真实地物特征。用户可借助标准工具栏上的缩放工具（放大镜、缩小镜）、平移工具和查询工具，对视图进行交互式操作，如放大查看特定区域细节、查询要素属性信息，快速获取空间数据的直观认知。

表视图：切换至“表”视图后，预览栏将以二维表格形式展示所选数据集中的属性信息。每一行代表一个地理要素记录，每一列对应一个属性字段，如在人口普查数据集中，可直观查看各区域的人口数量、年龄结构、性别比例等属性值。这种视图方式便于用户进行数据统计分析，如排序、筛选特定属性范围的数据记录，为后续空间分析提供数据支持。

（3）选项卡：元数据深度审查

在地理信息项目中，确认数据源的适用性不仅需要了解数据的基本存储信息与图形外观，更要深入掌握其精度指标、获取方法、更新时间等关键元数据。【描述】选项卡正是为此而生，它集成了数据源的全面元数据信息，除包含数据格式、坐标系、数据范围等基础信息外，还自动生成空间分辨率、数据质量评估报告、拓扑规则等专业元数据内容。

在默认状态下，【描述】栏以网页形式呈现元数据内容，用户可通过滚动浏览、超链接跳转等方式，像操作网页浏览器一样交互式地查阅详细信息。此外，借助元数据工具条中的编辑、导入、导出功能，用户能够实现元数据的创建与更新（如补充数据采集人员信息）、从外部文件导入已有元数据模板，或导出元数据进行共享与备份。例如，在进行跨部门数据协作时，通过导出元数据文件，可帮助其他团队快速了解数据背景与质量，确保数据使用的准确性和一致性（图 3-32）。

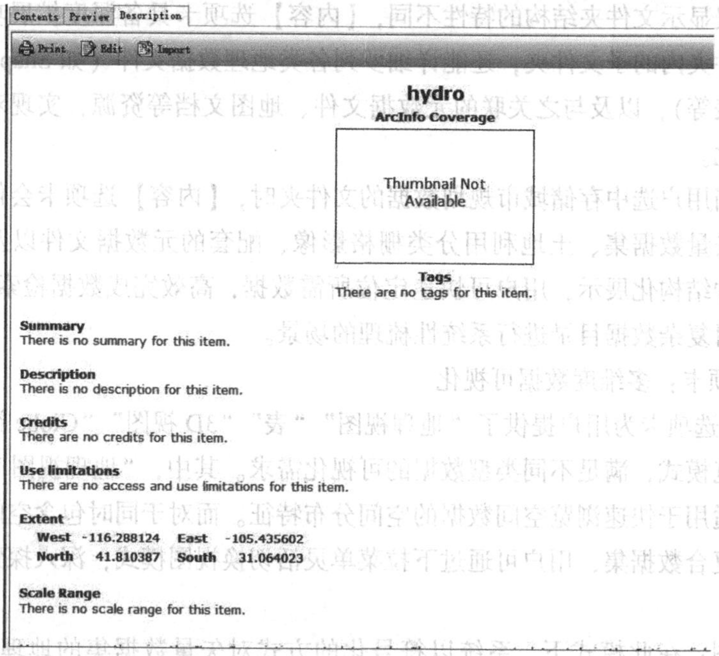

图 3-32 元数据显示

（二）表格数据浏览

在 ArcCatalog 目录树的资源管理中，表格数据承载着丰富的地理要素属性信息，是地理信息分析与决策的重要依据。通过将【预览】方式切换至【表】视图，用户能够直观地浏览和操作这些数据。以下将从数据布局调整、属性修改、统计分析、数据查询到字段管理等方面，详细阐述表格数据浏览的核心操作内容。

1. 调整、冻结、排列

（1）调整：在处理包含多列属性信息的表格时，调整列顺序有助于优化数据查看视角。在操作时，用户只需激活目标列的列名，单击并按住鼠标左键，将其拖拽至期望的新位置后松开左键，即可完成列的移位。例如，在人口统计表格中，将“年龄”列从原位置移至“性别”列之后，可使年龄与性别属性形成更连贯的查看顺序，便于对比分析。

（2）冻结：当表格列数较多，滚动查看数据时可能导致关键列移出视野。此时，冻结列功能可固定特定列的显示位置。激活需要冻结的列名，右键单击并选择【冻结/取消冻结列】选项，被冻结的列将始终显示在表格左侧，即使水平滚动表格，也能持续查看关键信息。如在土地利用属性表中，冻结“地块编号”列，可确保在浏览其他属性数据时，始终能快速识别对应的地块。

（3）排列：对表格中的行进行排序是快速查找和分析数据的有效手段。单击需要排序的列名，右键打开快捷菜单，选择【升序排列】或【降序排列】命令，即可依据该列数据的数值大小或文本顺序重新排列表格行。例如，在销售数据表格中，对“销售额”列进行降序排列，可快速筛选出销售额最高的区域，为市场分析提供直观依据。

2. 修改属性

打开【ArcCatalog 选项】对话框，进入【表】选项卡（图 3-33），用户可对表格的显示属性进行个性化定制。在该选项卡中，用户能够灵活修改表格内的字体类型、颜色、大小，以及被选中区域的颜色等，提升数据可读性与视觉效果。例如，将字体颜色设置为深色，背景色调整为浅色，可增强文字与背景的对比度；为选中区域设置醒目的颜色，便于快速识别当前操作数据。

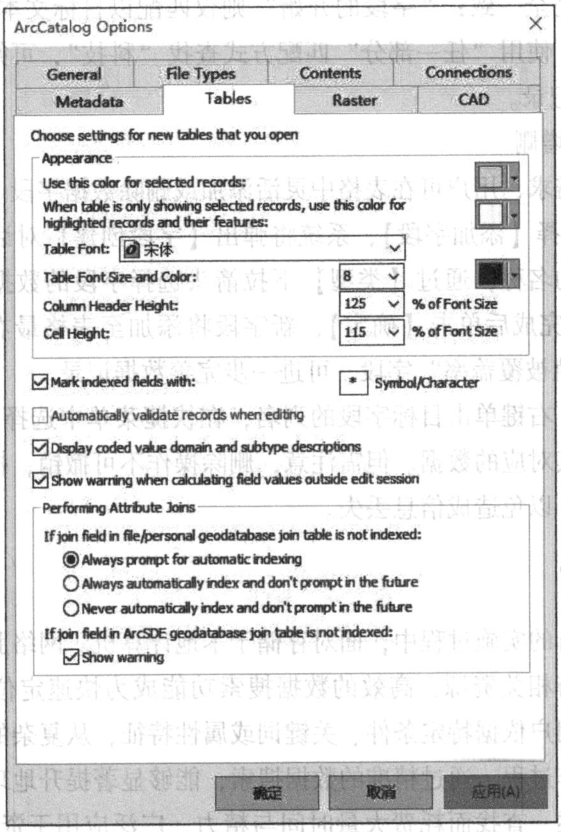

图 3-33 【表】选项卡

此外，若需利用符号标示数据列是否被索引，则可勾选【标记已创建索引的字段时使用】选项，并在其后的窗口中键入自定义符号（系统默认符号为“*”）。若无须显示索引标记，则取消该复选项即可。这种可视化设置有助于用户快速识别索引字段，优化数据检索效率。

3. 表格数据统计

对于数值型数据列，ArcCatalog 提供了便捷的统计分析功能。在需要统计的列名上单击右键，打开快捷菜单并选择【统计】命令，系统将自动计算并展示该列数据的总和、最大值、最小值、标准差等统计信息，同时生成数据分布的直方图。例如，在降雨量监测数据表格中，对“降雨量”列进行统计，可快速了解监测周期内的降雨总量、极值以及数据波动情况，为气候分析提供量化依据。

4．查询

当用户需要从大量表格数据中定位特定信息时，可通过查询功能实现快速检索。单击表格左下方的【表选项】按钮，选择【查找】选项，在弹出的对话框中输入要查找的字段内容，并设置搜索范围（如当前表、整个工作空间等）和搜索方向（向上、向下、全部）。同时，文本匹配列表框提供“任一部分”“整个字段”“字段的开始”三种匹配方式：选择“任一部分”可查找包含目标文本的所有记录；“整个字段”要求字段内容与目标文本完全一致；“字段的开始”则仅匹配以目标文本开头的记录。例如，在企业名录表格中，使用“任一部分”匹配方式查找“科技”，可筛选出所有名称中包含“科技”的企业记录。

5．数据字段的增删

根据数据分析需求，用户可在表格中灵活添加或删除数据字段。单击表格左下方的【表选项】按钮，选择【添加字段】，系统将弹出【字段创建】对话框。在【名称】文本框中输入新字段的名称，通过【类型】下拉箭头选择字段的数据类型（如文本、数值、日期等），设置完成后单击【确定】，新字段将添加至表格最右侧。例如，在植被调查表格中添加“植被覆盖率”字段，可进一步完善数据记录。

若需删除字段，右键单击目标字段的列名，在快捷菜单中选择【删除字段】选项，即可移除该字段及其对应的数据。但需注意，删除操作不可撤销，执行前应确保该字段及其数据不再需要，以免造成信息丢失。

三、数据搜索

在地理信息项目的实施过程中，面对存储于本地计算机、网络服务器或地理数据库中的海量空间数据与相关资源，高效的数据搜索功能成为快速定位目标数据的关键手段。数据搜索是指用户依据特定条件、关键词或属性特征，从复杂的数据存储体系中筛选出所需数据的操作过程。通过精准的数据搜索，能够显著提升地理信息分析与处理的效率，避免因人工逐一查找而耗费大量时间与精力，广泛应用于资源普查、城市规划、灾害应急等领域的地理数据检索工作。

（一）准备使用搜索

在开展数据搜索任务前，科学合理地设置搜索属性是确保搜索结果准确性与高效性的前提条件。这一过程主要涉及标识本地计算机或网络上的文件夹集，配置要搜索的地理数据库连接，其核心在于构建完善的搜索索引机制。

用户可通过【搜索选项】对话框对 ArcGIS 中的搜索属性进行全面设置，包括建立待搜索的文件夹集、GIS 连接以及 ArcGIS Server 搜索服务。此外，还能灵活指定 ArcGIS 搜索索引的维护时间与频率。构建搜索索引如同为数据建立一套精准的导航系统，能够大幅提升搜索速度与准确性。虽然默认设置可满足多数用户的常规需求，但针对复杂数据环境或特殊搜索要求，用户也可通过该对话框进行个性化参数调整，具体操作如下。

1. 设置操作

(1) 在ArcMap或ArcCatalog界面中，点击工具条中的【搜索】按钮，即可打开搜索界面，该界面支持对数据、地图、工具等多种类型资源的搜索。随后点击【搜索选项】按钮，系统将弹出【搜索选项】对话框（图3-34），此对话框是进行搜索属性配置的核心操作窗口。

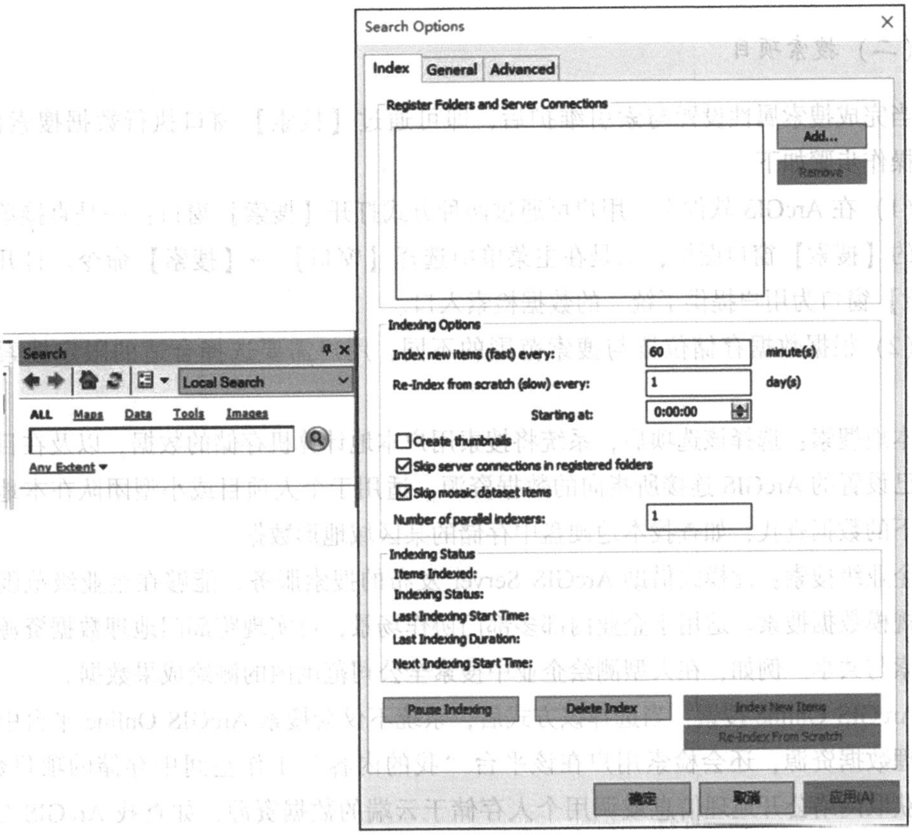

图3-34 【搜索】及【搜索选项】对话框

(2) 在【搜索选项】对话框中，【注册文件夹和服务器连接】列表框会清晰展示当前已建立的连接信息。用户可通过【添加】按钮，将本地或网络中存储地理数据的文件夹、地理数据库、工具箱、GIS服务器等资源纳入搜索范围；利用【移除】按钮，可将不再需要搜索的连接从列表中删除。通过这种方式，用户能够精准界定数据搜索的范围，例如在进行区域生态研究时，可将存储相关生态数据的文件夹和地理数据库连接添加至列表，避免无关数据干扰搜索结果。

(3) 切换至【高级】选项卡，用户可对【注册企业级搜索服务】框中的ArcGIS搜索服务进行查看与设置。同样通过【添加】和【移除】按钮，实现对企业级搜索服务连接列表的管理。这一功能对于大型地理信息项目团队协作至关重要，能够整合企业内部多源异构的地理数据资源，实现跨部门、跨区域的数据共享与搜索。

2. 更新和维护搜索索引

由于地理数据处于动态变化过程，新数据集的创建、现有数据集的修改或替换会导致搜索索引与实际数据状态产生偏差。为保证搜索结果的时效性与准确性，用户可借助【搜索选项】对话框灵活控制索引的重新构建频率。例如：在数据频繁更新的城市交通监测项目中，可缩短索引更新周期；当对经过大量数据更改的 ArcGIS 工作空间文件夹或地理数据库进行搜索前，也可手动触发索引重新创建操作，确保搜索结果能够实时反映最新的数据内容。

（二）搜索项目

当完成搜索属性设置与索引维护后，即可通过【搜索】窗口执行数据搜索任务，具体操作步骤如下。

（1）在 ArcGIS 软件中，用户可通过两种方式打开【搜索】窗口：一是直接单击界面中的【搜索】窗口图标，二是在主菜单中选择【窗口】→【搜索】命令。打开后的【搜索】窗口为用户提供了统一的数据检索入口。

（2）根据数据存储位置与搜索范围的不同，用户需要选择合适的限定搜索目标方法。

本地搜索：选择该选项后，系统将搜索用户本地计算机存储的数据，以及在目录窗口中已设置的 ArcGIS 连接所指向的数据资源。适用于个人项目或小型团队在本地数据环境下的数据查找，如查找本地硬盘中存储的某区域地形数据。

企业级搜索：此模式借助 ArcGIS Server 发布的搜索服务，能够在企业级范围内进行大规模数据搜索。适用于企业内部多部门协作场景，可实现跨部门地理数据资源的快速检索与共享。例如，在大型测绘企业中搜索全公司范围内的测绘成果数据。

ArcGIS Online 搜索：当选择该方式后，系统不仅会搜索 ArcGIS Online 平台中的公开地理数据资源，还会检索用户在该平台“我的内容”工作空间中存储的项目数据。适合获取网络公开地理信息或调用个人存储于云端的数据资源，如查找 ArcGIS Online 上的全球气象监测数据。

（3）为进一步缩小搜索范围，提高搜索效率，用户可利用搜索类别选项（全部、地图、数据、工具）对搜索结果进行筛选。例如：若仅需查找地图文档，则选择【地图】类别即可；若目标是特定地理数据，则选择【数据】类别能精准定位。

（4）在搜索过程中，合理使用通配符（）可显著增强搜索的灵活性。用户在输入搜索关键词时，可使用通配符替代单词或短语的部分内容。例如，当搜索“boundary”相关数据时，输入“bound”，系统将检索出包含“boundary”“bounding”等以“bound”开头的所有相关数据，有效扩大了搜索范围，避免遗漏关键信息。

（5）完成搜索条件设置后，系统将快速显示搜索结果。用户可在【搜索】窗口中对搜索到的 GIS 项目进行详细查看，包括数据的基本属性、存储位置、创建时间等信息，方便进一步筛选与调用所需数据资源（图 3-35）。

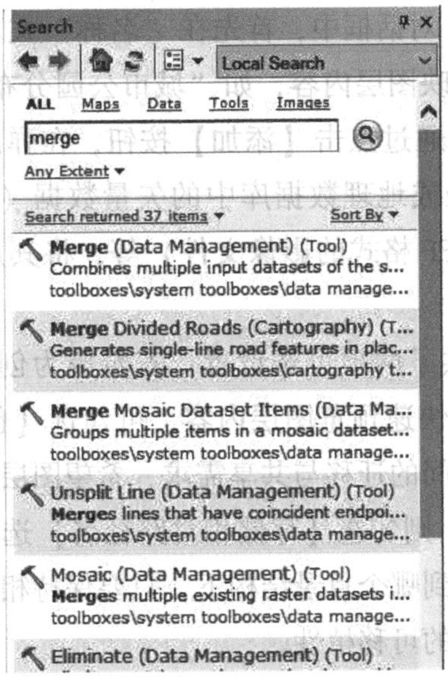

图 3-35　搜索结果

此外，在地理信息项目成果管理中，地图文档作为重要的数据载体，本质上是存储于磁盘的地图集合，涵盖地理数据、图名、图例等关键要素。当完成地图制作、图层要素标注及符号显示设置后，可将其保存为图层文件。图层文件详细记录了地理数据在地图上的符号化表达、显示样式、标注规则、查询设置及要素间关系等信息，具有高度的复用性，能够在不同项目或分析场景中重复使用。对于 SDE 地理数据库，用户可在 ArcCatalog 中利用其中的地理数据创建图层文件，并将其存储于网络共享文件夹，实现团队成员间的数据共享与协同工作，有效提升项目协作效率。

（三）创建图层

在地理信息项目中，创建图层文件是对地理数据进行组织、管理和可视化表达的基础操作。通过在 ArcCatalog 中创建图层文件，用户能够将分散的地理数据整合为具有特定属性和显示样式的独立单元，便于后续的地图制作、数据分析与成果共享。其具体创建步骤如下。

（1）在启动 ArcCatalog 软件后，在主菜单中依次选择【文件】→【新建】→【图层】（图 3-36），系统将弹出【创建新图层】对话框。该对话框是创建图层文件的核心操作界面，为用户提供了设置图层基本信息的各项参数选项。

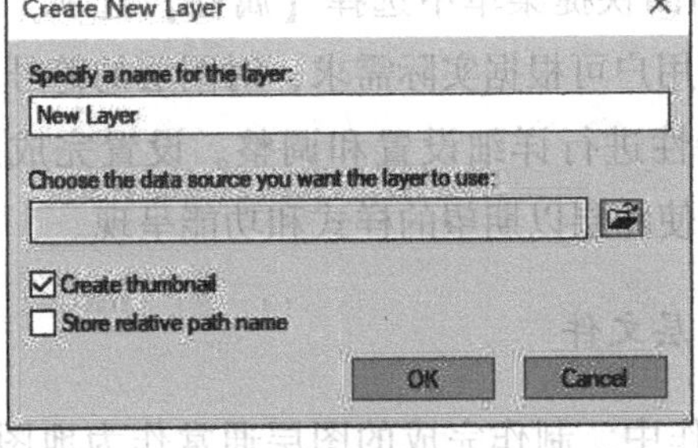

图 3-36　【创建新图层】对话框

（2）在【创建新图层】对话框中，首先在“名称”文本框中键入图层文件名，文件名应尽量简洁且能准确反映图层内容，如“城市公园分布图层”。接着，指定用于创建图层文件的地理数据，可通过点击【添加】按钮，在弹出的文件浏览窗口中，选择存储于本地硬盘、网络路径或地理数据库中的矢量数据（如 Shapefile 格式的点、线、面文件）、栅格数据（如 TIFF 格式的影像文件）等，将其加载至对话框中，作为图层构建的数据源。

（3）在对话框中还提供了两项可选设置：若希望为创建的图层文件生成缩略图，以便在 ArcCatalog 目录树中快速预览图层内容，可勾选【创建缩略图】选项；若考虑到图层文件在不同存储位置间的迁移与共享需求，希望图层文件存储相对路径（即不依赖于特定的绝对存储路径），则勾选【存储相对路径名】选项。勾选该选项后，无论图层文件及其关联数据被移动到哪个目录结构下，只要保持相对路径关系不变，均能正常使用，有效提升了图层文件的可移植性。

（4）完成上述设置后，单击【确定】按钮，系统将根据用户输入的信息和选择的参数，生成新的图层文件，并添加至 ArcCatalog 的目录树中，至此完成新图层文件的创建操作。

（四）设置图层文件特性

在 ArcCatalog 创建图层文件时，系统会采用随机生成的符号来临时表示图层中的地理要素。然而，这种默认符号往往无法满足实际项目中多样化的可视化需求，例如，在制作专题地图时，需要使用特定的符号来突出显示不同类型的地理要素。此时，用户可通过【图层属性】对话框对包括地图符号在内的各种图层文件特性进行个性化设置或修改。

需要注意的是，由于不同类型地理数据（如矢量数据、栅格数据、TIN 数据等）的属性构成和可视化需求存在差异，其对应的【图层属性】对话框也有所不同。此外，对于图层组文件，【图层属性】对话框提供了灵活的设置方式，用户既可以设置图层组中各图层的公共属性（如统一的坐标系、标注样式等），实现图层组的整体风格协调；也可以分别对每个图层的属性进行单独编辑，满足各图层独特的显示和分析需求。

具体操作步骤为：在 ArcCatalog 的目录树中，找到需要设置属性的图层文件，右键单击该图层文件，在弹出的快捷菜单中选择【属性】选项，系统将打开【图层属性】对话框。在该对话框中，用户可根据实际需求，对图层的符号系统、标注样式、数据源连接、显示比例范围等特性进行详细设置和调整。设置完成后，点击【确定】按钮，即可应用新的属性设置，使图层以期望的样式和功能呈现。

（五）保存独立的图层文件

在 ArcMap 的常规操作中，制作完成的图层通常作为地图文档（.mxd）的组成部分，与地图文档一同保存。这种保存方式虽然便于对地图项目进行整体管理，但在跨地图调用图层或实现图层共享时存在局限性。为解决这一问题，对于已经完成符号化设置和注记的图层，用户可将其以独立的图层文件（.lyr）形式保存，从而实现图层在不同地图项目中的复用和团队成员间的高效共享。

具体操作步骤为：在 ArcMap 的内容列表中，选中需要独立保存的目标数据层，单击鼠标右键，在弹出的下拉菜单中选择【另存为图层文件】选项。此时，系统将弹出文件保存对话框，用户可在对话框中指定图层文件的存储位置、文件名，并选择保存格式（默认为 *.lyr）。设置完成后，点击【保存】按钮，系统将自动提取该图层的符号化设置、注记信息、属性配置等内容，生成独立的图层文件。该图层文件可被随时加载到其他地图文档中，无须重新进行符号化和注记设置，极大地提高了地图制作和数据应用的效率。

四、管理地图与服务

在 GIS 的实际应用中，ArcCatalog 作为强大的数据管理与资源整合平台，支持用户添加丰富多样的地图服务资源。通过添加 ArcGIS 提供的公共或私有服务，以及遵循 OGC（开放地理空间信息联盟）标准的地图服务，用户能够快速获取海量地理数据，拓展数据来源，实现多源数据的高效融合与协同应用，极大地丰富地图内容与分析维度，广泛应用于城市规划、资源调查、环境监测等众多领域。以下将详细介绍在 ArcCatalog 中添加 ArcGIS 地图服务的具体操作流程。

（一）添加 ArcGIS 地图服务

ArcGIS 地图服务为用户提供了丰富的地理信息资源，其中 ESRI 官方地图服务是重要的数据来源之一，用户可通过访问地址 https://map.geoq.cn/ArcGIS/rest/services 获取相关服务资源。在 ArcCatalog 中添加 ArcGIS 地图服务，需遵循以下操作步骤。

（1）启动 ArcCatalog 软件，进入操作界面后，在左侧的 Catalog 目录树中，依次展开【GIS 服务器】节点。该节点用于管理各类 GIS 服务器连接，是添加地图服务的入口。

（2）右键单击【GIS 服务器】，在弹出的快捷菜单中选择【添加 ArcGIS Server】选项，系统将弹出【添加 ArcGIS Server】向导对话框。此向导为用户提供了添加服务器的引导式操作界面，确保操作的准确性和规范性。

（3）在【添加 ArcGIS Server】向导对话框中，选择【使用服务器】选项。该选项适用于连接已发布的在线地图服务，选择后点击【下一步】按钮，进入服务器 URL 地址输入界面。

（4）在新弹出的对话框中，在“URL”文本框内准确输入服务器的 URL 地址，如 https://map.geoq.cn/ArcGIS/rest/services。输入时需确保地址的完整性和准确性，避免因输入错误导致连接失败。完成输入后，点击【完成】按钮，系统将自动尝试与指定的 ArcGIS Server 建立连接。

（5）连接成功后，对应的 ArcGIS 地图服务将以节点形式显示在 Catalog 目录树的【GIS 服务器】节点下（图 3-37）。此时，用户可直接将该地图服务加载到 ArcMap 中进行查看和使用。在 ArcMap 中，通过点击标准工具栏上的【添加数据】按钮，或选择主菜单【文件】→【添加数据】命令，在弹出的【数据浏览】对话框中，找到并选中已添加的 ArcGIS 地图服务节点，点击【添加】按钮，即可将地图服务内容加载到地图显示窗口，实现对地图数据的可视化浏览、分析以及与本地数据的叠加操作，为地理信息项目的开展提供强大的数据支持。

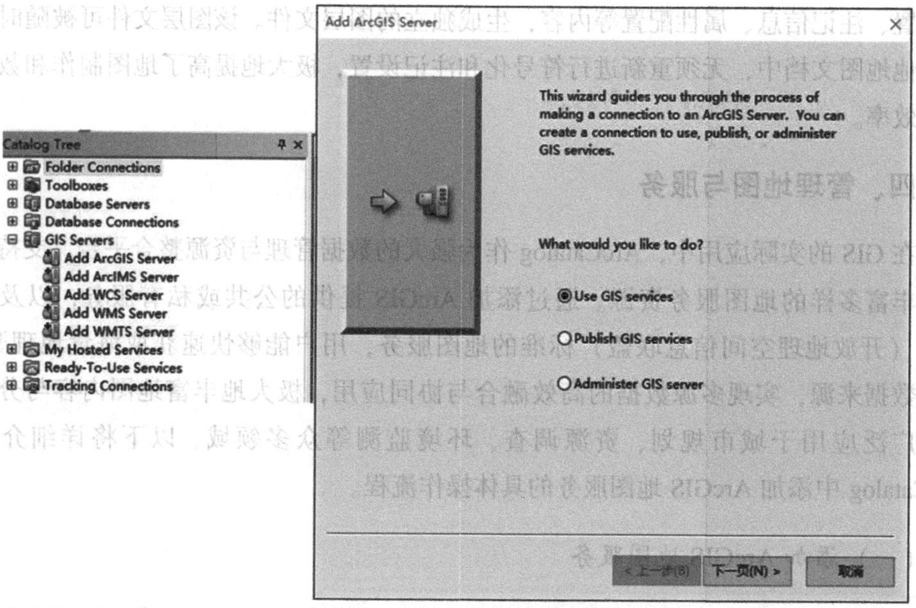

图 3-37　添加 ArcGIS 地图服务

在添加 ArcGIS 地图服务过程中，若出现连接失败的情况，用户需检查输入的 URL 地址是否正确，网络连接是否正常，以及服务器是否处于可用状态。此外，不同的 ArcGIS 地图服务可能包含不同类型和范围的地理数据，用户可根据实际项目需求，选择合适的服务进行添加和应用，充分发挥 ArcGIS 地图服务在地理信息处理中的重要作用。

（二）添加其他地图服务

常见的百度、高德、天地图等都提供了标准网络地图瓦片服务（WMTS）。例如，百度的在线地图 WMTS 服务的地址为：http://demo.cxgis.com/wmts/baidu/vec?request=getcapabilities。

在 Catalog 目录树中，找到【GIS 服务器】→【添加 WMTS 服务器】，在 URL 中键入上述地址，点击【确定】。百度地图服务出现在目录树中，选中百度地图服务，点击右键选择【连接】，出现“Baidu_Vec_Map”，将其加载到 ArcMap 中可以看到相应的地图。

第三节 Geoprocessing 地理处理框架

一、地理处理框架的基本介绍

（一）基本概念

地理处理（geoprocessing，GP）作为地理信息科学领域的核心技术，是地理数据处理与空间分析处理等操作的统称。它通过有序执行一系列操作，实现从原始地理数据到新数据的转换与生成。这一过程涵盖了数据提取、分析、建模等多个环节，旨在自动执行 GIS 任务，完成复杂的空间分析与建模工作。

在实际的 GIS 应用中，诸如土地利用变化监测、交通网络优化、灾害风险评估等场景，往往存在大量重复的工作流程。例如，在区域生态环境评估项目中，需反复进行数据筛选、叠加分析、统计计算等操作。为提升工作效率、确保操作一致性并便于知识共享，地理处理框架应运而生。它提供了一系列工具和机制，能够将多步骤操作构建为可自动执行、记录和共享的工作流。同时，借助模型和脚本，可将各类地理处理工具与操作步骤有机结合，实现复杂任务的自动化处理，有效减少人工操作成本，提升地理信息处理的准确性和效率。

ArcGIS 10 的地理处理框架主要包含工具与工具箱、模型与模型构建器，以及 Python 脚本三种核心实现方式，以下将对其进行详细介绍。

（二）ArcToolbox 工具箱

ArcToolbox 工具箱是 ArcGIS 软件自带的核心地理处理工具集合，也是用户日常工作中最常使用的工具模块。ArcGIS 凭借其强大的功能体系，为用户提供了数百种专业地理处理工具，这些工具按照功能特性，被系统地归类到十余个不同的工具箱中。从基础的数据管理（如数据转换、数据裁剪），到高级的空间分析（如三维地形建模、水文分析），再到复杂的网络分析（如最短路径计算、服务区分析），ArcToolbox 的功能覆盖了地理信息处理的各个领域。

该工具箱的显著优势在于其操作的通用性和便捷性。以数据处理场景为例，用户可利用“提取数据”工具，从庞大的地理数据库中筛选特定区域或属性的数据；通过“叠加数据”工具，将不同图层的地理要素进行空间叠加分析，挖掘要素间的空间关系；“地图投影”工具则可根据项目需求，实现地理数据在不同坐标系之间的转换；“计算属性值”工具能够基于已有属性字段，通过数学运算或逻辑判断生成新的属性信息；“计算最优路径”工具在交通规划、物流配送等领域，可快速计算出两点之间的最佳通行路线。

ArcToolbox 深度集成到 ArcGIS 的全系列应用程序中，包括 ArcMap（地图绘制与编辑）、ArcCatalog（数据管理）、ArcScene（三维场景展示）和 ArcGlobe（全球三维可视化）。这种集成特性使得用户在不同的工作环境下，都能无缝调用工具箱中的工具。同时，ArcToolbox 具备高度的开放性和灵活性：用户不仅可以添加或删除自定义工具箱，还能根据自身工作需求，定制专属工具箱，用于存储常用工具、模型和脚本；工具箱可创建于 Geodatabase 的文件夹内，方便进行拷贝、粘贴和迁移；用户还能对工具箱中的工具与工具集进行添加、删除或重命名操作，实现个性化的工具管理。此外，用户可以创建和编辑工具箱的文档，并将其整合到 ArcGIS 的在线帮助体系中，便于团队协作与知识传承。

在使用 ArcToolbox 工具箱时，操作流程简洁直观。用户只需在 ArcToolbox 目录树中找到所需工具并双击，即可打开对应的【工具】对话框（图 3-38）。在对话框中，用户能够指定输入数据（原始地理数据或其他工具的输出数据）、设置输出数据的存储路径，并根据任务需求，对工具的各项参数进行精细化调整，完成设置后即可执行地理处理任务。在处理过程中，地理处理窗口会实时显示任务进度、执行状态等信息，方便用户监控和管理任务执行过程。

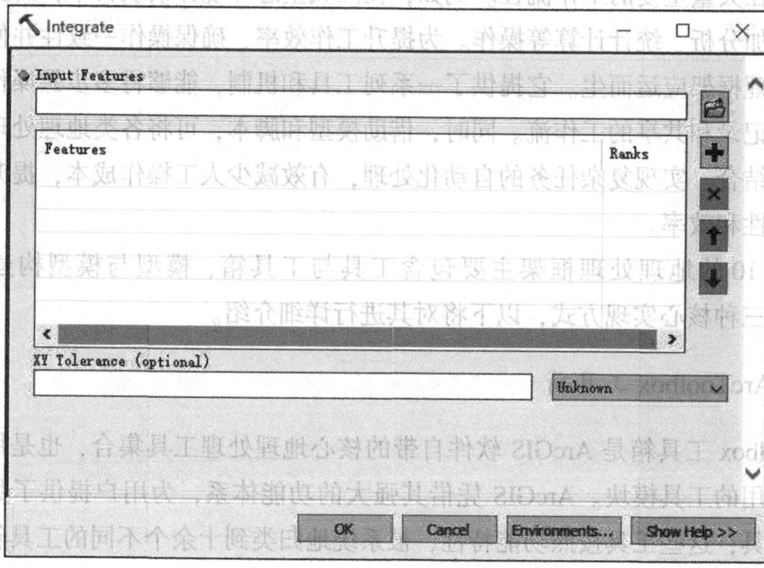

图 3-38　【工具】对话框界面

（三）ModelBuilder 模型构建器

ModelBuilder 是 ArcGIS 中一个强大的图形化建模工具，专注于地理处理工作流和脚本的可视化构建，能够大幅加速复杂地理处理模型的设计与实现进程。在 ModelBuilder 中，模型本质上是将一系列地理处理工具按照特定逻辑顺序串联起来的工作流，其中一个工具的输出结果会作为下一个工具的输入数据，形成环环相扣的处理链条。

以城市绿地规划项目为例，可利用 ModelBuilder 构建一个综合模型：首先，使用“数据提取”工具筛选出城市中的潜在绿地地块，将其输出作为“缓冲区分析”工具的输入，计算出绿地的影响范围；接着，将缓冲区分析结果输入“叠加分析”工具，与城市人口分布数据进行叠加，评估绿地对居民的服务覆盖程度；最后，通过“统计分析”工具，计算各项评估指标，输出最终的分析报告。在这个过程中，模型所涉及的数据和参数均可根据实际需求灵活更改，且整个流程可以反复执行，适应不同区域、不同条件下的绿地规划分析。

ModelBuilder 的功能不仅限于简单工作流的构建与执行，还具备强大的扩展性。用户可以将创建好的模型共享为自定义工具，添加到 ArcToolbox 中，供团队成员或其他项目复用，从而拓展 ArcGIS 的高级功能。此外，通过 ModelBuilder，还能实现 ArcGIS 与其他应用程序的数据交互和功能集成，进一步提升地理处理的广度和深度。

相较于早期版本，ArcGIS 10 对 ModelBuilder 进行了全面升级和优化，新增了 12 个迭代器和 4 个模型工具，极大地丰富了模型构建的功能选项。用户可以在 ArcMap 的标准工具条上，点击相应图标，快速打开模型构建器窗口（图 3-39），通过拖拽、连接等图形化操作，轻松搭建个性化的地理处理模型。

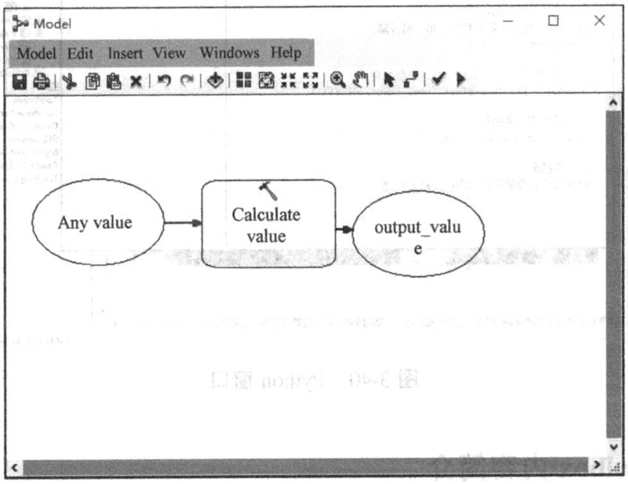

图 3-39　模型构建器窗口

（四）Python 脚本

Python 作为一种开源、跨平台且功能强大的编程语言，凭借其简洁的语法结构、丰富的库资源以及高度的灵活性，在众多领域得到了广泛应用。在 ArcGIS 地理处理框架中，Python 窗口为用户提供了一个命令行样式的工具运行环境，取代了早期版本的命令行窗口。

在 Python 窗口中，用户不仅能够像在传统命令行窗口那样，直接运行地理处理工具、修改地理处理环境设置，还能深度调用 ArcPy 脚本功能。ArcPy 是 ArcGIS 为 Python 语言开发的专用库，它提供了丰富的函数接口，支持用户使用地理处理函数来描述数据属性，并通过操作数据游标等高级操作实现地理数据的高效处理和分析。例如：通过 ArcPy，用户可以编写脚本自动遍历多个地理数据文件，批量执行数据格式转换；利用其空间分析功能，基于自定义算法进行复杂的空间建模；还能结合 Python 的网络爬虫技术，从在线地图服务获取实时地理数据，并进行自动化处理。

Python 的可嵌入性使得 ArcGIS 的功能实现了高度脚本化。用户可以根据实际需求，编写个性化的 Python 脚本，实现 ArcToolbox 和 ModelBuilder 难以完成的复杂任务，充分发挥使用者的创造性。同时，Python 脚本具备良好的可移植性，同一脚本可在不同的 ArcGIS 环境和操作系统中运行，极大提高了地理处理工作的效率和灵活性，成为地理信息科学领域不可或缺的强大工具（图 3-40）。

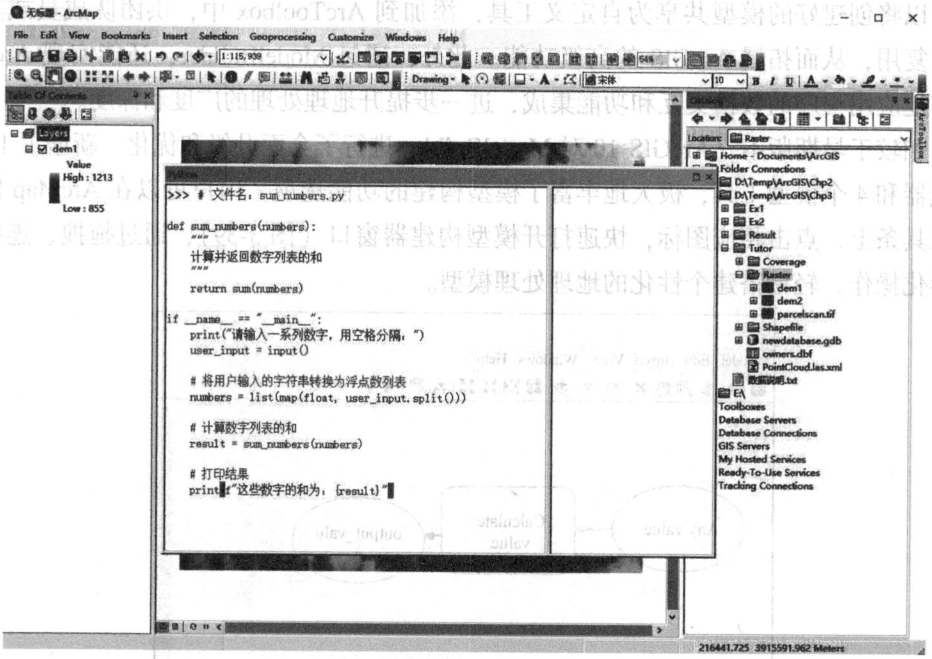

图 3-40　Python 窗口

二、ArcToolbox 内容简介

ArcToolbox 作为 ArcGIS 地理处理框架的核心组件，是地理处理工具的庞大集合，其内部采用工具箱—工具集—工具的三层架构体系。这种层级分明的结构设计，如同一个精心编排的"地理信息处理工具库"，一个工具箱可容纳若干功能相关的工具集，每个工具集又包含多个具体工具，不仅便于用户快速定位所需工具，还能高效组织和管理各类地理处理功能，满足从基础数据操作到复杂空间分析的多样化需求。

（一）工具箱简介

（1）3D Analyst 工具箱：专注于三维地理数据处理，能够创建和修改不规则三角网（TIN）与栅格表面模型。例如：在地形建模中，可将等高线、高程点等数据转换为 TIN 模型，直观展现地形起伏；还能从表面模型中提取坡度、坡向、剖面线等关键信息和属性。此外，该工具箱集成了强大的表面分析功能，如通视分析可判断两点之间的可视性，填挖方分析用于工程建设中的土方量计算；三维要素分析能处理三维空间中的点、线、面要素；三维数据转换则支持不同三维数据格式间的相互转换，为三维地理信息的深入研究与应用提供了全面支持。

（2）分析工具箱：以矢量数据处理为核心，涵盖裁剪、相交、联合、缓冲区、近邻、加和统计等一系列实用功能。在城市规划项目中，使用裁剪工具可从大范围的土地利用矢量数据中提取特定区域的数据；通过相交工具，能找出不同土地利用类型与交通线路重叠的区域；缓冲区分析可确定道路、河流等要素一定距离范围内的影响区域，为规划决策提供量化依据。

（3）制图工具箱：与 ArcGIS 其他工具不同，制图工具箱严格遵循特定制图标准设计，专为地图制作和整饰而生。其中包含的三种掩膜工具，可用于控制地图要素的显示范围与优先级，帮助用户制作出美观、规范且符合专业要求的地图产品。例如，在制作行政区划地图时，利用掩膜工具可突出显示重点区域，隐藏不必要的背景信息，提升地图的可读性和视觉效果。

（4）转换工具箱：是解决地理数据格式兼容问题的关键工具集合，支持栅格数据、Shapefiles、Coverage、Table、dBase 以及 CAD 与地理数据库之间的相互转换。在多源数据整合项目中，常需将不同格式的数据统一转换为地理数据库格式，以便于数据的存储、管理和分析，转换工具箱为这一过程提供了高效、便捷的解决方案。

（5）Data Interoperability 工具箱：借助 FME 技术，该工具箱具备强大的数据格式转换能力，能够实现多种空间数据格式的提取、转换和加载（ETL）操作。ArcGIS 数据互操作扩展模块进一步拓展了其功能，不仅允许用户将多样化的空间数据格式无缝集成到 GIS 分析流程中，还支持基于内置格式和转换器创建新的自定义空间数据格式，极大地增强了 ArcGIS 与外部数据系统的兼容性和数据处理的灵活性。

（6）数据管理工具箱：提供了丰富的工具，全面覆盖要素类、数据集、数据层以及栅格数据结构的管理与维护工作。从数据的创建、编辑、删除，到数据的存储优化、备份恢复，再到数据完整性检查与修复，该工具箱为地理数据全生命周期管理提供了坚实保障。例如，使用数据压缩工具可减小栅格数据的存储空间，同时保持数据质量；通过数据修复工具，能解决要素拓扑错误等问题，确保数据的准确性和可用性。

（7）编辑工具箱：专为批量编辑要素类中的要素设计，其中许多工具针对数据清理场景开发。在数据采集过程中，由于精度不足或捕捉环境缺失，常出现多边形边界未闭合、线要素相交异常等问题。编辑工具箱提供的增密、擦除、延伸、翻转、概化、捕捉、修剪等功能，能够快速定位和修复这些数据质量问题，提高数据的完整性和规范性，为后续地理分析奠定可靠基础。

（8）地理编码工具箱：地理编码，即地址匹配，旨在建立地理位置坐标与给定地址之间的一致性关联。利用该工具箱，用户可对各类地理要素进行编码操作，建立高效的地址索引系统。例如：在物流配送领域，通过地理编码将客户地址转换为地理坐标，结合地图数据实现配送路线的优化规划；在城市管理中，地理编码有助于快速定位和查询各类设施的位置信息，提升管理效率。

（9）Geostatistical Analyst 工具箱：地理统计分析工具箱为用户提供了一套全面的空间分析方法，可基于样本数据创建连续表面模型或专题地图，实现空间数据的可视化与深入分析。在土壤养分含量分析中，利用克里金插值等方法，可根据有限的采样点数据，生成整个研究区域的土壤养分含量分布表面，直观展示空间分布规律，为农业生产、环境保护等领域提供科学依据。

（10）线性参考工具箱：主要用于生成和维护线状地理要素的相关关系，支持线状Coverage与路径（route）之间的转换，以及路径事件（event）属性表与地理要素类的相互转换。在交通线路管理、管线工程分析等场景中，通过线性参考技术，可将线路上的各种事件（如道路病害、管线泄漏点）与线路位置精确关联，实现高效的资产管理和分析决策。

（11）多维工具箱：聚焦于NetCDF数据处理，提供了一系列工具，用于创建NetCDF栅格图层、要素图层或表格视图，支持从栅格、要素或表数据转换为NetCDF格式，并允许灵活选择NetCDF图层或表的维度。在气象、海洋等领域，NetCDF数据常用于存储具有时空维度的观测数据，多维工具箱为这类数据的处理和分析提供了专业的工具支持。

（12）Network Analyst工具箱：网络分析工具箱集成了多种网络分析与网络数据集维护工具。在城市交通规划中，使用该工具箱可构建精确的运输网模型，通过路径分析找到两点之间的最短路径或最优行驶路线；最近设施点分析能快速定位离事故现场最近的医院、消防站等设施；服务区分析可确定设施的服务覆盖范围；起始-目的地成本矩阵、多路径派发（VRP）和位置分配等工具，则为物流配送、资源分配等复杂决策问题提供了强大的分析手段。

（13）宗地结构工具箱：此工具箱仅适用于ArcEditor和ArcInfo用户，主要用于处理宗地结构内部的要素类和表。在土地管理项目中，通过该工具箱可实现数据向宗地结构的迁移、现有宗地结构的升级，以及创建宗地结构相关的图层和表视图，满足土地产权管理、地籍调查等业务需求。

（14）Schematics工具箱（逻辑示意图）：包含用于执行基本逻辑示意图操作的工具，支持创建、更新和导出逻辑示意图，以及创建逻辑示意图文件夹。在电力、通信等网络系统规划与管理中，逻辑示意图可直观展示网络结构、设备连接关系等信息，帮助用户快速理解和分析复杂的系统架构。

（15）服务器工具箱：主要用于管理ArcGIS Server地图和Globe缓存，优化数据存储和访问效率；同时，提供简化服务器数据提取过程的工具，方便用户从服务器获取所需地理数据，支持分布式地理信息系统的高效运行和数据共享。

（16）Spatial Analyst工具箱：以栅格数据为分析对象，提供了丰富的工具集，充分发挥栅格数据结构在空间分析中的优势。在水文分析中，利用该工具箱可从数字高程模型（DEM）数据提取流域边界、水系网络等信息；栅格重分类功能可根据特定规则对栅格数据进行分类，如将土地利用栅格数据重新划分为不同的用地类型，为地理研究和决策提供多样化的分析视角。

（17）空间统计工具箱：包含一系列用于分析地理要素分布状态的统计工具，支持多种适用于地理数据的统计分析方法。在研究城市犯罪分布规律时，通过空间自相关分析，可判断犯罪事件是否存在空间聚集现象；热点分析能识别犯罪高发区域，为警务资源部署提供数据支持，帮助用户从海量地理数据中挖掘潜在模式和规律。

（18）Tracking Analyst工具箱：提供用于准备时间数据的工具，与Tracking Analyst

扩展模块协同工作，适用于处理具有时间序列特征的地理数据。在野生动物迁徙监测、车辆行驶轨迹分析等场景中，可对时间数据进行清洗、转换和整合，结合地理空间信息，实现对目标对象运动轨迹和行为模式的深入分析。

（19）时空模式挖掘工具箱：包含“创建时空立方体”和“新兴时空热点分析”两个专业工具。“创建时空立方体”工具可将点数据集转换为多维立方体数据结构（netCDF），为时空数据分析提供基础；“新兴时空热点分析”工具以时空立方体为输入，能够识别随着时间演变在统计上显著的热点和冷点趋势。在公共卫生疫情监测、交通流量变化分析等领域，该工具箱可帮助用户及时发现时空数据中的动态模式和异常变化，为科学决策提供有力支持。

（二）环境设置介绍

在地理信息处理过程中，对于一些特殊模型构建或有特定要求的计算任务，通常需要对输出数据的范围、格式、坐标系等参数进行精细调整。ArcToolbox 提供的环境设置功能，为解决此类问题提供了灵活且全面的解决方案。

用户在 ArcToolbox 中打开任意工具时，点击对话框右下角的【环境】按钮，即可弹出【环境设置】对话框（图 3-41）。该对话框提供了 19 种丰富的设置选项，涵盖工作空间、输出坐标系、处理范围、XY 分辨率及容差、M 值、Z 值、地理数据库、高级地理数据库、字段、随机数、制图、Coverage、栅格分析、地统计分析、Terrain 数据集、TIN、并行处理、栅格存储及远程处理服务器等多个方面。

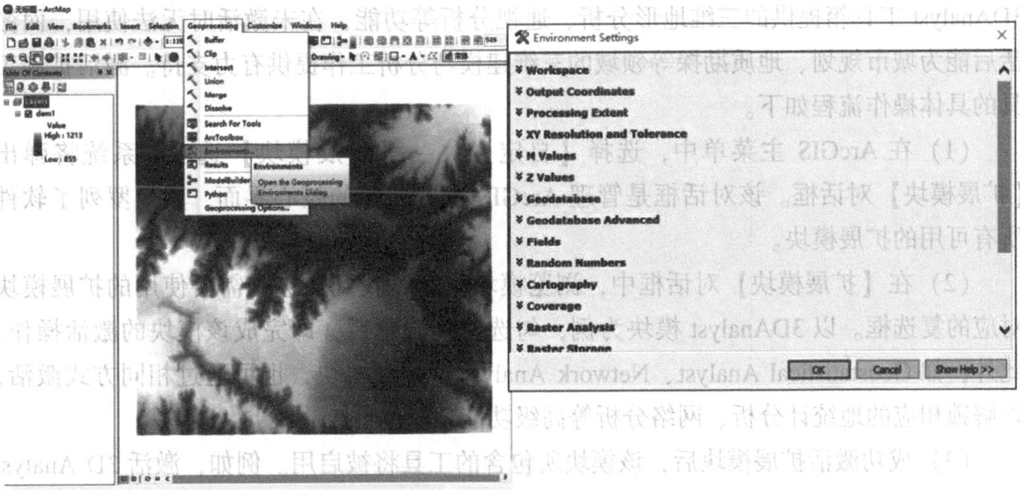

图 3-41　【环境设置】对话框

这些环境设置选项具有不同的作用和适用场景，具体如下。

工作空间设置：用于指定数据输入和输出的默认存储位置，方便用户集中管理数据，避免频繁切换文件路径。

输出坐标系设置：确保输出数据采用符合项目需求的坐标系统，例如，在跨区域项目中，将数据统一转换为特定的投影坐标系，便于数据的整合与分析。

处理范围设置：可限定地理处理工具作用的数据区域，提高处理效率，减少不必要的计算量。例如，在对大范围区域进行分析时，先设置感兴趣区域，仅对该区域的数据进行处理。

栅格分析相关设置：如栅格分辨率、像元大小等参数的设置，直接影响栅格数据的分析精度和结果。在进行地形分析时，合理设置栅格分辨率可平衡计算效率和分析准确性。

需要注意的是，通过工具对话框中【环境】按钮进行的设置，仅对当前使用的工具生效；若希望设置的参数作用于所有 ArcGIS 工具，则需打开主菜单【地理处理】→【环境】进行全局设置。这种分级设置机制既满足了单个工具的个性化需求，又能实现项目全局参数的统一配置，为用户提供了灵活、高效的地理处理环境管理方式。

三、地理处理应用基础

在地理信息科学的实践应用中，ArcGIS 地理处理功能的灵活运用是完成各类复杂任务的核心。为充分发挥其强大性能，掌握激活扩展工具、创建便捷工具箱以及利用 ModelBuilder 构建自定义工具等基础操作至关重要，这些技能不仅能提高工作效率，还能满足个性化的地理信息处理需求

（一）激活扩展工具

ArcGIS 软件拥有丰富的拓展工具，这些工具为用户提供了更高级、专业的地理处理功能。然而，部分工具需在具备高级使用权限的前提下进行激活方可启用。例如，3DAnalyst 工具箱提供的三维地形分析、通视分析等功能，在未激活时无法使用，而激活后能为城市规划、地质勘探等领域的三维建模与分析工作提供有力支持。激活扩展工具的具体操作流程如下。

（1）在 ArcGIS 主菜单中，选择【自定义】→【扩展模块】选项，系统将弹出【扩展模块】对话框。该对话框是管理 ArcGIS 扩展功能的核心界面，其中罗列了软件所有可用的扩展模块。

（2）在【扩展模块】对话框中，浏览模块列表，找到并选中需要使用的扩展模块对应的复选框。以 3DAnalyst 模块为例，勾选其复选框后，即完成该模块的激活操作。此外，如 Geostatistical Analyst、Network Analyst 等扩展模块，也可通过相同方式激活，以解锁相应的地统计分析、网络分析等高级功能。

（3）成功激活扩展模块后，该模块所包含的工具将被启用。例如，激活 3D Analyst 模块后，在 3D Analyst 工具箱中的所有工具将变为可用状态，用户可直接调用这些工具进行三维地理数据处理与分析。若未激活对应扩展工具，其工具箱中的工具将处于灰色不可用状态，无法执行任何操作。

（二）创建自己的便捷工具箱

在实际地理信息处理工作中，用户通常会针对特定项目或任务，频繁使用某些工具。例如，在土地资源调查项目中，数据提取、格式转换、属性计算等工具的使用频率较高。若每次使用都需在 ArcToolbox 庞大的工具目录中逐一查找，不仅耗费时间，还

会降低工作效率。此时，创建自定义便捷工具箱成为优化工作流程的有效方式。通过将常用工具整合到自定义工具箱中，用户能够快速定位和调用所需工具，显著提升工作效率。具体创建步骤如下。

（1）打开 ArcGIS 的【目录】窗口，在目录树中浏览并查找到合适的文件夹或地理数据库，作为存放自定义工具箱的位置。建议选择与项目相关的文件夹或地理数据库，以便于统一管理和查找，例如，将自定义工具箱存放在以项目名称命名的文件夹内。

（2）选中目标文件夹或地理数据库，单击鼠标右键，在弹出的快捷菜单中选择【新建】→【工具箱】选项。系统会自动生成一个默认名称为（Toolbox. tbx 或 Toolbox）的工具箱文件。为便于在后续脚本编写、工具调用以及团队协作中准确识别和使用，应根据工具箱的功能用途对其进行重命名。例如，若该工具箱主要用于存放数据提取相关工具，可命名为“数据提取 . tbx”，如图 3-42 所示。

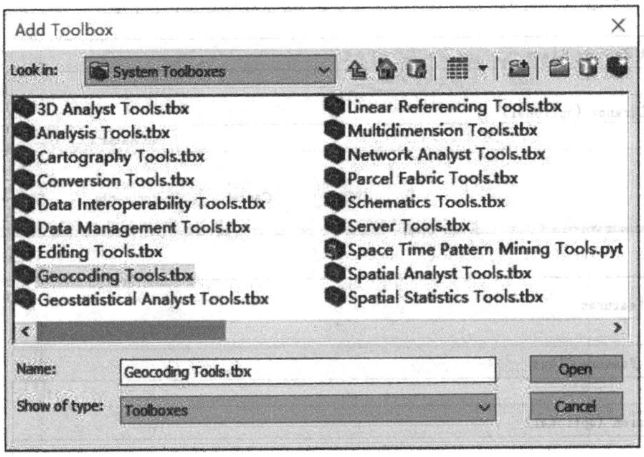

图 3-42 创建的工具箱

（3）完成工具箱创建和命名后，在 ArcToolbox 目录树中找到常用工具，通过鼠标拖拽或右键复制粘贴的方式，将其添加到自定义工具箱中。需要注意的是，不要在系统临时文件夹中创建工具箱。因为系统临时文件夹中的内容会在特定条件下（如软件关闭、系统清理等）被自动删除，若将自定义工具箱存放在此处，则可能导致工具箱丢失，其中的工具也将无法使用。

（三）使用 ModelBuilder 创建自己的工具

ModelBuilder 作为 ArcGIS 中强大的图形化建模工具，能够将一系列地理处理工具按照特定逻辑顺序组合成可重复使用的工作流，极大地提高复杂地理处理任务的执行效率。以下以土地利用数据处理为例，详细介绍如何使用 ModelBuilder 创建自定义工具：

假设现有 Maplex 中的土地利用数据，需要提取出土地利用类型为“Single Family”的区域，并基于该区域范围进一步提取地块（Parcels）数据。此任务需依次使用【筛选】和【裁剪】两个工具，具体构建步骤如下。

（1）在 ArcGIS 主菜单中选择【地理处理】→【模型构建器】，打开【模型】窗口。该窗口是进行图解建模的可视化操作界面，用户可在此添加工具、设置参数、定义工具间的数据流向。

（2）在 ArcToolbox 目录树中，分别找到【裁剪】工具和【筛选】工具，将其拖拽至【模型】窗口中。此时，两个工具以图标形式显示在窗口内，等待进一步配置。

（3）双击【筛选】工具图标，弹出【筛选】工具对话框。在该对话框中，将“输入要素”设置为“landuse_region_poly”，指定待筛选的数据来源。接着，点击表达式旁边的 SQL 查询按钮，打开【查询构建器】对话框。在【查询构建器】中，按照图 3-43 所示进行设置，构建筛选条件表达式，例如“土地利用类型= ‘Single Family’”，以筛选出符合条件的区域。设置完成后点击【确定】，此时【筛选】工具图标变为彩色，表明该工具的参数已设置完毕，处于可执行状态。

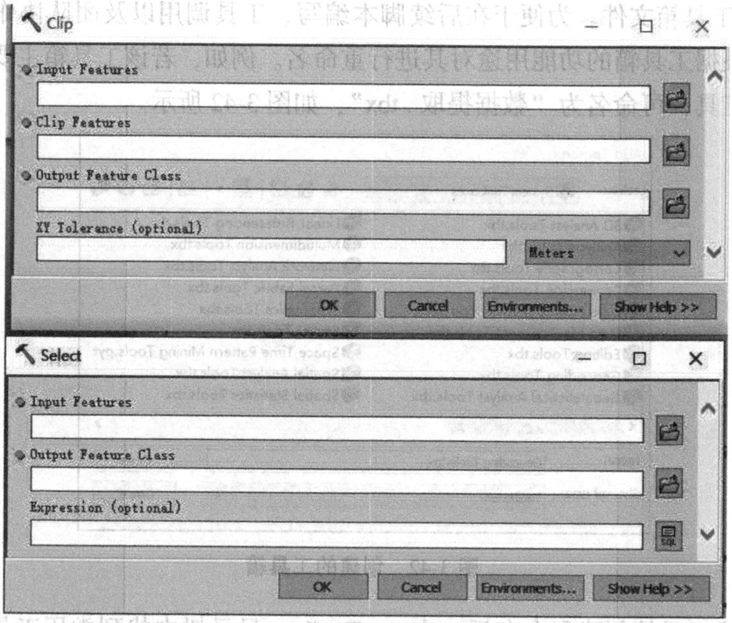

图 3-43　筛选工具设置

（4）使用【模型】界面工具条中的连接工具，将【筛选】工具的输出端口连接至【裁剪】工具。连接时会弹出菜单，选择“裁剪要素”选项，明确数据流向，即【筛选】工具输出的结果将作为【裁剪】工具的裁剪要素输入。

（5）双击【裁剪】工具图标，打开【裁剪】工具对话框。在对话框中，将“输入要素”设置为“Parcels_region_poly”，指定需要被裁剪的地块数据。完成设置后点击【确定】，至此整个模型构建完毕。为使模型布局更加整齐美观，便于查看和理解工具间的逻辑关系，可点击主菜单中的自动布局按钮，系统将自动调整模型中各工具的位置和连接线条的走向。

（6）模型构建完成后，选择【模型】→【保存】选项，将模型保存至之前创建的自定义工具箱中，方便后续随时调用。点击模型窗口中的运行按钮，执行模型操作。操作完成后，右键点击输出数据对应的图标，选择“添加至显示”，即可在 ArcGIS 地图窗口中查看模型运行结果，验证自定义工具是否按预期完成数据处理任务（图 3-44）。

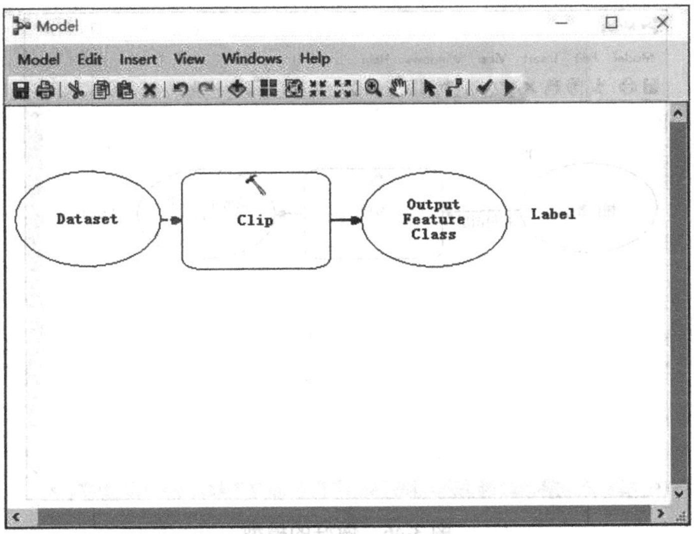

图 3-44 模型构建结果

（7）模型参数设置。为了使模型应用更加广泛，可以将输入/输出及相关参数设置为交互模式。右键点击输入数据，选择【模型参数】（图 3-45）；右键点击【筛选】，选择【获取变量】→【从参数】→【表达式】，右键点击【表达式】，选择【模型参数】；将输出要素也设置为模型参数。下面对模型参数重命名：选择一个模型参数，右键选择【重命名】，修改名称；然后将指定的文件全部删除，得到一个可以共享的工具，保存模型（图 3-46）。

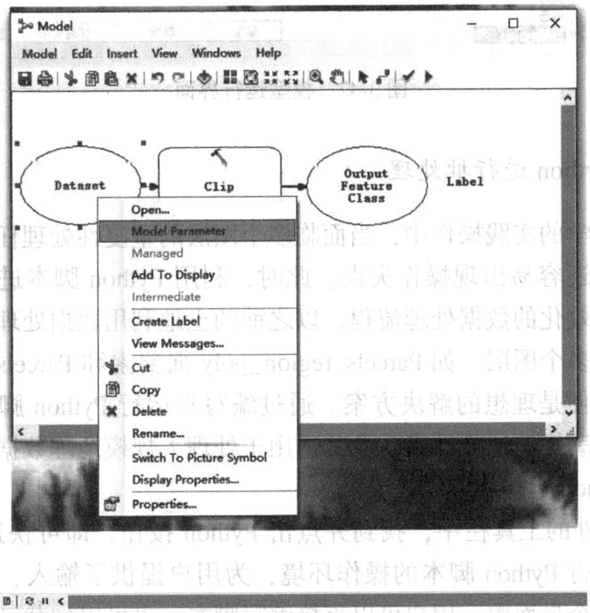

图 3-45 设置模型参数

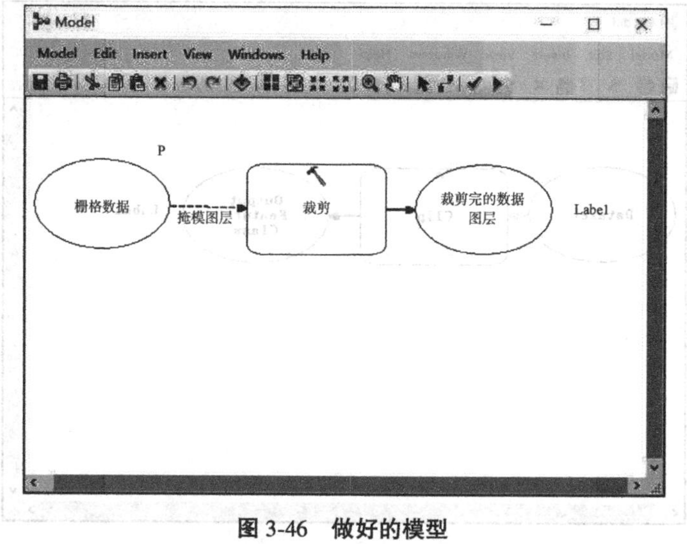

图 3-46　做好的模型

(8) 在目录中双击模型，出现模型运行界面，如图 3-47 所示。

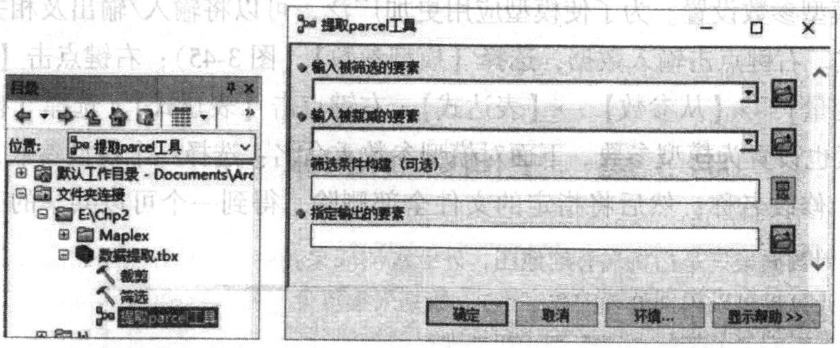

图 3-47　模型运行界面

(四) 使用 Python 进行批处理

在地理信息科学的实践操作中，当面临多个图层的重复性处理任务时，手动逐个操作不仅耗时耗力，还容易出现操作失误。此时，利用 Python 脚本进行批处理操作，能够实现自动化、高效化的数据处理流程。以之前的土地利用数据处理实验为例，当需要使用相同的工具对多个图层，如 Parcels_region_poly 面要素和 Parcels_arc 线要素进行裁剪时，Python 脚本便是理想的解决方案。通过编写和运行 Python 脚本，用户可以轻松完成批量操作，显著提升工作效率，尤其适用于处理大规模地理数据的场景。

(1) 打开 Python 运行界面。

在 ArcMap 软件的工具栏中，找到并点击 Python 按钮，即可快速打开 Python 运行界面。该界面是执行 Python 脚本的操作环境，为用户提供了输入、编辑和运行 Python 代码的空间。在这个界面中，用户可以直接编写脚本，也可以加载已有的脚本文件进行运行，实现与 ArcGIS 地理处理功能的交互。

(2) 运行 Python 脚本。

为了便于教学与实践，此处已预先制作好相应的 Python 脚本文件（Select_Clip.py），用户可直接加载运行。在 Python 运行界面中，点击鼠标右键，在弹出的快捷菜单中选择【加载】选项，系统将弹出【文件浏览】对话框。在对话框中，浏览至文件存储路径“E：\ Chp2 \ Select_Clip. py”，选中该文件并点击【打开】，脚本内容将被加载至 Python 运行界面中（图 3-48）。此时，将鼠标光标移至脚本的最末行，按下回车键，即可启动脚本运行，系统将按照脚本设定的逻辑自动对指定图层进行处理。

```
>>> # 文件名：sum_numbers.py

def sum_numbers(numbers):
    """
    计算并返回数字列表的和
    """
    return sum(numbers)

if __name__ == "__main__":
    print("请输入一系列数字，用空格分隔：")
    user_input = input()

    # 将用户输入的字符串转换为浮点数列表
    numbers = list(map(float, user_input.split()))

    # 计算数字列表的和
    result = sum_numbers(numbers)

    # 打印结果
    print(f"这些数字的和为：{result}")
```

图 3-48　Python 脚本

需要特别注意的是，该脚本中输入数据的路径采用了固化设置。这意味着，如果实际数据的存储路径与脚本中设定的不一致，脚本将无法正确读取数据，从而导致运行失败。为解决这一问题，用户有两种处理方式：一是手动修改脚本中对应的输入数据路径，使其与实际存储路径相匹配；二是将“Chp2”文件夹下的数据直接拷贝至 E 盘根目录中，确保数据路径与脚本设定一致。

对上述 Python 脚本进行深入解析可以发现，其中下面两个核心函数发挥了关键作用。

- arcpy. Select_analysis（）函数：该函数是 ArcPy 库中用于筛选分析的重要工具，在本脚本中主要用于实现土地利用类型的选择操作。通过设置特定的筛选条件，它能够从原始数据中提取出符合条件的地理要素，为后续的裁剪操作提供准确的输入数据。例如，在脚本中可以通过编写 SQL 查询语句作为该函数的参数，筛选出指定土地利用类型的区域。
- arcpy. Clip_analysis（）函数：此函数主要负责裁切操作，能够根据给定的裁剪区域（如前面筛选出的土地利用区域），对目标图层（如 Parcels_region_poly 面要素和 Parcels_arc 线要素）进行裁剪处理，将超出裁剪区域的部分去除，保留符合要求的地理要素。

此外，脚本中运用了 For 循环结构，这是实现批处理功能的核心逻辑。For 循环通过遍历预先设定的图层列表或数据集，将相同的处理操作（即先筛选后裁剪）依次应用到每个图层上。在循环过程中，每次迭代都会自动处理一个新的图层，无须用户进行重复操作，从而高效地完成多个图层的批量处理任务。脚本中的每一行代码均添加了详细注释，这些注释有助于用户理解代码的功能和执行逻辑，方便学生学习和修改脚本，以适应不同的地理处理需求。

第四章　GIS 数据采集

在 GIS 的运行与应用中，数据是其核心与灵魂，而数据采集则是为 GIS 注入鲜活“血液”的关键环节。数据采集指的是运用多种先进技术手段，通过多元渠道收集数据的过程。服务于 GIS 的数据采集工作主要涵盖空间数据采集和属性数据采集两大板块。尽管这两类数据的采集过程存在诸多差异，但在某些具体方法上也存在相通之处。空间数据采集主要通过野外数据采集、现有地图数字化、摄影测量方法、遥感图像处理方法等实现；属性数据采集则涉及采集过程以及采集后的分类和编码，其数据来源广泛，包括相关部门的观测与测量数据、各类统计数据、专题调查数据、文献资料数据等。此外，遥感图像解译也是获取属性数据的重要途径。本章将对空间数据和属性数据的采集进行系统且全面的介绍，助力读者深入掌握 GIS 数据采集的核心知识与技术要点。

第一节　空间数据采集

一、野外数据采集

野外数据采集作为 GIS 数据采集的基础手段，在地理信息获取中占据重要地位。随着测绘技术的不断革新，野外数字测图技术应运而生，该技术通过整合全站仪、全球导航卫星系统（global navigation satellite system，GNSS）等高精度测量设备与专业数字测图软件系统，构建起地面数字测图系统，能够在实地高效完成基础地理数据的采集与初步处理工作。这一技术尤其适用于小范围地区、大比例尺数据的获取，在城市局部区域地形测绘、工程建设场地测量等场景中发挥着不可替代的作用。野外数据采集主要存在以下两种模式。

（1）数字测记：数字测记模式借助全站仪或 GNSS RTK 设备，在实地精准测定或计算地形、地物特征点（又称“碎部点”）的三维坐标。在测量过程中，碎部点的定位信息可存储于仪器内存储器，或通过联机通信方式（包括使用数据线的有线通信以及蓝牙无线通信）传输至电子手簿进行记录；同时，利用草图或简码记录其他绘图所需信息。外业工作完成后，将测量数据传输至计算机，在数字测图软件的支持下，开展人机交互编辑与处理工作，最终生成数字线画图（DLG）、数字高程模型（DEM）及全要素地形图。根据实地采集数据所使用设备的差异，数字测记模式又可进一步细分为全站仪数据测记模式和 GNSS RTK 数字测记模式。全站仪数据测记模式在复杂地形、隐蔽区域的测量中，凭借其高精度的角度和距离测量功能，能够准确获取地形地物特征点；

GNSS RTK 数字测记模式则依托卫星定位技术，在开阔地带可实现快速、高效的测量，实时获取厘米级精度的三维坐标，显著提升测量效率。

(2) 电子平板测绘：电子平板测绘模式创新性地采用“全站仪+便携机+测图软件”的组合，实现了实地数据采集、编辑与制图的一体化作业。在该模式下，便携机（如笔记本电脑或 PDA）的屏幕充当测图平板，利用专业数字测图软件，能够将全站仪测定的碎部点实时传输至便携机，并直观展绘在屏幕上。作业人员可依据测点间的连接关系，当场进行地形、地物要素的矢量化编辑，真正实现了测量与绘图的同步进行，取得“所测即所得”的效果。这种模式有效减少了内业数据处理的工作量，避免了数据传输过程中的错误；同时，便于作业人员在现场及时发现并修正测量误差，大幅提升了数据采集的准确性和效率，尤其适用于对成图时效性要求较高的项目。

二、地图数字化

地图数字化是将纸质地图转换为数字地图的重要手段，目前一般采用扫描矢量化的方法。在进行地图数字化工作时，首先需依据地图幅面大小，谨慎选择合适规格的扫描仪，对纸质地图进行扫描，从而生成栅格图像。获取栅格图像后，为确保地图坐标的准确性，需进行几何校正处理，校正完成后方可开展矢量化工作，其详细工作流程如图 4-1 所示。对栅格图像的矢量化主要存在软件自动矢量化和屏幕鼠标跟踪矢量化两种方式。软件自动矢量化凭借计算机算法，能够快速处理大量数据，工作效率较高，受限于当前软件的智能化水平，自动矢量化结果往往存在较多错误和不精确之处，仍需人工进行细致检查和编辑修正；屏幕鼠标跟踪矢量化的作业方式与数字化影像测量仪相似，虽仍需手动操作，但相较于传统方式，其数字化精度和工作效率均得到显著提升。作业人员通过在计算机屏幕上使用鼠标跟踪地图要素的边缘，逐点绘制矢量图形，能够精确捕捉地图要素的细节信息，适用于对精度要求较高的地图数字化项目。

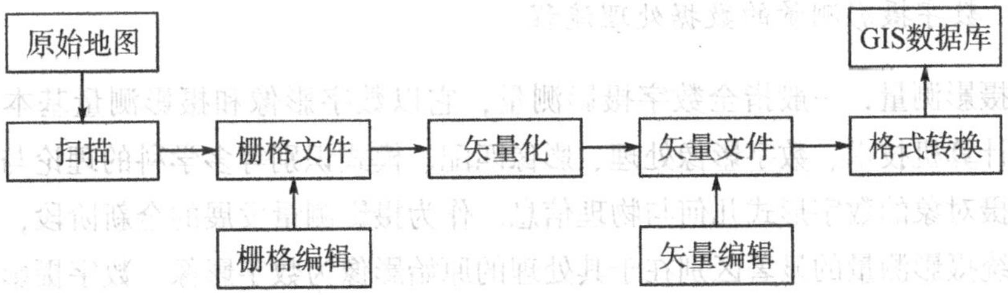

图 4-1 地图扫描矢量化的工作流程

在地图扫描数字化过程中，由于栅格数据的特性，扫描获得的数据量通常较大，这对存储和处理设备提出了较高要求。此外，扫描数据还面临噪声和中间色调像元的处理难题。噪声主要指地图上存在的斑点污渍、模糊不清的物体等形成的像元灰度值，其类型多样、范围广泛，目前尚无简单有效的通用方法可完全消除。部分软件具备去除小脏点的功能，但对于一些与地图内容相似的微小元素（如小数点），难以准确区分和处理。对于中间色调像元，可通过合理选择阈值，并借助 Photoshop 等图像处理软件进行处理。在实际工作中，常使用 ArcGIS、SuperMap、MapGIS、GeoStar 等专业 GIS 软件，对扫描获取的栅格数据进行屏幕跟踪矢量化操作，并对矢量化结果数据进行编辑和处理，从而生成高质量的数字地图。

三、摄影测量方法

摄影测量技术在我国测绘领域的发展历程中扮演了重要角色，在基本比例尺地形图生产过程中发挥了至关重要的作用，我国绝大部分 1∶1 万和 1∶5 万比例尺的地形图均通过摄影测量方法完成的。近年来，随着科技的飞速发展，倾斜摄影测量等新兴技术不断涌现，进一步拓展了空间数据获取的方式，大幅提升了数据获取的能力和效率。随着数字摄影测量技术的广泛推广，其在 GIS 空间数据采集过程中的地位愈发重要，成为获取空间数据的关键技术手段之一。

（一）摄影测量原理

摄影测量主要分为地面摄影测量和航空摄影测量两种方式。地面摄影测量通常采用倾斜摄影或交向摄影，通过从不同角度拍摄地物，获取丰富的三维信息；航空摄影则一般采用垂直摄影，以确保获取大面积、统一视角的影像数据。在摄影测量中，摄影机镜头中心与聚焦平面（胶片平面）垂直的连线被定义为相机的主轴线。在航测领域，当主轴线与铅垂线方向的夹角小于 3°时，即定义为垂直摄影。摄影测量通常采用立体摄影测量方法采集某一地区的空间数据，该方法要求对同一地区同时摄取两张或多张具有一定重叠度的像片。在室内，借助光学仪器或计算机技术，恢复像片的摄影方位，进而重构地形表面，实现将野外地形表面“搬”至室内进行观测和分析。在航测作业中，对立体覆盖有着严格要求，当飞机沿航线飞行时，相机拍摄的任意相邻两张像片的航向重叠度不少于 55%，相邻航线上两张相邻像片的旁向重叠应保持在 30%左右，以确保获取足够的重叠信息，为后续的立体模型构建和数据提取提供基础。

（二）数字摄影测量的数据处理流程

数字摄影测量，一般指全数字摄影测量，它以数字影像和摄影测量基本原理为基础，融合计算机技术、数字影像处理、影像匹配、模式识别等多学科的理论与方法，旨在提取所摄对象的数字形式几何与物理信息。作为摄影测量发展的全新阶段，数字摄影测量与传统摄影测量的显著区别在于其处理的原始影像为数字影像。数字摄影测量继承了立体摄影测量和解析摄影测量的原理，同样需要进行内定向、相对定向和绝对定向等操作步骤。但不同的是，数字摄影测量直接在计算机内建立立体模型，由于影像已完全数字化，数据处理过程在计算机环境中完成，这使得数字摄影测量能够引入诸多人工智能算法，实现自动内定向、自动相对定向以及半自动绝对定向。此外，数字摄影测量还具备强大的数据处理能力，可进行自动相关运算，识别左右像片的同名点，自动获取数字高程模型，进而生产数字正射影像。通过加入模式识别功能，还能够自动识别和提取数字影像上的地物目标。以数字摄影测量系统 VirtuoZo 为例，其数据采集的作业流程（图 4-2）充分展现了数字摄影测量数据采集的一般流程，涵盖影像获取、数据预处理、定向建模、数据提取与成果输出等多个环节，为 GIS 空间数据采集提供了高效、精准的技术支持。

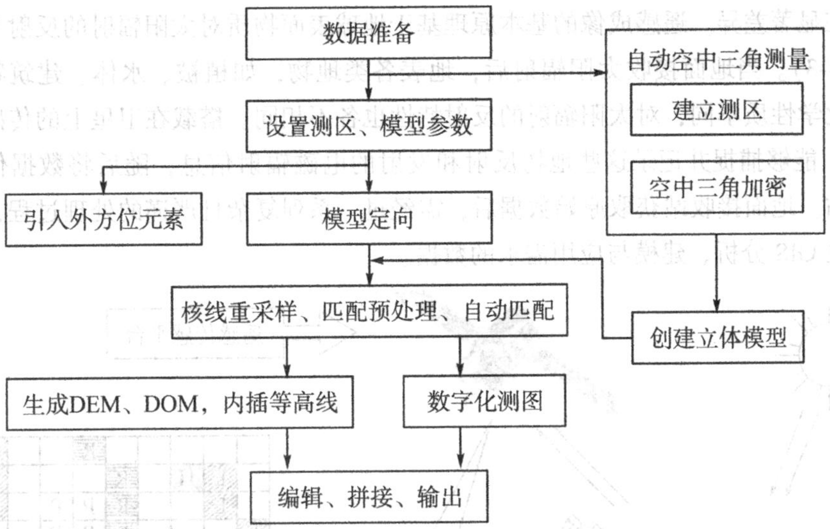

图 4-2　数字摄影测量方法采集数据的一般流程

(三) 倾斜摄影测量技术

倾斜摄影测量技术是近年来在国际测绘领域蓬勃发展的一项高新技术，它打破了传统正射影像仅能从垂直角度拍摄的局限。该技术通过在同一飞行平台上搭载多台传感器，能够同时从一个垂直、四个倾斜等五个不同角度采集影像，为用户呈现符合人眼视觉习惯的真实、直观场景。航空倾斜影像不仅能够真实反映地物的实际情况，还能借助先进的定位技术，嵌入精确的地理信息，同时提供更丰富的影像细节和更优质的用户体验，极大地拓展了遥感影像的应用领域，推动遥感影像在各行业的应用向更深层次发展。

倾斜摄影测量技术在三维建模和工程测量等领域展现出广阔的应用前景。在欧美发达国家和地区，该技术已广泛应用于应急指挥、国土安全、城市管理、房产税收等多个行业。它能够以大范围、高精度、高清晰的方式全面感知复杂场景，通过高效的数据采集设备和专业的数据处理流程，生成的数据成果可直观反映地物的外观、位置、高度等属性信息，为真实效果和测绘级精度提供有力保障。在三维模型构建方面，相较于传统人工建模方式，倾斜摄影建模具有显著优势。如果采用人工建模，完成一个中小城市的建模工作往往需要一两年时间，而借助倾斜摄影建模方式，仅需三至五个月即可完成，大幅降低了三维模型构建的经济成本和时间成本。目前，国内外已广泛开展倾斜摄影测量技术的应用，倾斜摄影建模数据也逐渐成为城市空间数据框架的重要组成部分。

四、遥感影像处理

在 GIS 的数据采集体系中，遥感影像数据扮演着举足轻重的角色，其中卫星遥感影像尤为关键。卫星遥感凭借其覆盖范围广、获取速度快、周期性强等优势，成为获取大面积地理空间信息的核心手段，与航空像片在信息获取方式、覆盖范围、数据时效性等方面存在显著差异。遥感成像的基本原理基于地球表面物质对太阳辐射的反射与发射特性（图 4-3）。当地面接收太阳辐射后，地表各类地物，如植被、水体、建筑物等，因其物理化学性质不同，对太阳辐射的反射特性也各不相同。搭载在卫星上的传感器如同“天眼”，能够捕捉并记录这些地物反射和发射的电磁辐射信息，随后将数据传输回地面接收站。地面接收站获取原始数据后，需经过一系列复杂且严谨的处理过程，才能转化为满足 GIS 分析、建模与应用需求的数据。

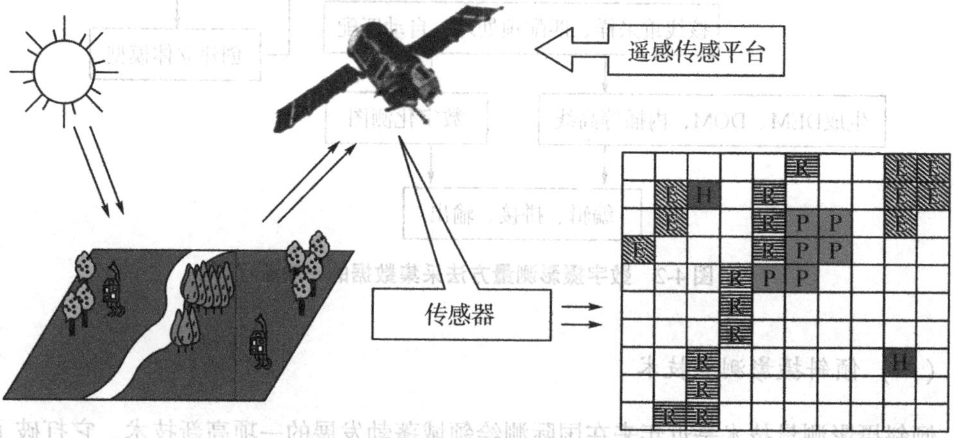

图 4-3　遥感成像基本原理示意图

遥感数据的处理与具体的数据类型（卫星影像、雷达影像）、存储介质等因素相关。遥感数据处理的主要内容见表 4-1 所列。

表 4-1　遥感数据处理的主要内容

遥感数据处理	再生校正	图像重建
		图像复原
		辐射量校正
		几何校正
		镶嵌
	变换	灰度信息变换
		空间信息变换
		几何信息变换
		数据压缩
	分类	总体测定
		分类处理
		区域分割
		匹配

遥感数据的基本处理流程如图 4-4 所示。

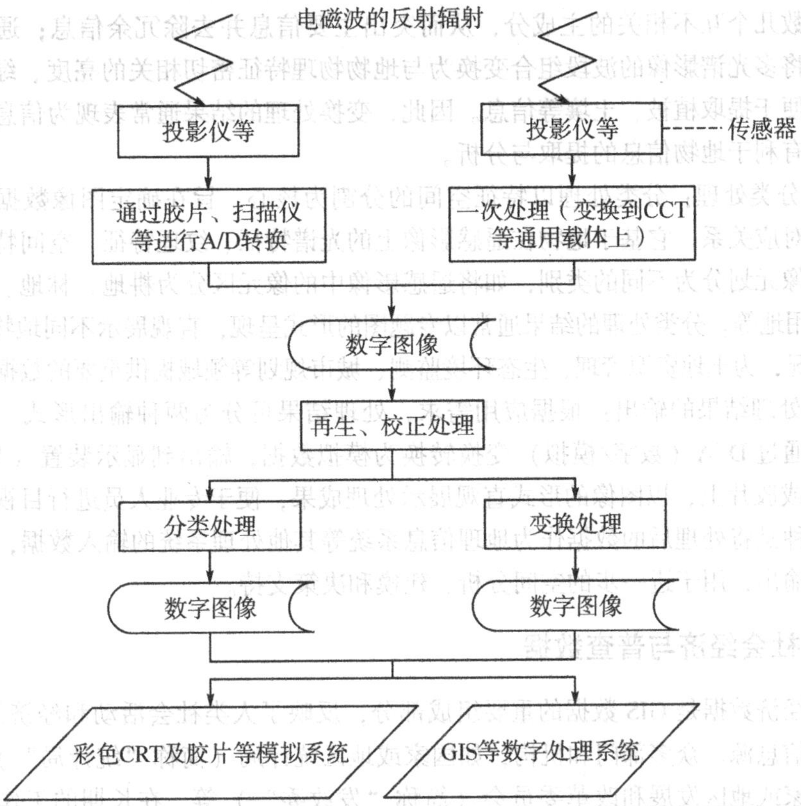

图 4-4 遥感数据的基本处理流程

（1）观测数据的输入：采集的遥感数据分为模拟数据和数字数据两种类型。对于像胶片式航空像片等模拟数据，需借助胶片扫描仪等设备进行 A/D（模拟/数字）变换，将连续的模拟信号转换为计算机能够识别和处理的离散数字信号，从而实现数据格式的转换与输入；对于数字数据，其多记录在特殊的数字记录器（HDDT 等）中，由于此类记录器的存储格式与通用计算机的读取格式存在差异，因此必须将其转换到计算机兼容磁带（computer compatible tape，CCT）等通用载体上，以便在常规数字计算机中进行后续处理。

（2）再生、校正处理：观测数据进入处理系统后，首要任务是进行辐射量失真及几何畸变的校正。辐射量失真校正旨在消除因传感器性能、大气条件等因素导致的辐射误差，确保地物反射或发射的电磁辐射信息能够真实准确地反映在影像上；几何畸变校正则是为了纠正因卫星姿态变化、地球曲率、地形起伏等因素引起的影像几何变形，使影像中的地物位置、形状和大小符合真实地理坐标。对于合成孔径雷达（SAR）的原始数据，由于其获取方式的特殊性，需要进行图像重建处理，以生成可供分析的影像数据。在完成校正处理后，可根据具体处理目的，对数据进行变换、分类，或结合变换与分类进行综合处理。例如，在土地利用变化监测中，先对影像进行辐射和几何校正，再通过变换增强不同地物的差异，最后进行分类识别土地利用类型。

（3）变换处理：变换处理本质上是将遥感数据从某一空间投影到另一空间的数学操作过程。在这一过程中，数据的表现形式和特征发生改变，使得原始数据中所含的部分信息得到增强。例如：通过主成分分析（PCA）变换，能够将多个相关性较高的波段压缩为少数几个互不相关的主成分，从而突出主要信息并去除冗余信息；通过缨帽变换，可以将多光谱影像的波段组合变换为与地物物理特征密切相关的亮度、绿度、湿度等分量，便于提取植被、土壤等信息。因此，变换处理的结果通常表现为信息增强后的图像，更有利于地物信息的提取与分析。

（4）分类处理：分类处理以特征空间的分割为核心，旨在确定图像数据与不同类别之间的对应关系。它基于地物在遥感影像上的光谱特征、纹理特征、空间特征等，将影像中的像元划分为不同的类别，如将遥感影像中的像元区分为耕地、林地、草地、水域、建设用地等。分类处理的结果通常以专题图的形式呈现，直观展示不同地物类型的空间分布状况，为土地资源管理、生态环境监测、城市规划等领域提供重要的数据支持。

（5）处理结果的输出：根据应用需求，处理结果可分为两种输出形式。一种是将数字数据通过 D/A（数字/模拟）变换转换为模拟数据，输出到显示装置（如显示器、投影仪）或胶片上，以图像的形式直观展示处理成果，便于专业人员进行目视解译和分析；另一种是将处理后的数据作为地理信息系统等其他处理系统的输入数据，以数字数据的形式输出，用于进一步的空间分析、建模和决策支持。

五、社会经济与普查数据

社会经济数据是 GIS 数据的重要组成部分，反映了人类社会活动和经济发展状况，是关键的信息源。众多部门和机构，如国家或地区统计局（简称“统计局”）、自然资源局、国家或地区发展和改革委员会（简称“发改委”）等，在长期的工作实践中积累了大量涵盖人口、自然资源、国民经济、社会发展等不同领域的统计资料。这些数据不仅是 GIS 属性数据的重要来源，也是开展社会经济现象空间分析、政策制定与评估的基础依据。由于统计数据通常与特定范围内的统计单元（如行政区、街道、社区）或观测点紧密相连，在采集过程中，除了记录研究对象的特征值（如人口数量、GDP、资源储量等），还需准确获取观测点的几何数据（如经纬度坐标、空间位置信息），并明确统计资料的基本统计单元，以确保数据在 GIS 中的空间定位准确性和分析的有效性。

随着信息技术的飞速发展，当前众多部门和行业内的统计工作已实现了高度信息化。除了以传统表格形式提供数据使用外，各级部门还纷纷建立了不同规模和功能的数据库系统，涵盖人口数据库、经济统计数据库、自然资源数据库等。在数据的建立、传送、汇总等环节，计算机技术得到广泛应用，通过数据库管理系统实现了数据的高效存储、快速查询和自动化统计分析。例如，在人口普查工作中，利用计算机系统实现数据的电子化采集、实时传输和智能汇总，大大提高了数据处理的效率和准确性，同时也为 GIS 整合社会经济数据提供了便捷的数据接口和标准化的数据格式。

六、时空大数据采集

在数字化时代，时空大数据以其海量、高维、动态等特性，为 GIS 注入了新的活力，成为地理信息科学研究和应用的前沿领域。时空大数据采集主要包括定位导航时空大数据采集、互联网时空大数据采集以及物联网-传感器时空大数据采集三大方向，它们从不同维度为 GIS 提供了丰富的数据资源

（一）定位导航时空大数据的采集

随着智能交通系统的蓬勃发展以及交通、通信网络的日益完善，定位及导航时空大数据已成为时空大数据的重要组成部分，广泛应用于城市交通管理、出行行为分析、交通规划等领域。目前，常见的交通大数据涵盖城市出租车轨迹数据、共享单车和公共单车定位数据、公共交通实时监测数据等，同时，基于手机基站定位的手机信令数据也成为研究人口流动和日常行为模式的重要数据源。

1. 车辆追踪及轨迹数据

出租车作为城市公共交通的重要补充，其搭载的全球定位系统（GPS）能够实时记录车辆的行驶轨迹，形成完整的轨迹数据。这些数据蕴含着丰富的信息，通过对其进行分析，可以深入了解居民的出行特征（如出行时间、出行路线、出行目的等）、识别城市的热点区域（如商业中心、交通枢纽、旅游景点等），并对城市的交通状况进行预测和优化。在大型城市，出租车轨迹数据量极为庞大，一个超大型城市每天产生的轨迹数据可达几十吉字节（GB）之多。以上海、北京为例，仅出租车数量就数以万计，全国范围内出租车产生的轨迹数据规模更是相当可观。此外，滴滴打车等网约车平台的数据也进一步丰富了交通轨迹大数据资源。地铁和公交作为城市公共交通的主力军，通过刷卡系统记录了大量居民的出行信息，这些数据如同城市系统的“显微镜”，为研究城市居民出行规律、优化公交线路、提高公共交通服务质量提供了精准的数据支持。近年来，公共自行车和共享单车在中大型城市迅速普及，其定位数据同样成为重要的公共交通大数据，对于分析城市短距离出行模式、规划城市慢行系统、开展商业布局研究具有重要价值，同时，也为时空大数据的研究、分析和应用提供了丰富的“实验材料”。

2. 手机信令基站定位数据

在移动互联网时代，手机已成为人们日常生活中不可或缺的通信工具，同时也成为一个强大的传感器，默默地记录着每个人每天的日常行为。手机信令数据基于手机基站定位技术，能够反映手机用户的位置变化和通信活动。通过对手机信令数据的分析，可以深入挖掘人口的迁徙规律、居民的日常活动范围、城市不同区域的人口密度变化等信息。腾讯、百度等互联网巨头利用人们使用 QQ、百度地图时产生的定位信息，运用大数据分析和可视化技术，实现了全国范围内不同尺度的人口密度模拟与人口迁徙预测，推出了诸如人口迁徙地图、人口热力图等大数据应用产品，这些成果不仅为政府部门制定公共政策提供了科学依据，也让大数据应用走进了大众的视野。

（二）互联网时空大数据的采集

互联网的普及使人们的生活与网络深度融合，基于网络爬虫技术的互联网大数据获取已成为大数据采集、应用和分析的主流方向之一。互联网时空大数据采集主要包括基础网络时空大数据采集和基于网页文本的地理信息采集两个方面。

1. 基础网络时空大数据采集

网络爬虫技术能够从互联网海量数据中自动抓取各类与地理位置相关的信息，获取数百种互联网兴趣点（POI）数据。这些兴趣点数据来源广泛，既可能来自互联网地图平台（如高德地图、百度地图），也可能来源于与位置服务相关的网站，或是记录了地理位置信息的社交平台和生活服务类网站。例如，微博签到数据记录了用户发布微博时的地理位置，大众点评数据包含了商家的地址信息，房价数据则关联了房产的地理位置，部分数据甚至直接提供了精确的经纬度坐标。对于仅提供详细地址的数据，可借助地理编码技术，将地址信息转换为对应的地理坐标，从而实现数据的空间化。随着互联网技术的不断发展，网络基础兴趣点数据的完整性和准确性得到显著提升，如今很多领域都能够提供近乎全样本的兴趣点数据，这些数据构成了基础性的时空大数据，为商业选址分析、城市功能分区研究、旅游路线规划等提供了丰富的数据基础。

2. 基于网页文本的地理信息采集

在过去，由于技术限制，对文本数据开展定量分析与智能化提取，并提取其中隐含的地理信息与语义信息，存在较大困难。然而，随着人工智能技术的飞速发展，基于机器学习的自然语言处理技术取得了重大突破。该技术能够从网页文本、新闻报道、社交媒体评论等大量非结构化文本数据中，自动提取出地理位置信息（如地名、地址）和与地理位置相关的语义信息（如事件发生地、用户行为地点）。这些数据对于开展舆情分析（了解公众对特定区域事件的态度和看法）、文化研究（挖掘地域文化特色和传播规律）、用户行为分析（掌握用户在不同地点的消费习惯和活动偏好）等具有重要意义，逐渐成为地理学者们关注的焦点，也成为时空大数据的重要数据来源。

（三）物联网–传感器时空大数据的采集

物联网技术作为智慧城市建设的核心支撑技术，旨在通过传感器将人、物相互连接，构建一个人–人、物–物、人–物之间全面互联的智能系统。由于无论是静态部署的传感器（如气象站、环境监测站）还是动态移动的传感器（如车载传感器、穿戴式设备），都与地理位置和时间紧密相关，所以物联网产生的数据大多属于时空大数据范畴，成为 GIS 的重要数据源。物联网–传感器时空大数据主要包括基于地面传感器的社会感知时空大数据和自然环境感知时空大数据两个方面。

社会感知时空大数据采集：社会感知时空大数据主要指通过各类传感器和智能设备采集的与人类社会生活及经济交往密切相关的数据。例如：交通智能卡的刷卡数据记录了居民的出行时间、地点和方式；航空轨迹和航线数据反映了航空运输的动态信息；手机信令数据除了用于人口流动分析，还能体现人们的社交活动和消费行为；视频监控数据通过计算机视觉技术可识别人员和车辆的活动轨迹；经济交易活动数据（如银行卡消费记录、电商交易数据）关联了交易发生的地点和时间，这些都属于社会感知时空大数据的范畴。此外，个人使用的手持设备（如智能手表、运动手环）能够记录个人的运动轨迹、心率、锻炼信息等，同样为社会感知时空大数据研究提供了微观层面的数据支持。

自然环境感知时空大数据采集：自然环境感知大数据主要来源于用于监测大气污染、温度、湿度、水文、电力等自然环境要素的传感器。在城市环境中，高密度布局的城市温度传感器、空气质量监测传感器、噪声监测传感器等设备，实时采集着城市环境的各项指标数据，为城市环境监测、生态评估、灾害预警等提供了及时准确的信息。例如，通过实时监测大气污染传感器数据，可绘制城市空气质量动态分布图，及时发现污染热点区域并采取治理措施；利用水文传感器监测河流、湖泊的水位、流量等数据，能够为防洪抗旱决策提供科学依据。这些自然环境感知时空大数据采集手段，为深入了解自然环境变化规律、实现人与自然和谐发展提供了重要的数据保障。

第二节 属性数据的采集

在 GIS 中，属性数据是描述空间实体特征的关键信息，如同为空间实体赋予“灵魂”与“内涵”，使 GIS 能够更全面、深入地表达地理现象和规律。它以多种形式存在，包括名称（如地名、道路名称）、等级（如道路等级、建筑物重要性等级）、数量（如人口数量、资源储量）、代码（如行政区划代码、土地利用类型代码）等。属性数据的存储方式灵活多样，有时直接记录在栅格或矢量数据文件内部，与空间位置信息紧密关联；有时则单独存储于数据库中形成属性文件，通过关键码（如唯一标识符）与图形数据建立对应关系，实现空间信息与属性信息的联动查询和分析。

属性数据的采集主要采用键盘输入的方式，具体可分为两种操作模式：第一种是对照图形直接输入，即在查看空间图形数据的同时，手动录入对应的属性信息，这种方式适用于数据量较小、属性信息相对简单且需要实时关联图形的场景，例如，在绘制小型社区地图时，直接输入每个建筑物的名称、用途等属性；第二种是预先建立属性表进行输入，或者从其他已有的统计数据库中导入属性数据，随后依据预先设定的关键字，实现属性数据与图形数据的自动连接。例如，在处理城市交通数据时，可先从交通管理部门的统计数据库中导出道路的长度、车流量等属性数据，再通过道路编号这一关键字，将属性数据准确匹配到 GIS 中的道路图形上，这种方式在处理大规模、结构化的属性数据时具有更高的效率。

一、属性数据的来源

属性数据的来源广泛且多元，为确保数据的规范性和一致性，《国家资源与环境信息系统规范》在《专业数据分类和数据项目建议总表》中，对数据进行了系统分类，将其划分为社会环境、自然环境、资源与能源三大类，共计 14 小项，并明确规定了每项数据的具体内容及基本数据来源。

（1）社会环境数据：涵盖城市与人口、交通网、行政区划、地名、文化和通信设施等五类数据。这些数据是研究城市发展、人口分布、社会活动等方面的重要依据。例如：城市与人口数据可从人口普查办公室获取详细的人口数量、年龄结构、性别比例等信息；交通网数据可从交通运输部门获取道路分布、交通流量、交通设施等资料；行政区划和地名数据则由民政部、国家测绘地理信息局提供准确的行政区域划分界限和标准地名信息；文化和通信设施数据可从文化、教育、卫生、邮政等相关部门获取图书馆、学校、医院、通信基站等设施的属性信息。

（2）自然环境数据：包括地形数据、海岸及海域数据、水系及流域数据、基础地质数据四类。这些数据对于了解地球自然环境特征、开展资源勘探和环境保护等工作至关重要。其中：地形数据可从国家测绘地理信息局获取高精度的数字高程模型（DEM）等资料；海岸及海域数据由海洋局提供海岸线变化、海洋水文等信息；水系及流域数据可从水利部获取河流、湖泊的分布、水位、流量等数据；基础地质数据则由地质、矿产、地震、石油等相关部门和机构提供地质构造、岩石类型、矿产资源分布等信息。

（3）资源与能源数据：包含土地资源相关数据、气候和水热资源相关数据、生物资源相关数据、矿产资源相关数据、海洋资源相关数据五类。这些数据是保障国家资源合理开发利用、推动可持续发展的关键。例如，土地资源相关数据可从自然资源部门获取土地利用现状、土地权属等信息，气候和水热资源相关数据由气象部门提供气温、降水、日照等气象要素数据，生物资源相关数据可从林业、农业等部门获取植被分布、野生动物种类等信息，矿产资源相关数据由地质矿产部门提供矿产储量、开采情况等资料，海洋资源相关数据则由海洋部门提供海洋生物资源、海洋能源资源等信息。

二、属性数据的分类

空间数据的分类是 GIS 数据组织和管理的重要基础工作，它依据系统的功能需求，以及相应的国际、国家和行业空间信息分类规范和标准，将具有不同空间特征和语义的空间要素进行区分，其目的在于在空间数据的逻辑结构层面，将数据组织成不同的信息层，并清晰标识空间要素的类别，从而便于数据的存储、查询、分析和应用。

空间数据分类通常采用线分类法，该方法以选定的空间特征和语义信息作为分类基础，按照一定的层次结构，将分类对象逐步划分成若干个层级的类目，构建起一个有层次、逐级展开的分类体系。在这个体系中，同级类目之间呈现并列关系，下级类目隶属于上级类目，且同级类目之间不存在重复和交叉现象，最终将地理空间中的空间实体组织成一个层级树状结构，因此，线分类法也被称为“层级分类法”。

以我国《基础地理信息要素分类与代码》（GB/T 13923—2022）为例，我国基础地理信息要素将地球表面的自然和社会基础信息细致地分为 9 个一级大类，分别为测量控制点、水系、居民地、交通、管线与垣栅、境界、地形与土质、植被和其他类。在每个大类下，又进一步依次细分为小类、一级类和二级类，形成了一个完整且严密的分类体系（图 4-5）。例如，在“交通”大类下，可细分出铁路、公路、水路等小类，公路小类又可进一步划分为高速公路、国道、省道等一级类和具体的某条公路名称等二级类，这种分类方式使得国土基础地理信息数据的组织和管理更加规范、有序，方便用户在 GIS 系统中快速准确地查找和使用相关数据。

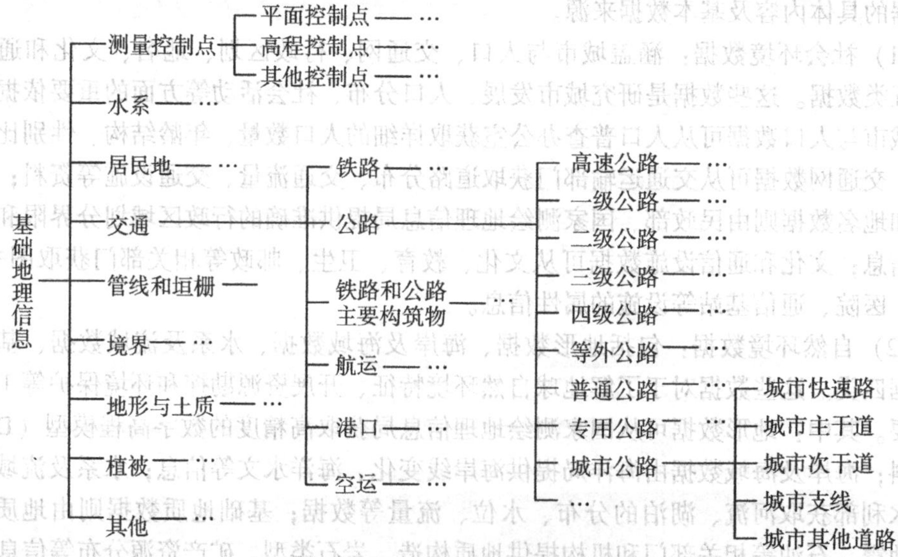

图 4-5 基础地理信息要素分类体系

三、属性数据的编码

属性数据的编码是为属性数据赋予特定代码的方法和过程，这些代码是由一个或一组有序的符号组成，具有易于计算机和人识别与处理的特点，是计算机在海量数据中鉴别和查找信息的核心依据与手段。编码的最终成果是生成代码，而科学合理的分类分级则是编码得以有效实施的基础，只有在准确分类的前提下，才能制定出合适的编码方案。

对于需要直接记录到栅格或矢量数据文件中的属性数据，必须先进行编码处理，将各种形式的属性数据转换为计算机能够识别和处理的数字或字符形式，从而实现GIS对属性数据的高效存储和管理。属性数据编码需遵循以下一系列基本原则。

（1）编码的系统性和科学性：编码方案应基于科学的分类体系，具有清晰的逻辑结构，能够全面、准确地反映属性数据的内在特征和相互关系，确保编码的合理性和有效性。

（2）编码的一致性和唯一性：每个属性数据只能对应唯一的代码，且在整个系统或项目中保持一致，避免出现重复编码或歧义，保证数据的准确性和可靠性。

（3）编码的标准化和通用性：尽量遵循国际、国家或行业已有的标准和规范进行编码，以提高数据的兼容性和共享性，便于不同系统之间的数据交换和整合。

（4）编码的简洁性：在满足编码需求的前提下，代码应尽量简洁明了，减少数据冗余，提高数据处理效率，降低存储和传输成本。

（5）编码的可扩展性：考虑到未来数据的增长和变化，编码方案应具备一定的扩展性，能够方便地添加新的代码类别，以适应不断发展的业务需求和数据更新。

（一）属性数据编码方案的制定

在属性数据分类编码过程中，应始终以规范化、标准化为目标，对于存在相关标准的情况，优先遵循已有标准。例如，在对交通GIS数据进行编码时，可依据众多相关规范及行业标准（见表4-2所列）来制定编码方案。这些标准对道路类型、交通设施、交通标志等属性信息的编码规则进行了明确规定，遵循这些标准能够确保交通GIS数据在不同地区、不同部门之间的一致性和通用性，便于实现交通数据的共享与协同应用，为交通规划、交通管理和交通分析等工作提供准确、统一的数据支持。

表4-2 与交通GIS相关的国家及行业标准

GB/T 2260—2017	《中华人民共和国行政区划代码》
GB/T 10114—2003	《县级以下行政区划代码编制规则》
GB/T 12409—2009	《地理格网》
GB/T 13923—2022	《基础地理信息要素分类与代码》
GB 917.1—2016	《公路路线标识规则命名、编号和编码》
JT/T 0022—1990	《公路管理养护单位代码编制规则》
JTG H10—2009	《公路养护技术规范》
GB/T 920—2002	《公路路面等级与面层类型代码》
GB/T 919—2002	《公路等级代码》

续表

GB/T 2260—2017	《中华人民共和国行政区划代码》
GB/T 11708—1989	《公路桥梁命名编号和编码规则》
GBJ 124—98	《道路工程术语标准》
GB/T 4754—2017	《国民经济行业分类与代码》

如果没有适用的标准可遵循，则可依照以下编码的一般方法，制定出有一定适用性的编码标准：

（1）列出全部制图对象清单。

（2）制定对象分类、分级原则和指标，将制图对象进行分类、分级。

（3）拟定分类代码系统。

（4）代码及其格式。设定代码使用的字符和数字、码位长度、码位分配等。

（5）建立代码和编码对象的对照表。这是编码最终成果档案，是数据输入计算机进行编码的依据。

属性的科学分类体系无疑是GIS中属性编码的基础。目前，较为常用的编码方法有层次分类编码法与多源分类编码法两种基本类型。

（二）层次分类编码法

层次分类编码法是按照分类对象的从属和层次关系为排列顺序的一种代码，它的优点是能明确表示出分类对象的类别，代码结构有严格的隶属关系。图4-6以河流类型的编码为例，说明层次分类编码法所构成的编码体系。

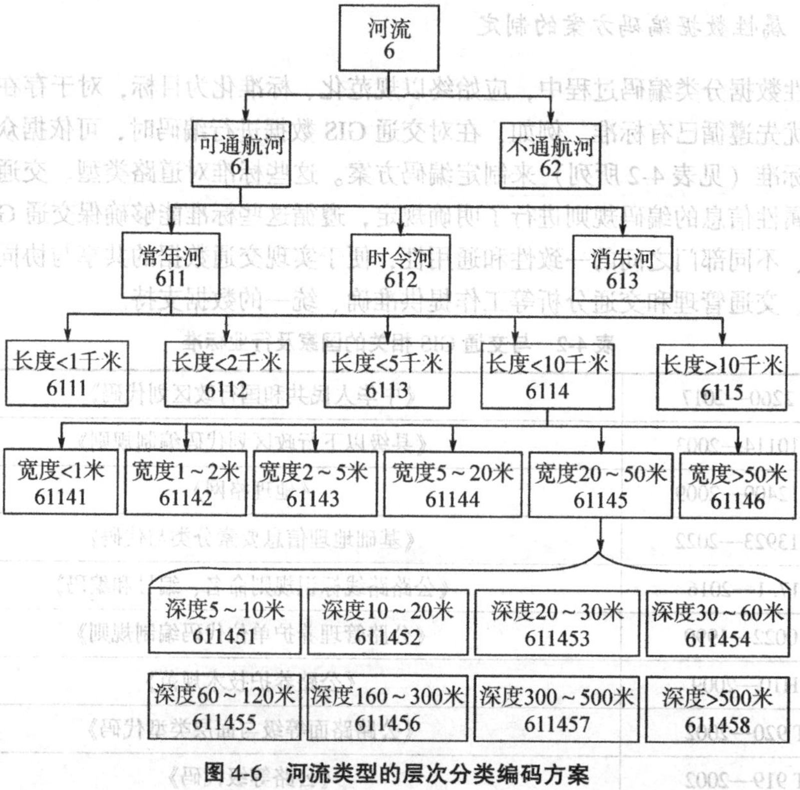

图4-6 河流类型的层次分类编码方案

（三）多源分类编码法

多源分类编码法，又称“独立分类编码法”，是指对于一个特定的分类目标，根据诸多不同的分类依据分别编码，各位数字代码之间并没有隶属关系。表 4-3 以河流为例说明了属性数据多源分类编码方案。

表 4-3　河流类型的多源分类编码方案

通航情况	流水季节	河流长度	河流宽度	河流深度
通航：1 不通航：2	常年河：1 时令河：2 消失河：3	<1 千米：1 <2 千米：2 <5 千米：3 <10 千米：4 >10 千米：5	<1 米：1 1～2 米：2 2～5 米：3 5～20 米：4 20～50 米：5 >50 米：6	5～10 米：1 10～20 米：2 20～30 米：3 30～60 米：4 60～120 米：5 120～300 米：6 300～500 米：7 >500 米：8

例如，在表 4-3 中，常年河、通航，主流长 7 千米，宽 25 米，平均深度为 50 米，在该表中表示为：11454。由此可见，该种编码方法一般具有较大的信息载量，有利于对空间信息的综合分析。

在实际工作中，也往往将以上两种编码方法结合使用，以达到更理想的效果。

第五章　GIS 数据处理技术

在 GIS 的实际应用中，这些原始数据往往存在各类错误与误差。空间数据在采集过程中，受设备精度、人为操作、环境因素等影响，不可避免地出现偏差；而属性数据在录入数据库时，也可能因输入失误、数据格式不匹配等原因产生错误。因此，对图形数据和属性数据进行系统的检查与编辑，不仅是保障数据质量的关键步骤，也是确保 GIS 分析结果可靠性的必要前提。

不同的 GIS 在图形的数学基础（如坐标系、投影方式）和数据结构（矢量数据结构、栅格数据结构）等方面存在差异，为实现数据在不同系统间的兼容与共享，通常需要进行数学基础和数据结构的转换处理。此外，根据 GIS 的分析功能需求，还需对数据进行图形拼接、拓扑生成等操作，以构建符合分析要求的数据模型。同时，考虑到存储空间的有效利用和系统运行效率的提升，对数据进行适当压缩也成为数据处理中的重要环节。本章将围绕数据编辑、数学基础变换以及数据重构等核心内容，详细阐述 GIS 数据处理技术的原理与方法。

第一节　数据编辑与拓扑关系

一、数据编辑

空间数据源本身存在的固有误差，以及数据采集过程中难以规避的操作失误，所获取的空间数据往往包含多种类型的错误。这些错误若不及时修正，将严重影响后续空间分析与应用的准确性和可靠性。因此，在完成数据采集后，必须对数据进行全面且细致的检查，内容涵盖空间实体是否存在遗漏、是否出现重复录入、图形定位是否准确、属性数据与图形数据的关联是否正确等多个方面。数据编辑作为数据处理的核心环节，贯穿于整个数据采集与处理流程，对保障数据质量起着至关重要的作用。

（一）图形数据编辑

在空间数据采集过程中，人为因素是导致图形数据错误的主要原因。以数字化采集为例，在使用数字化仪或鼠标进行地图数字化时，手部的细微抖动会使采集的坐标产生偏差；两次录入操作之间，若图纸发生轻微移动，也会造成图形位置的不准确。同时，受限于数字化设备的精度和操作方式，在数字化过程中难以实现绝对精确的定位，从而导致各种错误的产生。其中，线条连接出现过头或不及的情况较为常见，这些问题会直接影响图形的完整性和准确性。此外，在数字化后的地图中，还存在以下几种典型数据错误（图 5-1）。

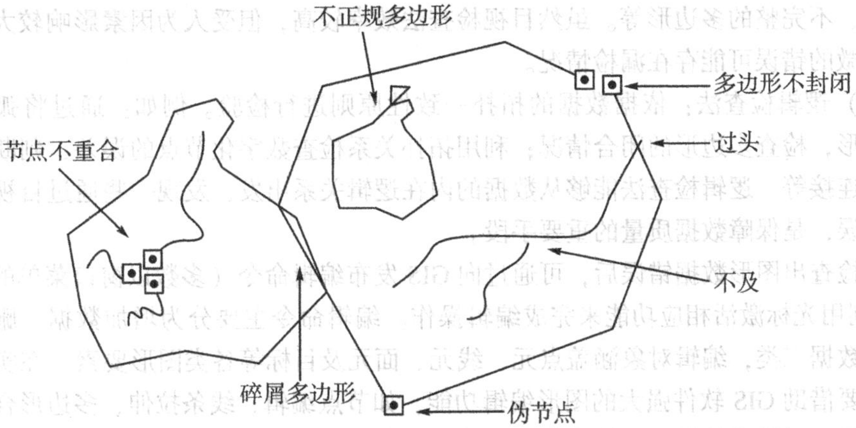

图 5-1　数据错误示意图

（1）伪节点（pseudo node）：当一条完整的线在录入过程中因中断而未能一次完成时，就会产生伪节点。伪节点的存在会将原本连续的线条分割成两段，破坏了线要素的完整性，进而影响拓扑关系的正确构建以及后续基于线要素的空间分析，如路径分析、网络分析等。

（2）悬挂节点（dangling node）：若一个节点仅与一条线相连，该节点即为悬挂节点。悬挂节点可能出现多种情形，如线条绘制过头或不及，导致多边形无法封闭；或者在数据采集时，不同线条的端点未能准确重合，形成悬挂状态。这些问题不仅会影响多边形的完整性和准确性，还会对基于多边形的空间分析，如面积计算、区域统计等造成干扰。

（3）碎屑多边形（sliver polygon）：又称“条带多边形”，其产生原因主要有两方面。一方面，在重复录入同一条线时，由于每次录入的位置难以完全一致，会在两条线之间形成细小的多边形；另一方面，当利用不同比例尺的地图进行数据更新时，因比例尺差异导致的图形变形和位置偏差，也可能产生碎屑多边形。这些碎屑多边形的存在不仅增加了数据的冗余度，还会影响空间分析的精度和效率。

（4）不正规多边形（weird polygon）：在输入线要素的过程中，若点的录入次序出现倒置，或者点的位置不准确，就会生成不正规的多边形。在进行拓扑关系生成时，这类不正规多边形可能会进一步产生碎屑多边形，严重影响数据的质量和可用性。

上述图形数据错误通常会在建立拓扑关系的过程中被发现。而对于其他类型的图形数据错误，如实体遗漏、重复录入、图形定位错误等，可采用以下方法进行检查。

（1）叠合比较法：将处理后的成果数据打印在透明材料上，然后与原始地图进行叠合，放置在透光桌上进行仔细观察和对比。这种方法能够直观地检测出空间数据数字化的准确性，对于空间数据比例尺不准确以及数据变形等问题，可迅速观察识别。在进行分块数字化时，除了检查单幅（块）图内的差错，还需重点检核已存入计算机的各图幅之间的接边情况，确保相邻图幅之间的数据无缝衔接，避免出现裂缝或重叠等问题。

（2）目视检查法：借助 GIS 软件的可视化功能，在计算机屏幕上通过目视方式对数据进行检查，能够快速发现一些明显的数字化误差与错误，如明显偏离实际位置的图形要素、不完整的多边形等。虽然目视检查法效率较高，但受人为因素影响较大，对于一些细微的错误可能存在漏检情况。

（3）逻辑检查法：依据数据的拓扑一致性原则进行检验。例如：通过将弧段连接成多边形，检查多边形的闭合情况；利用拓扑关系检查数字化节点的误差，判断节点是否准确连接等。逻辑检查法能够从数据的内在逻辑关系出发，发现一些通过目视难以察觉的错误，是保障数据质量的重要手段。

在检查出图形数据错误后，可通过向 GIS 发布编辑命令（多数以窗口菜单的形式呈现），利用光标激活相应功能来完成编辑操作。编辑命令主要分为增加数据、删除数据和修改数据三类，编辑对象涵盖点元、线元、面元及目标等各类图形要素。在实际操作中，主要借助 GIS 软件强大的图形编辑功能，如节点编辑、线条拉伸、多边形合并与分割等工具，对错误数据进行精准修正，从而提高图形数据的质量和准确性（表 5-1）。

表 5-1　GIS 的图形编辑功能

点编辑	线编辑	面编辑	目标编辑
删除	删除	弧段加点	删除目标
移动	移动	弧段删点	旋转目标
拷贝	拷贝	弧段移动	拷贝目标
旋转	追加	删除弧段	移动目标
追加	旋转（改向）	移动弧段	放大目标
水平对齐	剪断	插入弧段	缩小目标
垂直对齐	光滑	剪断弧段	开窗口
—	求平行线	—	—

（二）属性数据编辑

属性数据作为空间实体特征的数字化表达，其准确性与完整性直接影响 GIS 分析结果的可靠性。属性数据检核主要涵盖两大核心维度：其一，需确保属性数据与空间数据的正确关联，保证标识符的唯一性且不存在空值，避免出现属性与空间对象“张冠李戴”或关键信息缺失的情况；其二，要验证属性数据自身的准确性，检查属性值是否在合理取值范围内，防止因数据错误导致分析结论失真。

属性数据检核工作面临诸多挑战，其不准确性往往由多种因素交织造成。观察错误可能源于原始数据采集时的测量误差或记录偏差；数据过时会使属性信息无法反映现实状况，如行政区划调整后未及时更新相关属性；数据输入错误则包括人工录入时的笔误、格式不匹配等问题。为有效解决这些问题，可采用以下方法进行属性数据错误检核。

（1）逻辑检查法：借助逻辑规则对属性数据进行系统性校验，重点检查属性数据的值是否超出既定取值范围，以及属性数据之间、属性数据与地理实体之间是否存在逻辑矛盾或不合理组合。在现代数字化软件中，这一过程通常可通过编写程序实现自动化。以土地利用类型属性数据为例，软件能够自动识别超出预设类型范围的错误编码；在进行多边形节点平差时，软件可自动检测并修正属性编码错误，从而大幅提升检核效率与准确性。

(2) 人工校对法：将属性数据打印成纸质文档，通过人工逐行、逐项比对的方式进行检查，这种方式类似于使用校核图检查空间数据准确性。虽然人工校对法耗时耗力，但它能够发现一些逻辑检查难以察觉的细微错误，如文字表述错误、特殊情况未标注等，所以常作为逻辑检查的补充手段，确保属性数据的高质量。

属性数据的输入与编辑一般在属性数据处理模块中完成。然而，为建立属性描述数据与几何图形之间的紧密联系，通常需要在图形编辑系统中集成属性数据编辑功能。其核心操作是将实体的属性数据精准连接到对应的几何目标上，可选择在数字化及建立图形拓扑关系的同时实时输入属性数据，也可在后续阶段对照几何目标进行补充录入。功能强大的图形编辑系统往往提供丰富的属性操作功能，如删除错误属性、修改属性值、拷贝相同属性等，方便用户灵活处理属性数据。

当图形修改工作完成后，构建正确的图形要素拓扑关系成为关键步骤。目前，大多数 GIS 软件都配备了完善的拓扑关系生成功能。根据拓扑学定义，在建立拓扑关系时，主要关注实体之间的连接关系（如点与线的连接、线与线的相交）和相邻关系（如多边形的邻接），节点的精确位置、弧段的具体形状等非拓扑属性不会影响拓扑关系的建立，这一特性使得拓扑关系具有较强的稳定性和通用性。

二、拓扑关系

(一) 点线拓扑关系的建立

点线拓扑关系的构建在 GIS 数据组织中起着基础性作用，主要有两种实现方案。

(1) 实时建立方案：在图形采集和编辑过程中同步构建拓扑关系。在此模式下，系统维护两个关键文件表：一个文件表记录节点所关联的弧段信息，另一个文件表记录弧段两端点的节点信息。以实际操作为例（图 5-2），当数字化两条弧段 A_1、A_2 后，涉及 3 个节点 N_1、N_2、N_3。在从 N_2 出发数字化第三条弧段 A_3 时，系统首先依据空间坐标，在 N_2 附近搜索已存在的节点或弧段。若找到匹配节点，则 A_3 沿用该节点作为起始节点，避免产生冗余节点；当确定终节点时，同样进行坐标匹配判断。若 A_2 的终节点无法匹配现有节点，则生成新节点，并将新弧段和节点信息分别填入对应表中，同时更新节点表中 N_2 关联的弧段信息。在数字化弧段 A_4 时，因其起节点和终节点均能匹配原有节点，仅需创建新的弧段记录，并在 N_3 和 N_4 节点关联的弧段记录中添加 A_4，以此确保点线拓扑关系的实时准确性。

(2) 自动建立方案：在完成图形采集与编辑后，由系统自动触发拓扑关系建立流程。其基本原理与实时建立方案相似，通过遍历图形数据，逐步构建弧段与起终节点、节点与关联弧段的对应关系表。该方案的优势在于可批量处理数据，减少实时操作对系统性能的影响，适用于大规模图形数据的拓扑构建。

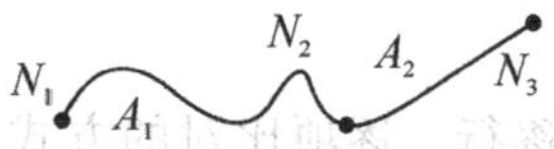

弧段-节点表

ID	起始点	终节点
A_1	N_1	N_2
A_2	N_2	N_3

节点-弧段表

ID	关联弧段
N_1	A_1
N_2	A_1，A_2
N_3	A_2

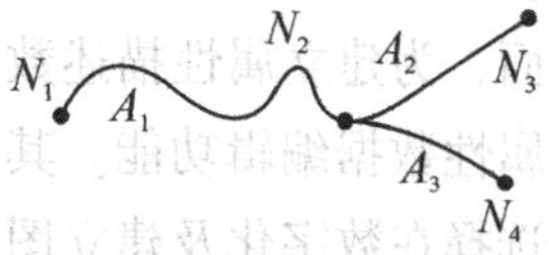

弧段-节点表

ID	起始点	终节点
A_1	N_1	N_2
A_2	N_2	N_3
A_3	N_2	N_3

节点-弧段表

ID	关联弧段
N_1	A_1
N_2	A_1，A_2，A_3
N_3	A_2
N_4	A_3

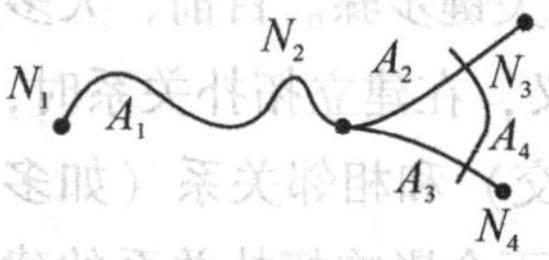

弧段-节点表

ID	起始点	终节点
A_1	N_1	N_2
A_2	N_2	N_3
A_3	N_2	N_4
A_4	N_3	N_4

节点-弧段表

ID	关联弧段
N_1	A_1
N_2	A_1，A_2，A_3
N_3	A_2，A_4
N_4	A_3，A_4

图 5-2 节点与弧段拓扑关系的实时建立

（二）多边形拓扑关系的建立

多边形拓扑关系的建立需针对不同类型多边形采用差异化策略，主要涉及以下三种情况：

（1）独立多边形：此类多边形与其他多边形无公共边界，如单独的房屋建筑。由于其仅由一条封闭弧段构成，在数字化过程中可直接生成，无须额外处理边界关联问题。

（2）具有公共边界的简单多边形：数据采集阶段仅记录边界弧段数据，后续需通过特定算法自动聚合边界，完成多边形文件的创建。

（3）嵌套多边形：在处理此类多边形时，除运用简单多边形生成方法外，还需准确识别并处理多边形内的“内岛”结构。

以具有公共边界的简单多边形为例，其自动生成步骤如下。

（1）节点匹配（snap）：由于数字化过程中不可避免存在误差，弧段端点坐标可能出现细微差异，导致本该重合的节点无法建立关联（图 5-3）。此时，以任一弧段端点为圆心，设定容差为半径创建搜索圆，搜索落入圆内的其他弧段端点。若存在匹配端点，则取这些端点坐标的平均值作为新的节点位置，替代原端点坐标，从而实现节点的精准匹配，为后续拓扑构建奠定基础。

（a）三个没有吻合在一起的弧段端点　（b）经节点匹配处理后产生的同一节点

图 5-3 节点匹配示意图

（2）建立节点-弧段拓扑关系：在完成节点匹配后，对节点进行统一编号，并生成两个核心文件表：一个文件表记录节点所关联的弧段信息；另一个文件表记录弧段两端的节点信息（图 5-4），明确点与线之间的拓扑关联。

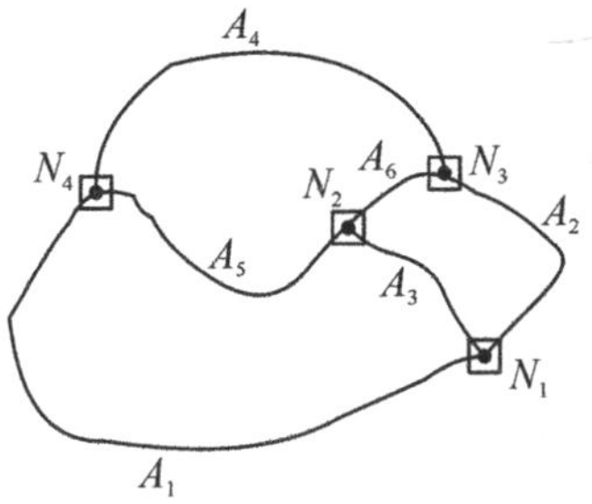

弧段-节点表

ID	起始点	终节点
A_1	N_1	N_4
A_2	N_1	N_3
A_3	N_1	N_2
A_4	N_4	N_3
A_5	N_4	N_2
A_6	N_2	N_3

节点-弧段表

ID	关联弧段
N_1	A_2，A_3，A_1
N_2	A_6，A_5，A_3
N_3	A_4，A_6，A_2
N_4	A_4，A_1，A_5

图 5-4 节点与弧段拓扑关系的建立

（3）多边形自动生成：该步骤的核心是建立多边形与弧段的对应关系，并确定弧段左右两侧的多边形。由于弧段具有方向性，需严格遵循从起节点到终节点的方向定义左右多边形。在实际操作前，先将所有弧段的左右多边形属性置空，并依据方位角大小对节点关联的弧段进行排序（方位角是指从 x 轴按逆时针方向量至节点与相邻弧段顶点连线的夹角，如图 5-5 所示）。具体生成过程为：从弧段文件选取第一条弧段作为起始，按顺时针方向搜索。若弧段起终点号相同，则为单封闭弧段；否则，根据前进方向的节点号在节点-弧段拓扑关系表中查找后续弧段。由于弧段已按方位角排序，后续弧段即为目标连接弧段。例如，在图 5-4 中，从 A_4 出发，依次追踪 A_6、A_5，最终回到 N_4 形成闭合多边形，并将多边形编号填入弧段-多边形关系表。对于嵌套多边形，需在简单多边形建立基础上，运用多边形包含分析方法，准确判别内多边形并按逆时针方向排列，确保拓扑关系的完整性。

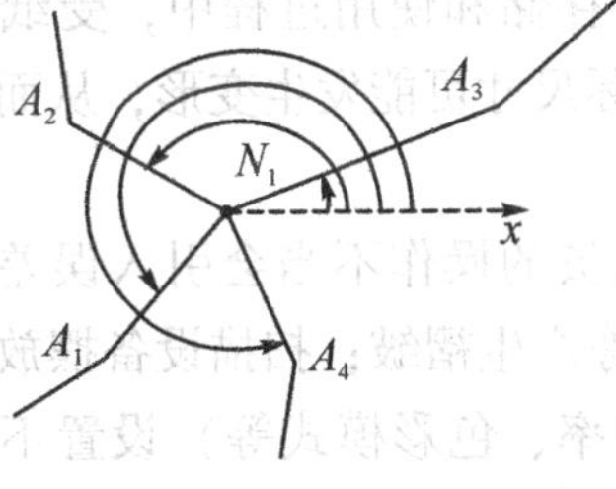

ID	关联弧段
N_1	A_3，A_2，A_1，A_4

图 5-5 在节点处弧段按方位角大小排序

（三）网络拓扑关系的建立

在录入道路、水系、管网、通信线路等网络状地理信息时，为实现流量分析、连通性判断、最佳线路规划等功能，准确建立实体间的连接关系至关重要。网络拓扑关系的构建主要聚焦于确定节点与弧段之间的拓扑联系，这一过程通常可由 GIS 软件自动完成，其原理与多边形拓扑关系建立类似，但无须构建多边形结构。

然而，在实际应用中，存在特殊情况需要特殊处理。以道路交通中的立交桥为例，虽然在平面上两条道路呈现交叉状态，但在实际交通网络中并不连通。此时，软件自动生成的拓扑关系可能将交叉点默认为连通节点，这与现实情况不符。因此，需要人工介入修改，删除交叉处错误连通的节点，确保网络拓扑关系真实反映地理实体的实际连接状况（图 5-6），为后续基于网络的空间分析提供可靠的数据基础。

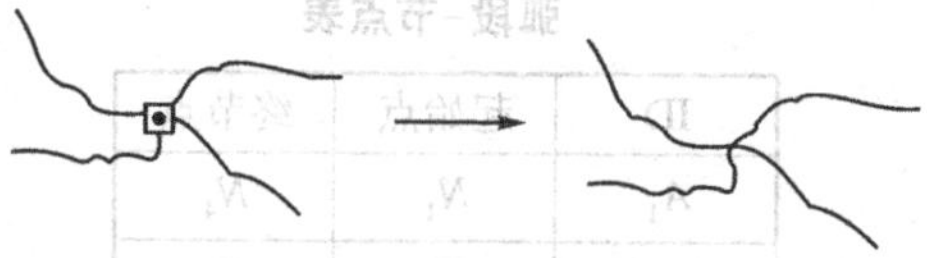

图 5-6　删除不需要的节点

第二节　数学基础变换

在 GIS 的运行与应用中，统一且精确的地理数学基础是确保空间数据准确性、一致性和可互操作性的基石。地理数学基础主要涵盖坐标系统和地图投影等关键要素，它赋予空间数据明确的地理位置和几何形态，是 GIS 进行空间分析、数据融合和成果展示的重要前提。然而，在实际数据采集过程中，扫描得到的图像数据和遥感影像数据往往存在变形问题，与标准地形图存在差异；当在同一 GIS 中整合不同来源的空间数据时，它们可能采用了不同的投影方式和坐标系统。这些问题会导致数据之间无法准确匹配和叠加分析，因此，必须对数据进行几何纠正和坐标变换等数学基础变换操作，使其具有统一的空间参照系统，为后续各类地理分析方法的有效运用奠定坚实基础。

一、几何纠正

在 GIS 数据处理流程中，扫描得到的地形图数据和遥感数据发生变形是较为常见的现象，这主要由以下多种因素共同导致。

（1）地形图自身变形：在地形图的制作、存储和使用过程中，受纸质材料的伸缩性、环境温湿度变化等因素影响，地形图的实际尺寸可能发生变形，从而导致图上地理要素的位置和形状出现偏差。

（2）扫描操作误差：在扫描环节，工作人员的操作不当会引入误差。例如：扫描时地形图或遥感影像未能被平整压紧，导致影像产生褶皱；扫描设备摆放角度倾斜，使扫入的图像出现斜置；或者扫描参数（如分辨率、色彩模式等）设置不恰当，这些都会降低扫描质量和精度，造成图像变形。

(3) 遥感影像固有变形：遥感影像在获取过程中，由于受传感器成像原理、卫星运行姿态、地球曲率、大气折射等因素的影响，本身就存在几何变形。例如，中心投影的遥感影像会出现边缘变形，多中心投影的影像在拼接处可能存在不一致的情况。

(4) 投影方式差异：如果地图图幅采用的投影方式与其他资料不同，或者需要将遥感影像的中心投影或多中心投影转换为正射投影时，投影原理的不同会导致图形产生变形，需要进行纠正以实现统一的投影表达。

(5) 分块扫描影响：由于扫描仪幅面大小的限制，有时需要将一幅地形图或遥感影像分成若干块进行扫描。在后续图像拼接过程中，若没有精确处理，很难保证拼接精度，容易出现拼接缝隙、错位等问题，影响图像的完整性和准确性。

对扫描得到的图像进行几何纠正，其核心目标是建立待纠正图像与标准地形图、地形图理论数值或已纠正正射影像之间的变换关系，以消除各类图形的变形误差，使图像符合地理空间的真实形态。目前，在几何纠正中应用的变换函数种类丰富，主要包括仿射变换、双线性变换、平方变换、双平方变换、立方变换、四阶多项式变换等。不同的变换函数具有不同的特性和适用场景，具体选用哪种函数，需要综合考虑纠正图像的变形程度、所在区域的地理特征（如地形起伏状况）以及所选控制点的数量等因素。例如：对于变形较小、地形较为平坦的区域，仿射变换或双线性变换可能就足以满足精度要求；而对于变形较大、地形复杂的区域，则可能需要采用高阶多项式变换函数。

（一）地形图的纠正

在地形图的纠正工作中，常用的方法主要有四点纠正法和逐网格纠正法。

(1) 四点纠正法：该方法基于选定的数学变换函数，通过输入需纠正地形图的关键信息，如图幅行、列号，地形图比例尺以及图幅名称等，自动生成标准图廓。在此基础上，分别采集地形图四个图廓角点的坐标，以此建立待纠正地形图与标准图廓之间的变换关系，完成纠正操作。四点纠正法操作相对简便，适用于变形较小、精度要求不是极高的地形图纠正场景。

(2) 逐网格纠正法：当四点纠正法无法满足地形图纠正的精度要求时，逐网格纠正法便成为更优选择。与四点纠正法相比，逐网格纠正法的主要区别在于采样点的选取策略。它以地形图的方里网为基本单位，对每一个方里网都进行控制点采集，通过增加采样点数量，更精细地捕捉图形变形信息，从而实现更高精度的纠正效果。在实际采点过程中，通常遵循"先采源点（需纠正的地形图上的点），后采目标点（标准图廓上的对应点）；先采图廓点和控制点，后采方里网点"的原则，确保采点的准确性和系统性，为后续变换关系的建立提供可靠数据支撑。

（二）遥感影像的纠正

遥感影像纠正的一般流程：首先，选用与遥感影像比例尺相近的地形图或正射影像图作为变换标准，这是因为相近比例尺的标准图像能够更好地反映遥感影像对应区域的地理特征，为纠正提供准确参照；其次，根据遥感影像的变形情况和地理区域特点，选用合适的变换函数；最后，在待纠正的遥感影像和标准地形图或正射影像图上，分别采集同名地物点。同名地物点是建立两者之间变换关系的关键依据，其选取质量直接影响纠正效果。

在具体采点时，需严格遵循“先采源点（遥感影像），后采目标点（地形图）”的顺序。同时，在选点过程中要特别注意点位的均匀分布，避免集中在某一区域。此外，选点数量也并非越多越好，过多的点可能会引入更多误差，反而导致影像变形。在选点时，应优先选择由人工建筑构成且位置固定的地物点，如道路交叉点、桥梁、建筑物角点等，这些地物相对稳定，不易发生位移；应尽量避免选择河床易变动的河流交叉点等不稳定地物点，防止因点位移位而影响影像配准精度，确保遥感影像纠正后能够准确反映地理空间信息。

二、坐标变换

在 GIS 数据处理中，原始数据来源广泛，可能来自不同的空间参考系统；或者在数据输入和输出过程中采用了不同的投影方式，这就导致同一空间区域的不同数据具有不同的空间参考。例如：一些历史数据可能采用旧的坐标系统，而新采集的数据使用现代标准坐标系统；或者在数据输出用于不同用途时，需要转换为特定的投影方式。这种空间参考的不一致会严重阻碍空间分析和数据管理工作的开展，因此，经常需要进行坐标变换，将各类数据统一到同一空间参考系下，实现数据的无缝集成和有效分析。坐标变换的本质是建立两个空间参考系之间点的一一对应关系，通过数学计算将数据在不同坐标系统或投影方式下的坐标值进行转换。目前，常用的坐标变换方法如图 5-7 所示。

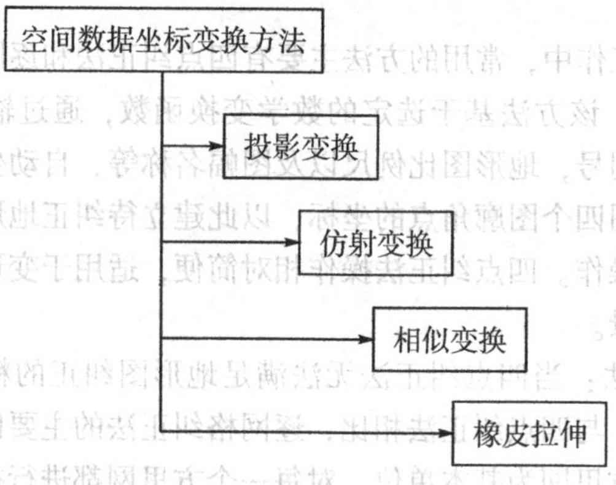

图 5-7　坐标变换方法

(一) 投影变换

投影变换是坐标变换中的重要方式，其实施的前提是必须明确变换前后两个空间参考的投影参数，包括投影类型（如高斯-克吕格投影、UTM 投影等）、中央子午线、基准面等关键信息。基于这些参数，利用投影公式的正解和反解算法，能够推算出两个空间参考系之间点的一一对应函数关系，从而实现数据在不同投影方式下的转换。投影变换具有较高的精度，能够准确地将数据从一种投影转换为另一种投影，适用于对精度要求较高的专业应用场景，如测绘、国土规划等领域。

然而，在一些特殊情况下，即便已知变换前后两个空间参考的投影参数和投影方式，直接推导投影变换的正解和反解也可能面临诸多困难。例如，当涉及复杂的投影组合，或者原始数据的投影参数存在误差和不确定性时，常规的投影变换算法可能无法直接应用。此时，通常会采用投影变换的综合算法。这些综合算法融合了多种数学方法和经验模型，通过近似计算、迭代优化等手段，在保证一定精度的前提下，实现复杂投影变换需求，为解决实际应用中的投影转换难题提供了有效途径。

（二）仿射变换

仿射变换是在不同的方向上进行不同的压缩和扩张，可以将球变为椭球，将正方形变为平行四边形，如图 5-8 所示。其公式为

$$\begin{cases}X'=AX+BY+C\\Y'=DX+EY+F\end{cases}\tag{5-1}$$

仿射变换要求至少三个位移关联点。

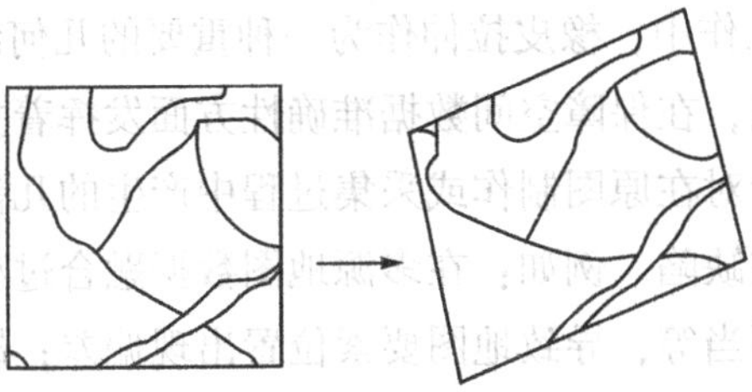

图 5-8 仿射变换

（三）相似变换

相似变换是由一个图形变换为另一个图形，在改变的过程中保持形状不变（大小可以改变）。在二维坐标变换过程中，经常遇到的是平移、旋转和缩放三种基本的相似变换操作。

（1）平移：平移是将图形的一部分或者整体移动到笛卡儿直角坐标系中另外的位置，如图 5-9 所示，其变换公式为

$$\begin{cases}X'=X+T_x\\Y'=Y+T_y\end{cases}\tag{5-2}$$

（2）旋转：在地图投影变换中，经常要应用旋转操作，如图 5-11 所示。实现旋转操作要用到三角函数，假定顺时针旋转角度为 θ，其公式为

$$\begin{cases}X'=X\cos\theta+Y\sin\theta\\Y'=-X\sin\theta+Y\cos\theta\end{cases}\tag{5-3}$$

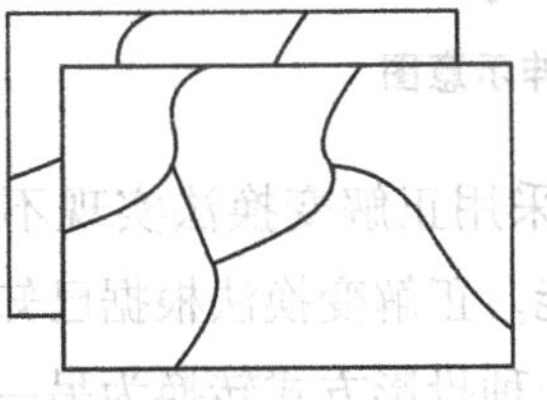

图 5-9 平移

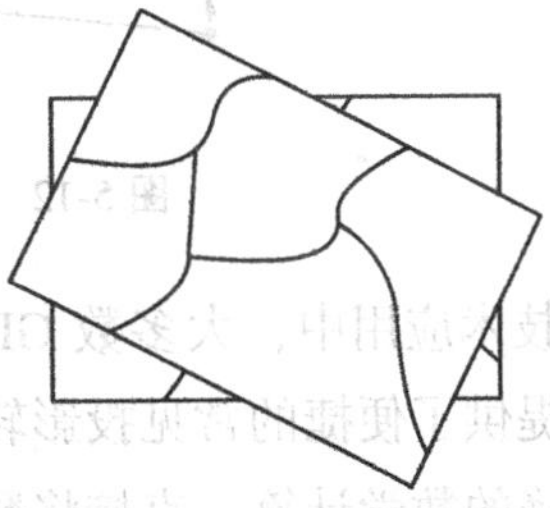

图 5-10 旋转

（3）缩放：缩放操作可用于输出大小不同的图形，如图 5-11 所示，其公式为

$$\begin{cases} X' = XS_x \\ Y' = YS_y \end{cases} \tag{5-4}$$

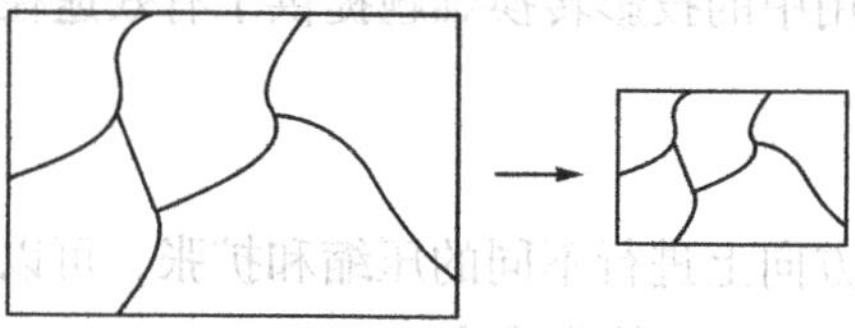

图 5-11　图形缩放

（四）橡皮拉伸

在 GIS 的数据处理工作中，橡皮拉伸作为一种重要的几何纠正技术，能够有效修正数据存在的几何变形缺陷，在保障空间数据准确性方面发挥着关键作用。其核心原理基于坐标几何纠正，主要针对在原图制作或采集过程中产生的几何变形问题。这些变形通常源于地图编绘时的配准缺陷。例如：在多源地图数据融合过程中，不同地图的坐标系统不一致、控制点选取不当等，导致地图要素位置出现偏差；缺乏大地控制也会使得地图在绘制或数字化过程中失去准确的地理参照，进而引发几何变形；此外，纸张变形、扫描误差、数字化操作不当等各种因素同样可能造成原图几何失真。

橡皮拉伸的操作过程类似于图像变换，通过确定位移关联点来实现对要素位置的精确调整。这些位移关联点是连接原始数据与目标数据的关键纽带，它们在原图层和目标图层上分别对应具有明确地理意义的同名地物点。如图 5-12 所示，原图层（以实心线表示）存在几何变形，通过橡皮拉伸技术，以预先选取的位移关联点为参照，将原图层的要素逐步调整、移动至更精确的目标位置（以虚线表示），从而有效纠正几何变形，使地图要素的空间位置更符合实际地理状况。在实际应用中，位移关联点的选取至关重要，通常会优先选择具有明显特征且位置固定的地物点，如道路交叉点、建筑物角点、河流交汇点等，以确保橡皮拉伸操作的准确性和可靠性。

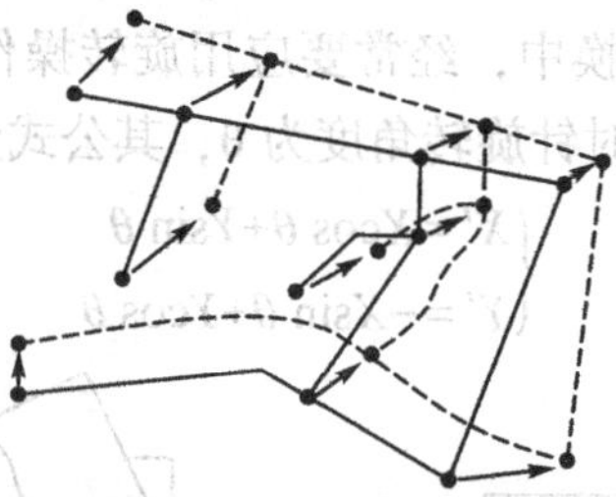

图 5-12　橡皮拉伸示意图

在现代 GIS 技术应用中，大多数 GIS 软件采用正解变换法实现不同投影之间的转换，并且为用户提供了便捷的常见投影转换功能。正解变换法根据已知的投影参数和数学模型，通过精确的数学计算，直接将数据从一种投影方式转换为另一种投影方式。这种方法能够保证投影转换的高精度和稳定性，满足 GIS 在数据整合、空间分析等多种应

用场景下的需求。软件内置的常见投影转换功能，极大地简化了用户的操作流程，用户无须深入了解复杂的投影变换原理和计算过程，只需在软件界面中选择源投影和目标投影类型，即可快速完成投影转换。同时，橡皮拉伸技术与这些投影转换功能相互配合，共同为 GIS 数据处理的准确性和高效性提供保障。

三、栅格数据重采样

在栅格数据的空间分析领域，重采样是解决栅格分辨率匹配问题的核心数据处理方法，在 GIS 数据处理流程中占据重要地位。在开展空间分析工作时，由于数据来源的多样性，例如，不同卫星传感器获取的遥感影像、不同比例尺扫描得到的栅格地图等，其栅格分辨率往往存在差异。同时，在对栅格数据进行几何纠正、旋转、投影变换等常规处理过程中，也会不可避免地改变栅格数据的分辨率和空间结构，进而产生重采样需求（图 5-13）。若不进行重采样处理，不同分辨率的栅格数据在进行叠加分析、数据融合等操作时，会出现数据错位、信息丢失或不准确等问题，严重影响空间分析结果的可靠性和有效性。下面介绍三种常用的重采样方法。

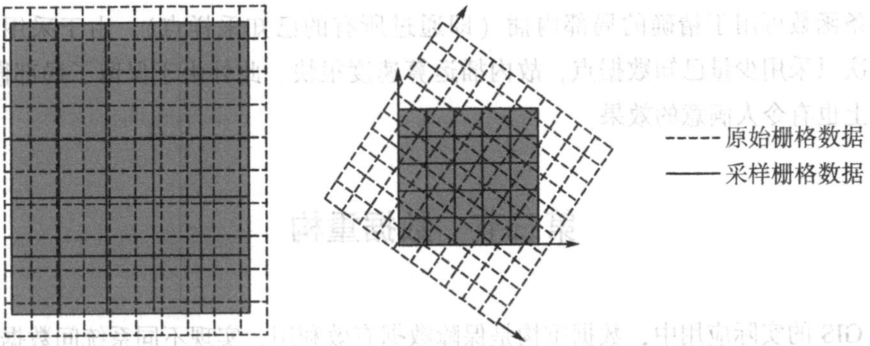

图 5-13 栅格数据重采样

（一）最邻近像元法

直接取与 $P(x,y)$ 点位置最近像元 N 的值作为该点的采样值，即

$$I(P)=I(N)$$

N 为最近点，其坐标值为

$$\begin{cases} x_N=\mathrm{INT}(x+0.5) \\ y_N=\mathrm{INT}(y+0.5) \end{cases} \tag{5-5}$$

INT 表示取整。

（二）双线性插值法

根据最邻近的四个数据点，确定一个双线性多项式：

$$Z=(1\quad x)\begin{bmatrix} a_{00} & a_{01} \\ a_{10} & a_{11} \end{bmatrix}\begin{bmatrix} 1 \\ y \end{bmatrix} \tag{5-6}$$

当四个数据为正方形排列时，设边长为 1，内插点相对于 A 点的坐标为 dx、dy，则有

$$Z_p=\left(1-\frac{dx}{L}\right)\cdot\left(1-\frac{dy}{L}\right)\cdot Z_A+\left(1-\frac{dy}{L}\right)\cdot\frac{dx}{L}\cdot Z_B+\frac{dx}{L}\cdot\frac{dy}{L}\cdot Z_C+\left(1-\frac{dx}{L}\right)\cdot\frac{dy}{L}\cdot Z_D \quad (5\text{-}7)$$

（三）双三次卷积法

当推广到双三次多项式时，采用分块方式，每一分块可以定义出一个不同的多项式曲面，当 n 次多项式与其相邻分块的边界上所有 n-1 次导数都连续时，称为样条函数。

在数据点为方格网的情况下，采用三次曲面来描述格网内的内插值时，待定点内插值 Z_p 为

$$Z_p=\begin{pmatrix}1 & x & x^2 & x^3\end{pmatrix}\begin{bmatrix}a_{00} & a_{01} & a_{02} & a_{03}\\ a_{10} & a_{11} & a_{12} & a_{13}\\ a_{20} & a_{21} & a_{22} & a_{23}\\ a_{30} & a_{31} & a_{32} & a_{33}\end{bmatrix}\begin{bmatrix}1\\ y\\ y^2\\ y^3\end{bmatrix} \quad (5\text{-}8)$$

样条函数可用于精确的局部内插（即通过所有的已知采样点）。由于采用分块技术，每次只采用少量已知数据点，故内插运算速度很快。此外由于保留了局部微特征，在视觉上也有令人满意的效果。

第三节　数据重构

在 GIS 的实际应用中，数据重构是保障数据有效利用、实现不同系统间数据交互与共享的核心环节，主要涵盖数据结构的转换和数据格式转换两大关键领域。通用的空间数据结构主要有栅格和矢量两种形式，在 GIS 的日常运作中，根据不同的分析需求和应用场景，这两种数据结构之间的相互转换极为频繁。与此同时，在 GIS 的发展进程中，众多研究机构和企业纷纷投身其中，由于各自技术路线、研究方向和应用目标的差异，所采用的数据格式也呈现出多样化的特点。为打破数据壁垒，实现数据和资源在不同主体、不同系统间的共享与交互，对数据格式进行转换成为必然需求。

一、数据结构转换

（一）矢量数据向栅格数据的转换

在 GIS 的数据存储体系中，行政边界、交通干线、土地利用类型、土壤类型等众多数据通常以矢量方式存储于计算机内。矢量数据凭借其精确的几何表达和拓扑关系，能够清晰地描述地理要素的位置、形状和空间关系。然而，在一些特定的空间分析任务中，如多层数据的复合分析，矢量数据的处理过程往往较为复杂，涉及大量的拓扑计算和空间关系判断。相较之下，栅格数据以规则的网格单元为基础，在数据叠加、运算等

操作上具有天然的优势，处理流程更为简洁高效。因此，在进行这类叠置复合分析时，将矢量数据转换为栅格数据成为提升分析效率和准确性的重要手段。

从数据坐标体系来看，矢量数据采用直角坐标（X, Y），其坐标原点一般设定在图幅的左下角；而栅格数据则以行和列（i, j）作为基本坐标，坐标原点通常位于图幅的西南角。在两种数据结构的转换过程中，需使直角坐标轴 X 轴和 Y 轴分别与栅格的行与列平行，并按照预先确定的栅格大小进行采样。矢量数据的基本构成要素为点、线、面，因此，只要成功实现点、线、面要素的转换，各类线画图形的转换问题便能迎刃而解。

点的转换：原理相对简单，只需依据点的直角坐标（X, Y），通过特定的计算公式，计算出该点在栅格数据中所处的行列号（i, j），即可完成点要素从矢量到栅格的转换。

线的转换：基本原理是确定线要素所经过的所有栅格单元，并将线的属性值赋予这些栅格。在实际操作中，通常采用扫描线算法或追踪算法，逐行或逐列扫描栅格区域，判断线与栅格单元的相交关系，从而准确识别出线经过的栅格。

面的转换：相较于点和线的转换更为复杂。在矢量结构中，多边形面由组成其边界的线段表示；而在栅格结构中，则需要用面域的属性值填充整个面域所在的栅格单元。因此，面域的栅格化过程首先要完成多边形边界线段的栅格化，确定边界所覆盖的栅格；然后，运用多边形填充算法，如内部点扩散法、射线法、扫描线法等，将面域属性值填充到相应的栅格单元中；最终实现面要素从矢量到栅格的转换。

（二）栅格数据向矢量数据的转换

栅格数据向矢量数据转换处理具有多重重要目的。其一，是为了将栅格数据分析的结果通过矢量绘图装置输出，以满足高精度绘图、打印等需求；其二，从数据存储角度出发，将大量的面状栅格数据转换为由少量数据表示的多边形边界，能够有效实现数据压缩，减少存储空间占用；其三，便于将自动扫描仪获取的栅格数据整合到矢量形式的数据库中，实现数据的统一管理和高效利用。

栅格数据向矢量数据的转换过程较为复杂，通常存在两种典型情况。一种情况是针对遥感影像或已栅格化的分类图，在进行矢量化之前，首先需要提取图像中的边界信息，将其处理成近似线画图的二值图像（二值图），突出地理要素的轮廓；然后，再将二值图像转换为矢量数据。另一种情况是对于从原来线画图扫描得到的栅格图，由于二值化后的线画宽度往往会占据多个栅格，导致线条较粗，此时需要先进行细化处理，将线画宽度压缩至单栅格，使线条更加精准，之后才能进行矢量化操作。其具体处理流程如图 5-14 所示。

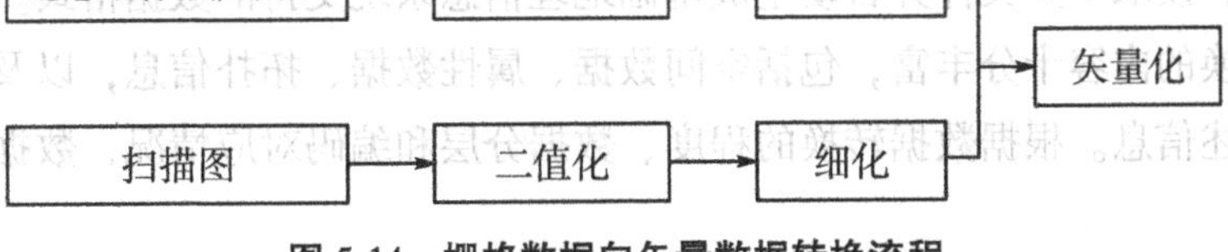

图 5-14 栅格数据向矢量数据转换流程

矢量化的过程如下。

（1）栅格追踪：从图幅的西北角开始，按照顺时针或逆时针方向，以起始点为中心，对其八个邻域进行搜索，依次跟踪相邻点，通过判断栅格的连通性，找出线段经过的所有栅格单元，从而勾勒出地理要素的轮廓。

（2）坐标转换：将栅格数据中的行列坐标（i，j），依据栅格大小和坐标原点等参数，转换为矢量数据所采用的直角坐标（X，Y），实现数据坐标体系的统一。

（3）拓扑构建：生成拓扑关系是矢量化的关键环节，对于转换后的矢量表示边界弧段，需要准确判断其与原图上各多边形的空间关系，包括相邻、包含等，进而构建完整的拓扑结构，并建立与属性数据的关联，确保矢量数据的空间逻辑准确性。

（4）优化处理：由于栅格追踪是逐个栅格进行的，过程中会产生大量冗余点记录，需要去除多余点，以减少数据冗余；同时，受栅格精度限制，搜索结果曲线可能不够平滑，需采用线性迭代法、分段三次多项式插值法、正轴抛物线平均加权法、斜轴抛物线平均加权法、样条函数插值法等插补算法，对曲线进行光滑处理，使矢量数据更加精确地表达地理要素的形态。

二、数据格式转换

在 GIS 数据的生产和应用过程中，不同数据生产者采用的数据采集平台各异，地理几何数据和属性数据的存储方式与表现方法也千差万别。无论何种平台，地理几何数据都至少包含点、线、面三种基本要素，在地图符号化的呈现形式、空间关系的组织方式等方面存在显著差异，无法直接进行转换使用。属性数据虽然一般以表的形式组织，但在字段定义、数据类型、编码规则等方面同样各不相同。不过，相较于地理几何数据，属性数据只要找到对应的字段映射关系，通常就能实现转换，而地理几何数据的转换则需要综合考虑空间结构、拓扑关系等多种因素，难度相对较大。因此，数据格式转换成为 GIS 获取和共享空间数据的常用且重要的手段。

目前，实现数据交换的模式主要有外部数据交换模式、直接数据访问模式、数据互操作模式和空间数据共享平台模式四种。后三种模式为数据共享提供了更为理想的解决方案，但对于大多数普通用户而言，外部数据交换模式在实际应用中更具可操作性，更符合当前的技术条件和资金状况。在实际操作中，数据转换既可以直接利用软件商提供的交换文件（如 DXF、MIF、EOO 等），也可以采用中介文件转换方式，即在数据加工平台软件的支持下，将空间数据连同属性数据按照自定义格式输出为一个文本文件作为中介文件，该文件的要素和结构需符合相应的数据转换标准，然后在 GIS 平台下开发数据接口程序，读取中介文件并自动生成基础地理信息系统支持的数据格式。

数据转换的内容十分丰富，包括空间数据、属性数据、拓扑信息，以及相应的元数据和数据描述信息。根据数据转换的程度、数据分层和编码对应情况，数据转换可分为以下三类。

（1）分层和编码原则都不同的数据转换：在此类转换过程中，系统需尽最大努力确保空间数据和属性数据完整转入，并对相应的分层和编码进行同步转换，以保证数据在新系统中的可用性和准确性。

（2）分层不同，编码原则相同的数据转换：由于两者数据编码原则一致，为空间数据和数据描述信息的相互转换创造了有利条件，能够在一定程度上降低转换难度，提高转换效率。

（3）分层不同，编码原则完全一致的数据转换：除描述信息外，此类转换下两者的数据质量和数据情况完全相同，转换过程相对简单，能够实现数据的快速、准确迁移。

实现数据转换的方法丰富多样，一般可通过以下三种途径完成。

（一）外部数据交换方式

外部数据交换方式是当前空间数据转换的主要手段。大多数商用 GIS 软件都定义了特定的外部数据交换文件格式，且多为 ASCII 码文件，如 ArcInfo 的 EOO、MapInfo 的 MID、AutoCAD 的 DXF 等。以系统 A 和系统 B 的数据转换为例（图 5-15），若系统 B 能够直接读取系统 A 的外部交换文件，那么只需将系统 A 的内部文件转换为其外部交换文件，再由系统 B 读取该文件，经过两次转换即可完成数据迁移；若系统 B 无法直接读取系统 A 的外部交换文件，则还需将系统 A 的外部交换文件转换为系统 B 能够识别的外部交换文件，总共需进行三次转换。

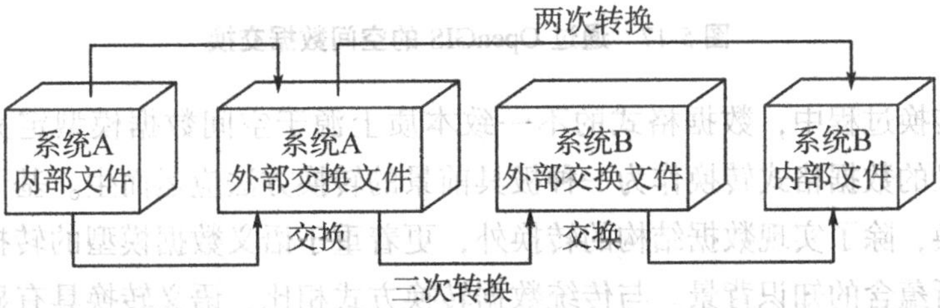

图 5-15 通过外部交换文件的数据转换方式

（二）标准空间数据交换标准方式

该方式通过采用统一的空间数据转换标准，致力于减少因空间数据格式交换导致的信息损失，推动数据转换向科学化、标准化方向发展。众多国家和国际组织积极参与制定空间数据交换标准，例如，美国国家空间数据协会（National Spatial Data Institute, NSDI）制定的 SDTS 标准，涵盖了几何坐标、投影、拓扑关系、属性数据、数据字典等内容，同时也包含栅格和矢量等不同空间数据格式的转换标准。基于此类标准，许多 GIS 软件提供了相应的标准空间数据交换格式，如 ArcInfo 的 SDTSIMPORT 和 SDTSEXPORT 模块，可供其他系统调用。采用标准空间数据交换标准后，每个系统只需提供读写标准格式空间数据的程序，数据转换仅需两次（图 5-16），大大简化了转换流程，提高了数据共享效率。

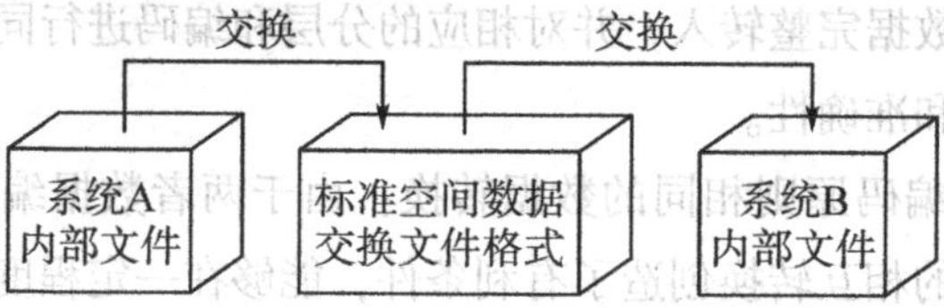

图 5-16　通过标准格式完成不同系统的数据转换

（三）空间数据的互操作方式

空间数据的互操作方式是基于公共接口实现数据融合的重要途径。这里的接口如同一种通用规程，是各系统共同遵守的标准，不仅涉及数据格式和数据处理方式，还包含数据处理所采用的协议。各个系统通过公共接口相互连接，同时允许各自内部的数据结构和数据处理方式保持独立。例如，OGC（Open GIS Consortium）制定了统一的数据互操作规范，使得一个系统能够同时支持多种不同的空间数据格式。OpenGIS 的核心理念是将空间数据的转换次数减至最少，甚至实现零转换，从而实现不同 GIS 软件系统之间空间数据的直接互操作（图 5-17）。这种方式是实现异构空间数据库数据共享的有效解决方案，能够打破不同系统之间的数据壁垒，促进数据的自由流通和高效利用。

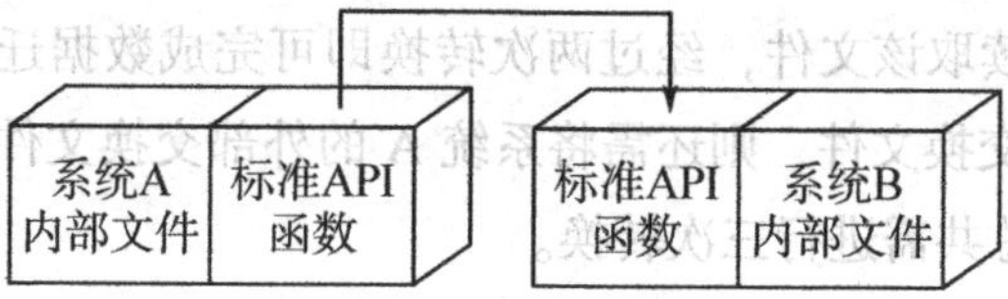

图 5-17　通过 OpenGIS 的空间数据交换

在数据转换过程中，数据格式的不一致本质上源于空间数据模型定义的差异。因此，基于语义的数据格式转换作为一种极具前景的转换方法应运而生。基于语义层次的空间数据转换，除了实现数据结构的转换外，更着重于语义数据模型的转换和操作，高度关注数据所蕴含的知识背景。与传统数据转换方式相比，语义转换具有显著差异。

语义转换就像一个功能强大的“管道”，将两个数据集紧密连接，使数据转换双方能够自由、高效地进行数据的转换与共享（图 5-18）。它又如同一个智能“引擎”，借助要素操作语言，不仅能够对输入数据进行重新定义和处理，还能对输出数据进行优化和调整。这得益于语义转换背后丰富的数据转换模型，该模型具备内部一致性和外部可扩展性。

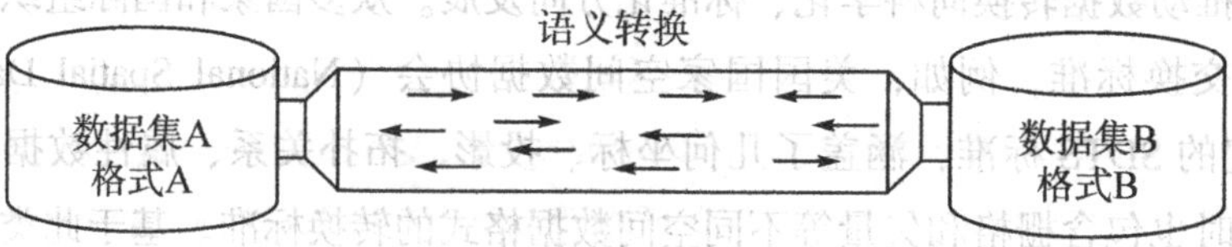

图 5-18　语义转换概念示意图

在基于语义数据模型的转换过程中（图 5-19），数据模 A 和数据模型 B 能够自由地映射到数据转换模型中，且这种映射并非基于最低数据转换标准的简单映射，而是针对输入、输出数据，数据转换模型提供了一系列丰富的方法，实现数据模型之间的精确定义和高效转换。这一特性使得数据的转入方和转出方能够灵活地相互转换，同时继续使用各自独立的系统和数据格式。

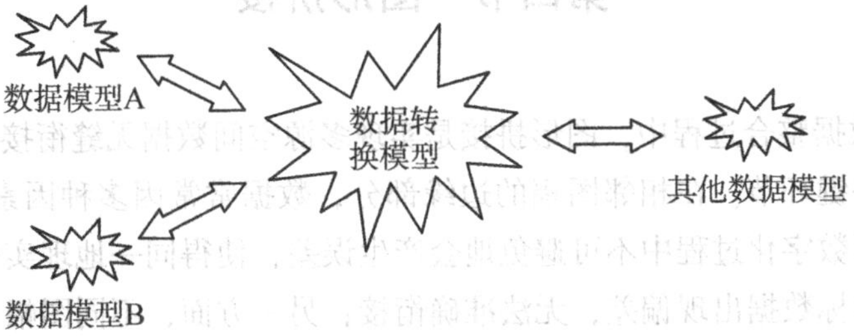

图 5-19　基于语义数据模型的转换示意图

数据转换模型中的映射具有高度定制性和双向性特点。该模型是基于语义层次构建的数据转换机制和规则，不仅充分考虑了各个数据源的空间数据模型及空间数据组织方式，更侧重于语义信息的继承和丰富程度。在语义层次转换过程中（图 5-20），基于语义层次上的空间数据转换在考量数据模型的基础上，引入元数据、转换规则与规范、转换机制与原则等语义信息，有效解决模型之间的冲突，通过语义的继承和丰富，生成符合用户需求的数据。数据转换模型在逻辑上可细分为多个模型单元，针对不同格式的数据源，可将这些模型单元有机组合形成不同的模型块。基于组件思想的数据转换模型具有强大的扩展性，是一种可伸缩、开放的数据转换模型，以此为支撑的数据转换共享功能也具备了良好的伸缩性，能够根据不同的数据转换共享需求，对数据转换模型进行灵活扩展和丰富，便于在异构空间数据转换共享平台构建时进行功能的配置和升级。

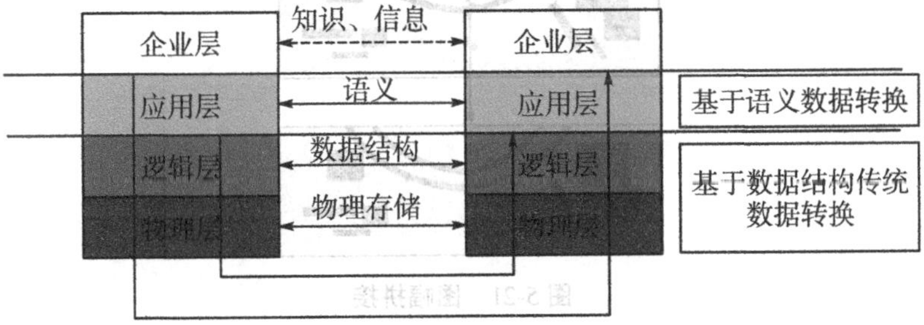

图 5-20　语义层次转换示意图

基于语义层次上的空间数据转换，除了数据结构的转换外，更重要的是对语义数据模型的转换和操作。基于语义层次上的空间数据转换在考虑数据模型的基础上，引入语义信息，如元数据、转换的规则与规范、转换的机制与原则等，来解决模型之间的冲突，即数据转换器通过语义的继承和丰富来生产出符合用户要求的数据。

数据转换模型在逻辑上可分为许多的模型单元。针对不同格式的数据源，可以将这些模型单元有机地组合成不同的模型块。

基于组件思想的数据转换模型留有很大的扩展空间，是一种可伸缩的、开放的数据转换模型。这样，以此模型为支持的转换共享功能也就具有了很强的伸缩性，可以根据不同的数据转换共享的需要对数据转换模型进行丰富，进而便于在异构空间数据转换共享平台构建时进行功能的配置和扩充。

第四节　图形拼接

在 GIS 的数据整合过程中，图形拼接是实现多源空间数据无缝衔接、构建完整地理空间数据库的关键环节。在相邻图幅的边缘部分，数据常常因多种因素无法直接融合。一方面，在原图数字化过程中不可避免地会产生误差，使得同一地理实体在不同图幅中的线段或弧段坐标数据出现偏差，无法准确衔接；另一方面，不同图幅可能采用了不同的坐标系统、编码方式，进一步加剧了数据整合的难度。这些问题严重影响了地理信息的完整性和准确性，因此，必须对图幅数据进行边缘匹配处理，确保相邻图幅之间的数据能够精准对接。

图幅的拼接操作通常在相邻的两个图幅之间展开（图 5-21）。要将相邻图幅的数据有效整合，不仅要求相同地理实体的线段或弧的坐标数据能够相互衔接，实现空间位置的无缝过渡，还要求同一实体的属性码保持一致，确保属性信息的连续性和准确性。为达成这一目标，需要按照严谨的步骤对图幅数据进行边缘匹配处理，具体流程如下。

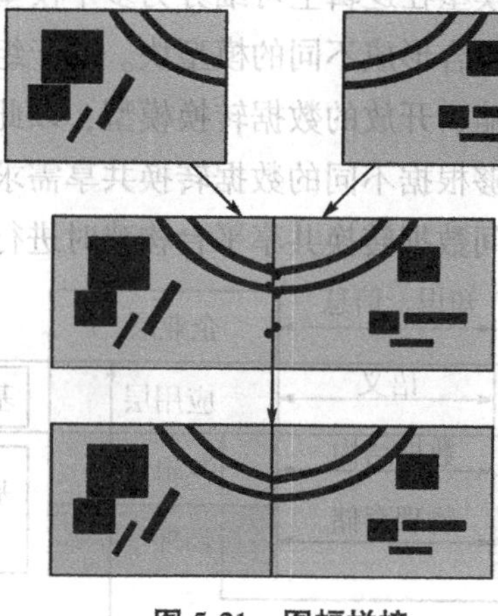

图 5-21　图幅拼接

一、逻辑一致性的处理

在图形拼接过程中，由于人工操作的局限性，两个相邻图幅的空间数据库在接合处极易出现逻辑裂缝。例如，在土地利用数据中，同一地块在一幅图中被标注为“耕地”（属性 A），而在另一幅图中却被标注为“林地”（属性 B）；或者在交通路网数据里，同一条道路在不同图幅中的道路等级属性存在差异。这些逻辑矛盾会严重干扰后续的数据分析和决策支持。此时，必须借助交互编辑的方法，由专业人员对存在矛盾的属性信息进行逐一核对和修正。通过与原始资料对比、参考权威数据或实地调研等方式，统一两个相邻图斑的属性，消除逻辑冲突，确保整个地理空间数据库的逻辑一致性，为后续的空间分析提供可靠的数据基础。

二、识别和检索相邻图幅

首先，对所有待拼接的图幅数据进行统一编号，采用 2 位数字编码体系。其中，十位数用于指示图幅的横向顺序，个位数用于指示纵向顺序（图 5-22）。这种编号方式能够清晰地反映图幅在整个地理区域中的位置关系，方便快速定位和检索。同时，记录每个图幅的长宽标准尺寸，这些信息对于后续的数据匹配和拼接精度控制至关重要。在实际操作中，当进行横向图幅拼接时，系统会自动将十位数编号相同的图幅数据归集在一起；在进行纵向图幅拼接时，则将个位数编号相同的图幅数据收集起来，大大提高了数据处理的效率。

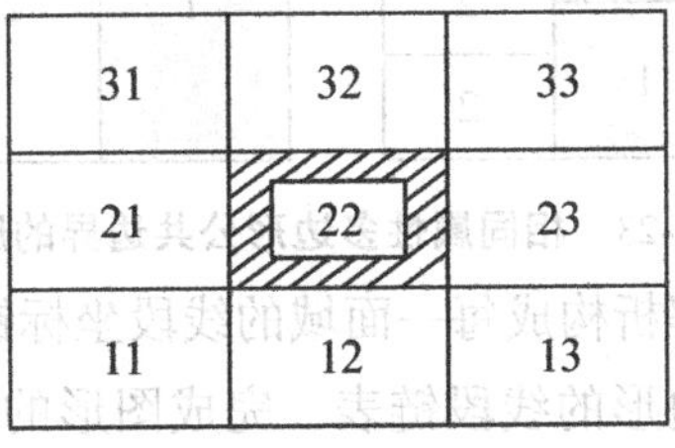

图 5-22 图幅编号及图幅边缘数据提取范围

图幅数据的边缘匹配处理主要针对跨越相邻图幅的线段或弧。为减少数据处理量、提升处理速度，通常只提取图幅边界一定范围内的数据作为匹配和处理的对象。在实际应用中，一般选取图幅边界 2 厘米范围内的数据（可根据具体需求和数据精度进行调整）。此外，为确保拼接的准确性和一致性，要求图幅内空间实体的坐标数据在进行边缘匹配前，必须已完成投影转换，将不同图幅的数据统一到相同的地理坐标系和投影方式下，为后续的坐标匹配和图形融合奠定基础。

三、相邻图幅边界点坐标数据的匹配

相邻图幅边界点坐标数据的匹配是图形拼接的核心步骤，通常采用追踪拼接法。该方法基于以下匹配条件判断两条线段或弧段是否可以衔接。

拓扑关系一致性：相邻图幅边界的两条线段或弧段的左右码需各自相同或相反。左右码用于描述线段或弧段在拓扑关系中的方向和邻接属性，满足这一条件意味着两条线段或弧段在拓扑结构上具有正确的连接关系。

坐标容差范围内：相邻图幅同名边界点坐标需在某一允许值范围内（如±0. 5 毫米，该容差值可根据数据精度要求进行调整）。由于数字化误差的存在，完全精确的坐标匹配难以实现，设置合理的容差范围能够在保证拼接精度的同时，提高数据处理的容错性。

在匹配衔接过程中，以一条弧或线段作为基本处理单元。当边界点位于两个节点之间时，需要分别提取相关的两个节点，并按照节点之间线段方向一致性的原则进行数据记录和存储。例如，在道路数据拼接中，若某条道路的边界点位于两个节点之间，需确保该道路在相邻图幅中的走向和方向保持一致，避免出现道路错位或扭曲的情况，从而实现相邻图幅边界点坐标数据的精准匹配和图形的平滑拼接。

四、相同属性多边形公共边界的删除

当图幅内图形数据完成拼接后，相邻且具有相同属性的图斑需要进行合并处理。例如：在行政区划数据中，相邻图幅内同属一个行政区的多边形；或者在植被覆盖数据中，相邻的同种植被类型多边形。此时，应将这些具有相同属性的两个或多个相邻图斑组合成一个完整的图斑，消除它们之间的公共边界，并对共同属性进行合并（图 5-23）。

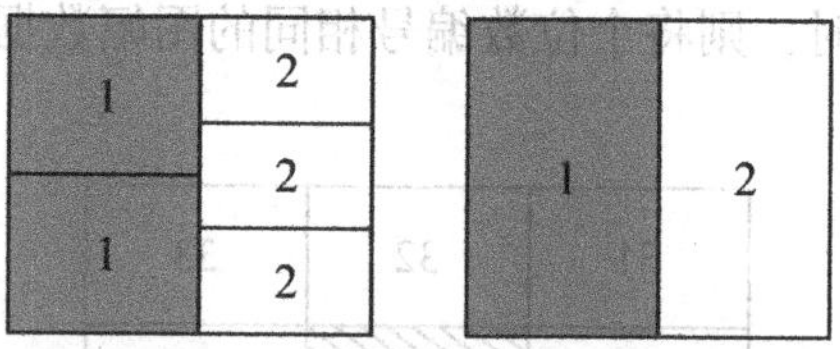

图 5-23　相同属性多边形公共边界的删除

具体实现方式为，通过解析构成每一面域的线段坐标链，识别并删除其中共同的线段，然后重新构建合并后多边形的线段链表，完成图形的融合。对于多边形的属性表，除多边形的面积和周长需要根据合并后的图形重新计算外，其余属性可保留其中任一图斑的属性信息。这样既能简化数据结构，减少数据冗余，又能确保属性信息的完整性和一致性，使拼接后的图形数据更加简洁、准确，满足 GIS 空间分析和可视化展示的需求。

第五节　数据压缩

数据压缩是指从取得的数据集合中抽取一个子集，这个子集作为一个新的信息源，在规定的精度范围内最大限度逼近原集合，而又取得尽可能大的压缩比。

一、栅格数据的压缩

栅格数据的压缩是指通过减少栅格数据量来降低数据存储需求和提高数据处理效率，这是与栅格数据结构密切相关的话题。常用的压缩技术包括游程长度编码、块状编码、四叉树法等。

二、矢量数据的压缩

矢量数据压缩的目的是通过删除冗余数据来减少数据的存储量，节省存储空间，加快后续处理的速度。压缩的主要任务是根据线性要素中心轴线和面状要素的边界线的特征，减少弧段矢量坐标串中顶点的个数（节点不能去除），常用的压缩方法有如下几种。

（1）间隔取点法：每隔规定的距离取一点，或者每隔 k 个点取一点，但首末点一定要保留。如图 5-24 所示，弧段由顶点序列 $\{P_1, P_2, \cdots, P_n\}$ 构成，$D_{临}$ 为临界距离。

首先保留弧段的起始点 P_1，再计算 P_2 点与 P_1 点之间的距离 D_{21}，若 $D_{21} \geqslant D_{临}$，则保留 P_2 点，否则舍去 P_2 点。依此方法，逐一比较相邻两点间的距离，以确定需要舍弃的点。

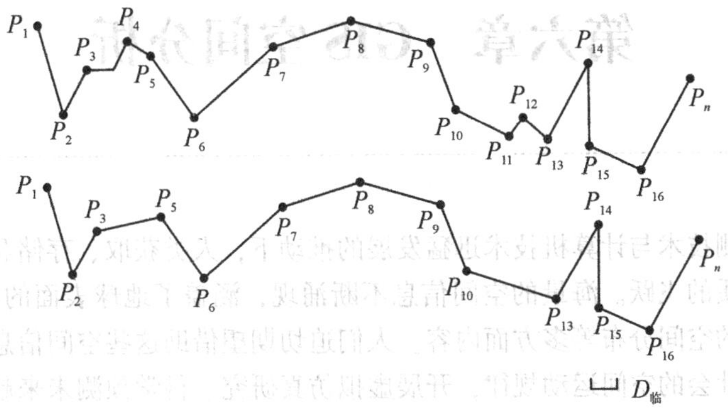

图 5-24 间隔取点法

(2) 垂距法和偏角法：这两种方法是按照垂距或偏角的限差选取符合或超过限差的点。如图 5-25 所示，P_2 点的垂距和偏角小于限差，应舍弃；P_3 点的垂距和偏角大于限差，应保留。

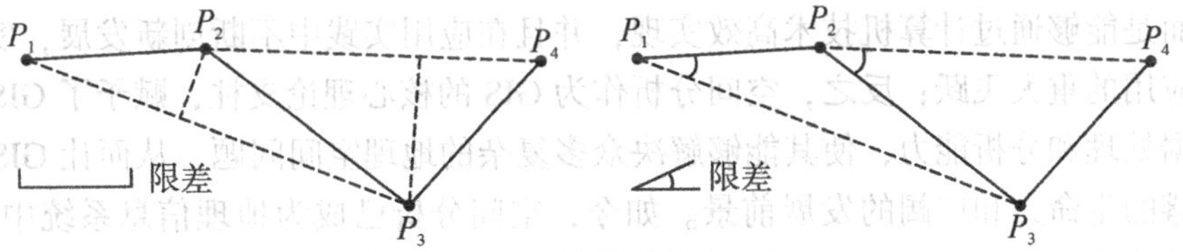

图 5-25 垂距法和偏角法

(3) 分裂法（Douglas-Peucker 法）：这种方法试图保持曲线走向，并允许用户规定合理的限差。其步骤为以下三点。

①把曲线首末两端点连成一条直线。

②计算曲线上每一点与直线的垂距。若所有这些距离均小于限差，则将直线两端点间的各点全部舍去。

③若上一步条件不满足，则保留含有最大垂距的点，将原曲线分成两段曲线，再递归地重复使用分裂法。

第六章　GIS 空间分析

在对地观测技术与计算机技术迅猛发展的推动下，人类获取、存储和处理空间信息的能力实现了质的飞跃。海量的空间信息不断涌现，涵盖了地球表面的自然地理要素、人类社会活动的空间分布等多方面内容。人们迫切期望借助这些空间信息，深入探索地球系统和人类社会的空间运动规律，开展虚拟仿真研究、科学预测未来趋势，并实现对复杂空间系统的有效调控。在此背景下，构建一套系统、科学的空间信息分析理论和方法体系成为学术界和应用领域的共同需求。

GIS 的诞生，为空间分析的发展带来了革命性的变化。GIS 充分整合了地理学、测绘学、计算机科学等多学科的理论与技术成果，广泛吸纳了已有的空间分析理论和方法，并将其深度融入系统架构中。在 GIS 系统的强大支持下，空间分析不再局限于理论探讨，而是能够通过计算机技术高效实现，并且在应用实践中不断创新发展，实现了从理论到应用的重大飞跃；反之，空间分析作为 GIS 的核心理论支柱，赋予了 GIS 强大的空间数据处理和分析能力，使其能够解决众多复杂的地理空间问题，从而让 GIS 获得了更为旺盛的生命力和广阔的发展前景。如今，空间分析已成为地理信息系统中最核心、最关键的理论之一，也是 GIS 区别于其他计算机辅助设计系统的本质特征。

第一节　空间分析

现代空间分析概念的诞生，与 20 世纪 60 年代地理和区域科学领域的计量革命紧密相连。在发展初期，空间分析主要将统计学中的定量分析手段引入地理研究中，用于探究点、线、面等地理要素的空间分布模式。例如，通过计算点要素的分布密度、分析线要素的走向趋势、研究面要素的区域特征等，尝试揭示地理现象背后的规律。

在这场计量革命中，部分开创性的模型开始关注空间信息的关联性，为现代空间数据分析模型奠定了基础。1960 年，法国数学家马瑟荣在前人研究的基础上，创造性地提出了“地统计学”，也就是克里金方法。该方法以变异函数为核心工具，通过对自然现象的空间变异特征进行量化分析，实现对未知区域属性值的无偏最优估计，为自然资源调查、环境监测等领域提供了科学的理论与方法支撑。随后，法国地质统计学家和地球科学家茹内尔针对矿物储量推算问题，进一步完善了克里金方法的理论体系，并将其成功应用于实际矿产勘探工作中，推动了该技术在理论和实践层面的成熟发展。与此同时，统计学领域的学者也将研究视角投向空间数据统计，在空间数据的概率分布模型构建、假设检验方法创新等方面取得了诸多重要成果，极大地丰富了空间分析的方法体系。此外，地理学、经济学、区域科学、地球物理、大气科学、水文学等众多学科，凭借各自的专业知识和研究积累，为空间信息分析模型的构建提供了坚实的理论基础和实际应用场景，促进了空间分析理论与方法的不断完善。

随着研究的深入，空间分析理论与方法逐渐走向成熟，研究重点也发生了显著转变。相较于早期，成熟后的空间分析更加关注地理空间的固有特征，如空间异质性、空间自相关性等；注重对空间决策过程的模拟与优化，以解决资源分配、交通规划等实际决策问题；强调对复杂空间系统时空演化过程的动态分析，揭示地理现象随时间和空间变化的内在机制。在分析方法上，空间分析突破了传统统计方法的局限，广泛融合了运筹学中的优化理论、拓扑学中的空间关系理论以及系统论中的整体分析方法，形成了一套多学科交叉融合的综合分析体系。

事实上，自地图诞生以来，人类就已经开始了空间分析的实践探索，尽管在早期这种分析行为可能是无意识的。例如：人们通过在地图上量测地理要素之间的距离、方位、面积等几何属性，获取地理空间的基本信息；军事领域利用地图进行战术研究和战略决策，分析战场地理环境对作战行动的影响，选择最优的作战路线和部署方案等。这些早期的实践活动，本质上都属于空间分析的范畴，其中战略决策等高层次应用更是体现了空间分析在解决复杂实际问题中的重要价值。

空间分析的概念内涵丰富，从不同的研究视角出发，可以有多种定义方式。

基于图形-属性交互查询视角：该视角下，空间分析聚焦于从 GIS 目标之间的空间关系中挖掘派生信息和新知识。其分析对象为地理目标的空间关系，主要包括拓扑空间查询、缓冲区分析、叠置分析、空间集合分析和地学分析等内容。例如：拓扑空间查询可用于查找与某条河流相邻的所有湖泊；缓冲区分析能够确定某工厂周边一定距离范围内受影响的居民区；叠置分析可通过叠加土地利用图和人口分布图，分析不同土地利用类型区域的人口分布特征。

基于空间信息提取与传输视角：此视角将空间分析定义为基于地理对象位置和形态特征的数据分析技术，核心目标是实现空间信息的有效提取和准确传输。按照地理目标的位置和形态特征，可将空间信息细分为空间位置、空间分布、空间统计、空间关系、空间关联、空间对比、空间趋势和空间运动等类型。与之对应的空间分析操作包括空间位置分析（确定地理目标的精确坐标）、空间分布分析（研究地理要素的分布格局）、空间形态分析（描述地理对象的形状特征）、空间关系分析（探究地理目标间的邻接、包含等关系）和空间相关分析（分析地理要素之间的相关性）。

基于决策支持视角：随着空间分析的不断发展，其逐渐成为决策支持的重要工具。在此视角下，空间分析的对象是与决策相关的地理目标空间信息及其形成机理，重点在于构建数学模型并进行模型的管理与应用。空间分析可理解为是一个功能体系，它首先对地理空间中的目标进行形态结构定义与分类，进而描述目标的空间关系和空间行为，为空间查询和相关分析提供依据，最终服务于空间决策。该体系涵盖空间数据探索（挖掘数据潜在模式）、空间回归分析（研究变量间的空间关系）、空间机理模型（揭示地理现象成因）、空间统计—机理模型（融合统计与机理分析）、空间复杂系统模型（模拟复杂地理系统）、空间运筹模型（优化资源配置等决策问题）、空间数据挖掘（从海量数据中发现知识）等多个方面，为解决各类复杂的空间决策问题提供了全面的理论和方法支持。

第二节　基于 GIS 的空间分析

GIS 的出现，堪称空间分析领域的一次重大变革。它以前所未有的兼容性和整合能力，迅速吸纳各类可利用的空间分析方法与手段，并深度植入 GIS 软件架构之中。同时，借助计算机图形学、数据库技术、人工智能等新技术的发展成果，GIS 将原本复杂烦琐的传统空间分析任务进行优化与简化，使得诸如地理要素空间关系计算、复杂地形模拟等任务，能够通过简洁的操作流程得以实现。GIS 支持灵活运用几何运算、逻辑判断、代数推导等数学方法，结合数理统计分析与其他数学物理模型，以更科学、高效的方式剖析地理特征之间的内在联系，挖掘隐藏于地理数据中的空间模式和规律。

在 GIS 与空间分析的协同发展中，二者形成了紧密的共生关系。GIS 为空间分析构建了功能强大且便捷的支撑平台，通过提供高效的数据存储、管理与可视化工具，使得空间分析得以在海量地理数据基础上顺利开展；而空间分析则赋予了 GIS 实际应用价值，让 GIS 不再局限于数据展示，能够切实解决各类地理空间问题。正是空间分析功能的存在，使 GIS 与一般的计算机辅助设计系统产生本质区别，成为地理空间研究与决策的核心工具。

基于 GIS 的空间分析是地理信息系统区别于其他信息系统的核心特色，也是衡量 GIS 系统功能完备性的关键指标。GIS 集成了关系数据库管理、高效图形渲染算法、空间插值技术、区域划分方法以及网络分析模型等多学科前沿技术，为空间分析提供了丰富且强大的工具集。当前，绝大多数 GIS 软件都将空间分析功能作为核心模块，无论是基础的地理数据查询，还是复杂的空间决策支持，GIS 空间分析都发挥着不可或缺的作用。其独特的地理信息提取、可视化表达和传输功能，尤其是对隐含地理信息的挖掘能力，成为 GIS 区别于一般信息系统的重要标志。

回顾 GIS 的发展历程，早期阶段主要聚焦于空间数据结构优化和计算机制图技术完善。随着 GIS 基础理论研究不断深入，计算机硬件性能的提升（如多核处理器、大容量存储设备的普及）和软件技术的革新（如面向对象编程、分布式计算技术的应用），以及地理学、测绘学、统计学等相关学科的协同发展，为 GIS 提供了更坚实的技术支撑和理论基础。在此背景下，GIS 技术进入高速发展期，融合的地理数据呈现爆发式增长，涵盖遥感影像、卫星定位数据、物联网感知数据等多源异构数据。

在实际应用场景中，人们对 GIS 空间分析的需求也日益多样化和复杂化。除了“在哪里”“怎么去”等基础空间查询问题外，用户更加关注地理实体与周边环境的相互关系。在城市生活中，普通市民会利用 GIS 空间分析评估住宅区的房屋采光条件、噪声影响程度，以及周边交通、商业设施的便利性；在农业领域，规划管理者和生产者借助 GIS 分析特定地理环境下的山地退耕还林可行性、优化农业生产布局、确定农作物分区种植方案，以提高农业生产效率；城市规划与决策者通过 GIS 空间分析，综合考虑垃圾处理厂对周边环境的潜在影响，合理规划商场、学校、交通站点的选址，实现城市资源的科学配置；水利、铁路、环境等部门运用 GIS 分析在极端天气条件下，如大量降雨时，所辖区域内可能发生泥石流、山体滑坡、洪水淹没、交通中断等灾害事件的风险区域，提前制定应急预案。这些广泛的实际需求，凸显了 GIS 空间分析在现代社会中的重要地位和应用价值，使其成为学术界和产业界共同关注的焦点。目前，GIS 空间分析已广泛应用于水污染监测、城市规划与管理、地震灾害损失评估、洪水灾害分析、矿产资源勘探评价、道路交通流量调控、地形地貌特征分析、医疗卫生资源配置、军事战略部署等众多领域。

对基于 GIS 的空间分析的理解，可以从多个角度和层次展开。

一、按空间数据结构类型

依据处理的空间数据结构类型，GIS 空间分析可分为栅格数据分析与矢量数据分析。

(1) 栅格数据分析。以矩阵代数作为数学基础，在数据处理与分析过程中采用二维数字矩阵分析法。栅格数据将地理空间划分为规则的网格单元，每个单元对应一个属性值，这种数据结构使得分析处理流程相对简单，模式化程度高。常见的栅格数据分析方法包括聚类分析，通过计算网格单元属性值的相似性，将具有相近特征的区域聚合成类。例如：对植被覆盖数据进行聚类，划分不同植被类型分布区域；聚合分析则是将多个栅格单元进行合并，计算新单元的属性值，常用于统计区域内的综合指标；复合叠加分析通过叠加多个栅格图层，分析不同地理要素之间的空间关系，如叠加土地利用栅格图与土壤类型栅格图，研究不同土壤条件下的土地利用适宜性；窗口分析以某个栅格单元为中心，分析其邻域范围内的属性特征，可用于计算地形的坡度、坡向等；追踪分析则沿着特定的路径或方向，分析栅格数据的变化趋势，在水文分析中用于追踪水流路径。

(2) 矢量数据分析。基于二维笛卡尔坐标系统，以点、线、面等几何图形精确表达地理实体。常用的矢量数据分析内容丰富，拓扑包含分析用于判断面状要素之间的包含关系。如：确定某个自然保护区是否完全包含在特定的行政区内；缓冲区分析围绕点、线、面要素生成一定距离的缓冲区域，分析道路周边一定范围内的噪声影响区域；网络分析则基于地理网络（如交通网络、水系网络），解决路径规划、资源分配等问题，如计算从起点到终点的最短路径，或确定物流配送中心的最佳服务范围。值得注意的是，部分分析方法在栅格数据和矢量数据中均有应用，如叠加分析，在矢量数据中通过几何图形的相交、合并等操作实现，而在栅格数据中则基于网格单元的属性运算完成，但二者的实现方式和数据处理逻辑存在差异。

二、按分析对象的维数

根据分析对象的维数，GIS 空间分析可分为二维分析、DTM 三维分析及多维分析。

(1) 二维分析：涵盖了常规 GIS 分析的大部分内容，包括矢量数据空间分析（如前文所述的拓扑分析、缓冲区分析等）、栅格数据空间分析（如栅格数据的各类运算与统计）、空间统计分析（通过空间插值方法将离散的采样点数据转换为连续的表面数据，创建统计表面以展示地理要素的空间分布趋势）、水文分析（从数字高程模型中提取河网，进行流域分割，计算汇流累积量、水流长度等参数，用于研究流域水文特征）、多变量分析（综合考虑多个地理变量之间的关系，如分析人口密度、经济发展水平与土地利用类型之间的相关性）、空间插值（根据已知采样点数据估算未知点的属性值）、地图代数（通过对地图图层进行加、减、乘、除等代数运算，生成新的地理信息图层）等。

（2）三维分析：基于数字地形模型（DTM）或三维地理信息模型，在三维模型建立和可视化显示的基础上，开展空间查询定位分析，用户可以在三维空间中快速定位地理实体，并查询其属性信息。此外，还包括基于三维数据的趋势面分析，用于揭示地理要素在三维空间中的变化趋势；表面积和体积计算，可应用于土方工程计算、水库库容估算等场景；坡度和坡向分析为山地开发、农业种植规划提供参考；视亮度分析在城市建筑设计中用于评估建筑物的采光条件；流域分布、山脊、山谷分析辅助水文研究和地形地貌分析；可视域分析则用于确定从某个观察点能够看到的区域范围，在军事瞭望塔选址、通信基站布局等方面具有重要应用价值。

（3）多维分析：建立在多维 GIS 系统之上，相较于时态 GIS，时空分析是其重要组成部分。时空分析涵盖时空数据的分类，根据时间和空间维度对地理数据进行归类管理；时间量测用于分析地理事件发生的时间间隔和持续时长等；基于时间的数据平滑和综合，对时间序列数据进行处理，去除噪声，提取关键信息；根据时空数据变化进行统计分析，研究地理要素随时间和空间的演变规律；时空叠加分析将不同时间和空间维度的地理数据进行叠加，分析其动态变化关系；时间序列分析及预测分析通过对历史时空数据的分析，预测地理现象未来的发展趋势，如预测城市人口增长、交通流量变化等。

三、按分析的复杂性程度

根据分析的复杂性程度，GIS 空间分析可分为空间问题查询分析、空间信息提取、空间综合分析、数据挖掘与知识发现、模型构建。

（1）空间问题查询分析：是 GIS 空间分析中最基础的功能，包括利用地理位置数据查询属性数据。例如：通过点击地图上的某个区域，查询该区域的土地利用类型、人口数量等属性信息；通过属性数据查询位置特征，如查找某类特定属性（如高污染企业）的地理分布位置；区位查询则允许用户通过设定图形区域（点、圆、矩形或多边形等），查询该区域内的地物属性和空间位置关系，常用于规划选址前期的初步筛选。

（2）息提取：聚焦于对空间位置、空间分布、空间统计、空间关系、空间关联、空间对比、空间趋势和空间运动等方面的研究。对应的空间分析操作包括空间位置分析（精确确定地理实体的坐标位置及其在空间中的相对位置关系）、空间分布分析（研究地理要素在空间中的分布模式，如均匀分布、聚集分布等）、空间形态分析（描述地理对象的形状特征，如河流的弯曲度、湖泊的形状指数）和空间相关分析（探究地理要素之间的相关性，如降雨量与农作物产量之间的关系）。通过这些分析，能够从原始地理数据中提取有价值的信息，为进一步决策提供依据。

（3）空间综合分析：涉及多种复杂的空间分析方法和技术，包括空间统计分析（运用统计学方法处理空间数据，如空间自相关分析、回归分析等）、可视性分析（评估从某个位置能够看到的区域范围，在景观设计、军事侦察等领域应用广泛）、地下渗流分析（模拟地下水在土壤中的流动过程，为水资源管理和环境保护提供支持）、水文分析（全面研究流域内的水文过程，包括洪水模拟、水质评估等）、网络分析（优化交通网络、能源输送网络等，提高资源运输效率）等内容。这些分析方法相互融合，能够解决复杂的地理空间问题。

（4）数据挖掘与知识发现：旨在从海量地理数据中挖掘潜在的模式、规律和知识。包括空间分类与聚类，通过算法将地理实体划分为不同类别或聚合成不同群体。例如：对城市商业网点进行聚类分析，识别商业中心区域；空间关联规则确定用于发现地理要素之间的关联关系，如发现某类疾病的分布与特定环境因素之间的潜在联系；空间异常发现与趋势预测则用于检测地理数据中的异常现象，并预测地理要素未来的发展趋势，如及时发现森林火灾隐患，预测城市扩张趋势等。

（5）模型构建：作为最复杂的空间分析内容，主要涉及各类机理模型的构建，包括空间机理模型（基于地理现象的内在物理、化学、生物等机理，构建数学模型解释地理过程，如土壤侵蚀模型）、空间统计与机理模型（融合统计方法和机理分析，提高模型的准确性和适用性）、空间运筹模型（运用运筹学原理解决空间资源优化配置问题，如物流配送路径优化模型）、空间复杂系统模型（模拟复杂地理系统的行为和演变，如城市生态系统模型、全球气候变化模型）等。这些模型能够深入揭示地理现象的本质规律，为科学决策提供强有力的支持。

第三节 常用 GIS 平台空间分析比较

常见的 GIS 中，ESRI 的 ArcGIS 以其强大的分析能力占据了大量市场，成为主流的 GIS。表 6-1 为国内外 GIS 软件空间分析比较。

表 6-1 国内外 GIS 软件空间分析比较

功能名称		ArcGIS	MGE	MapInfo	MapGIS	GeoStar	SuperMap
空间查询与量算	空间查询	☆	☆	◆	◆	◆	◆
	空间量算	☆	☆	◆	◆	◆	◆
缓冲区分析	点缓冲	★	☆	◆	◆	☆	◆
	线/弧	★	☆	◆	◆	☆	◆
	面/多边形	★	☆	◆	◆	☆	◆
	加权	★	☆	◆	◆	☆	◆
叠置分析	点与多边形	★	☆	◆	◆	☆	◆
	线与多边形	★	☆	◆	◆	☆	◆
	多边形与多边形	★	☆	◆	◆	☆	◆

续表

功能名称		ArcGIS	MGE	MapInfo	MapGIS	GeoStar	SuperMap
网络分析	最短路径	☆	☆		▲	▲	▲
	网络属性值累积	☆	☆		▲	▲	▲
	路由分配	☆	☆		▲	▲	▲
	空间邻接搜索	☆	☆	▲	▲	▲	▲
	最近相邻搜索	☆	☆	▲	▲	▲	▲
	地址匹配	☆	☆	▲	▲	▲	▲
其他分析	拓扑分析	☆	☆		◆	◆	◆
	临近分析	★	☆		◆	◆	◆
	复合分析	▲	▲		▲	▲	◆
空间统计分类分析	统计图表分析	◆	▲	◆	▲	▲	▲
	主成分分析	◆	▲	◆	▲	▲	▲
	层次分析	◆	▲	◆	▲	▲	▲
	系统聚类分析	◆	▲	◆	▲	▲	▲
	判别分析	◆	▲	◆	▲	▲	▲
备注	★表示更强；☆表示强；◆表示较强；▲表示较弱						

第七章 GIS空间统计分析

在GIS的空间分析体系中，统计分析如同贯穿其中的“脉络”，深度融入空间分析的各个关键环节，成为揭示地理现象内在规律、挖掘空间数据潜在信息的核心手段。空间统计分析方法体系庞大且多元，不仅涵盖了常规统计方法，还创新性地引入基于空间位置特性的分析方法，如空间自相关分析、空间异质性分析等。这些方法从不同角度对空间数据进行剖析，为地理研究与决策提供了坚实的理论和技术支撑。本章将围绕常用统计量、数据特征分析（探索性数据分析）、空间数据常规统计与分析等核心内容展开详细阐述，助力读者深入理解和掌握GIS空间统计分析的精髓。

第一节 空间统计概述

一、基本概念

空间统计分析（spatial statistics analysis）是一门融合地理学与统计学的交叉学科方法，其内涵可细分为空间数据的统计分析及数据的空间统计分析两大方向，尽管二者相互关联，但在研究侧重点和方法应用上存在显著差异。

(1) 空间数据的统计分析：该方向着重聚焦于空间物体和现象的非空间特性研究，核心目标是运用数学统计模型对空间现象和过程进行精准描述与模拟。在实际操作中，这往往涉及将复杂的地理模型巧妙转换为数学统计模型，以便于开展定量分析与计算机自动化处理。此过程大量运用常规统计分析方法，尤其是多元统计分析方法，对空间数据进行深入处理。值得注意的是，在这类分析中，空间数据所承载的地理事物的空间位置信息并不直接参与分析过程，对分析结果不产生制约作用。以趋势面拟合为例，在地理数据趋势分析应用中，该方法仅关注样本值的大小变化，而忽略样本在地理空间中的分布特征以及样本间的位置关系。从这个层面来看，空间数据的统计分析在诸多操作环节与一般的数据分析并无本质区别。然而，其独特之处在于，对分析结果的解读必须紧密依托地理空间背景。在实际应用中，大量分析结果以地图作为可视化载体，通过图形化的方式描述和表达地理现象。因此，尽管在分析过程中未直接考量数据抽样点的空间位置，但该分析方法本质上仍然围绕空间过程展开，致力于揭示隐藏其中的空间规律和运行机制。

(2) 数据的空间统计分析：此方向另辟蹊径，直接从空间物体的空间位置、相互联系等空间属性出发，对兼具随机性和结构性，或存在空间相关性与依赖性的自然现象展开研究。其研究范畴广泛，涵盖一切与空间数据的结构性和随机性、空间相关性和依赖性、空间格局与变异相关的领域。无论是对空间数据进行最优无偏内插估计，以预测未知区域的属性值，还是模拟数据的离散性和波动性，探究数据的变化规律，均属于数据的空间统计分析的研究内容。需要明确的是，数据的空间统计分析并非全盘否定经典统计学，而是在其理论和方法的基础上，结合空间数据的独特性质发展而来。

数据的空间统计学与经典统计学存在诸多共性。都基于大量采样，通过深入分析样本属性值的频率分布、均值、方差等统计特征及其内在规律，来确定数据的空间分布格局与相关关系。然而，二者的差异也十分显著。数据的空间统计学最大的特点是不仅关注样本值的大小，还高度重视样本的空间位置以及样本间的距离。在现实地理环境中，空间数据普遍具有空间依赖性（空间自相关）和空间非均质性（空间结构）的特性，这与经典统计方法所依赖的观测结果相互独立的假设相矛盾。若直接运用经典统计模型对空间数据进行分析，往往会得出与实际情况不符的虚假解释。例如，在研究区域经济发展水平时，相邻地区的经济状况通常存在相互影响，并不满足经典统计学中的独立性假设。而数据的空间统计学正是以空间对象间的相关性和非独立观测为研究基础，充分考虑地理现象与距离的关联性及其随距离变化的规律，这些关键要素恰恰是经典统计学所忽视的，却构成了数据的空间统计学的核心研究内容。

二、主要分析内容

空间统计分析与经典统计学在内容上存在广泛的交叉融合，同时又具备独特的分析维度。空间统计分析借助统计方法对空间数据进行解读，判断数据在统计意义上是否符合“典型”特征或“期望”状态。其中，空间自相关分析作为其独有的分析手段，为探究空间数据的内在联系提供了全新视角。具体而言，空间统计分析的主要内容涵盖以下几个方面。

（1）基本统计量：基本统计量是反映数据特征的关键指标，也是开展各类统计分析的基础。常见的基本统计量包括均值、中位数、众数、方差、标准差等。均值作为数据的平均水平体现，能够反映数据的集中趋势；中位数则是将数据排序后位于中间位置的数值，在数据存在极端值时，能更稳健地描述数据中心；众数代表数据中出现频率最高的数值，可用于识别数据的典型特征；方差和标准差用于衡量数据的离散程度，数值越大，表明数据的波动范围越大，分布越分散。这些基本统计量相互配合，能够从多个角度勾勒出数据的整体特征，为后续深入分析提供基础数据支撑。

（2）探索性数据分析：探索性数据分析旨在帮助用户全方位、深层次地理解数据内涵，清晰认识研究对象，从而为相关决策提供有力依据。该分析过程主要包括以下关键步骤：第一，确定统计数据属性，明确数据的类型（如数值型、分类型）、测量尺度（如定距尺度、定序尺度）等基本属性，这是后续分析的基础；第二，进行探测数据分布，通过绘制直方图、箱线图等可视化图表，直观呈现数据的分布形态，判断数据是否服从正态分布或其他特定分布；第三，识别全局和局部异常值，异常值可能是数据录入错误，也可能是具有特殊意义的极端情况，准确识别并处理异常值对分析结果的准确性至关重要；第四，寻求全局的变化趋势，利用趋势线拟合等方法，探究数据随时间或空间的变化规律；第五，深入研究空间自相关，分析空间数据在位置上的相互依赖关系，判断数据是否存在聚集或离散趋势；第六，理解多种数据集之间的相关性，通过计算相关系数等方式，揭示不同变量之间的关联程度，为多因素分析提供线索。

(3) 空间插值：在完成探索性数据分析后，基于对数据特征的充分了解，需要选择合适的数据内插模型，由已知样点数据创建连续表面，并评估表面的不确定性，进而深入研究地理要素的空间分布规律。常见的空间插值方法包括反距离权重法、克里金插值法、样条函数插值法等：反距离权重法基于距离越近的点对插值结果影响越大的原理，通过计算待插值点与已知样点的距离权重，对样点值进行加权平均得到插值结果；克里金插值法充分考虑数据的空间自相关性，利用变异函数对未知区域进行无偏最优估计，在地理数据插值中应用广泛；样条函数插值法则通过构建平滑的函数曲线，拟合已知样点数据，生成连续的表面。不同的插值方法适用于不同的数据特征和应用场景，在实际操作中，需根据数据特点和研究需求合理选择，以确保插值结果的准确性和可靠性。

(4) 空间分类：空间分类以地图表达为基础，采用与变量聚类分析相似的方法，对空间数据进行综合处理，生成具有更高综合性或简洁性的专题地图，从而更清晰地展现地理现象的空间分布特征和规律。在空间分类过程中，常运用多变量统计分析方法，如主成分分析通过降维处理，将多个相关变量转化为少数几个互不相关的主成分，简化数据结构，突出主要信息；层次分析方法则按照数据间的相似程度，将数据逐步聚合或划分，形成层次分明的分类体系；此外，空间分类统计分析方法，如系统聚类分析根据数据的相似性将空间单元划分为不同类别，判别分析则基于已知类别数据建立判别函数，对未知数据进行类别归属判断。这些方法在土地利用类型划分、生态环境分区等领域发挥着重要作用。

(5) 空间回归：空间回归致力于研究两个或两个以上变量之间的统计关系，通过引入空间关系，充分考虑空间自相关性，将属性数据与空间位置信息有机结合，从而更精准地解释地理事物之间的空间联系。传统的回归分析往往忽视数据的空间特性，而空间回归模型通过空间权重矩阵等方式，量化空间单元之间的相互影响，有效弥补了这一缺陷。在实际应用中，空间回归模型可用于探究经济发展水平与人口密度、交通可达性等因素之间的关系，分析环境污染程度与工业布局、地形条件等变量的关联，为政策制定、资源配置等决策提供科学依据。

第二节 基本统计量

常用的基本统计量主要包括最大值与最小值、极差、均值、中值、总和、众数、种类、离差、方差、标准差、变差系数、峰度和偏度等。这些统计量反映了数据集的范围、集中情况、离散程度、空间分布等特征，对进一步的数据分析起着铺垫作用（图 7-1）。

一、代表数据集中趋势的统计量

代表数据集中趋势的统计量包括平均数、中位数、众数等，它们都可以用来表示数据的分布位置和一般水平。在表 7-1 中，列出了代表集中趋势的各统计量的含义、特点及作用。其中，x_i 表示数据集中的第 i 个变量，$i=1，2，\cdots，n$。

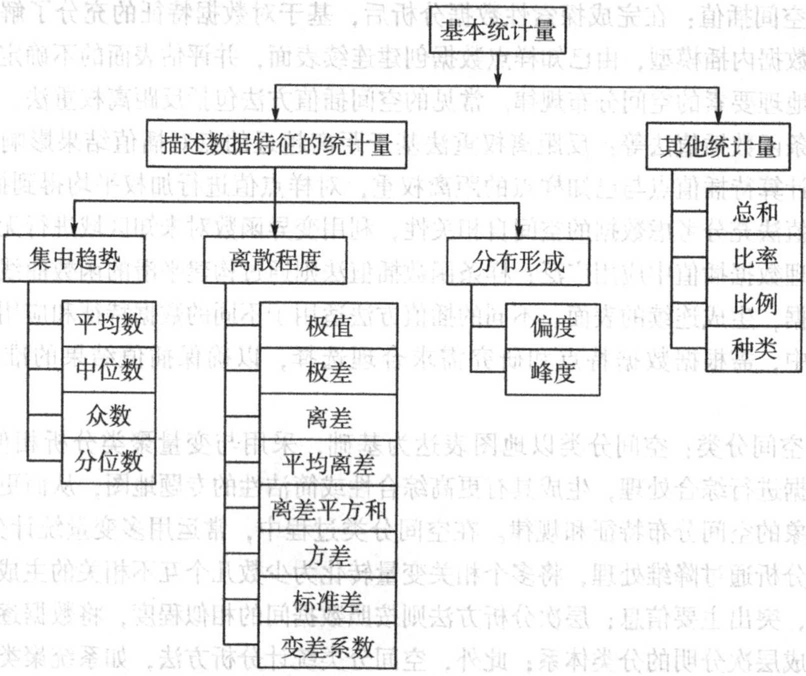

图 7-1 基本统计量

表 7-1 代表集中趋势的统计量的含义、特点及作用

统计量			含义	特点及作用
平均数	算术平均数	简单算术平均数	n 个数据的总和与数据的总个数 n 的比值 $$\bar{x}=\frac{\sum_{i=1}^{n}x_i}{n}$$	平均数是最常用的表示数据集中趋势的指标，平均数可分为算术平均数、几何平均数、调和平均数三种。其中，前两者在 GIS 分析中最常用到。 算术平均数代表了数据集的平均水平，不受总体范围的影响，因此，可以作为比较分析的指标，还可作为评价事物的客观标准。例如：一个地区某一年的人均收入可以作为衡量该地区当年经济状况的指标；要比较该地区近几年的经济增长水平，也需要用该地区近几年的人均收入来比较，因为人均收入能代表该地区经济状况的平均水平，可以用来做比较分析。 另外求取离差、平均离差、离差平方和、方差、标准差、变差系数、偏度系数和峰度系数等时，要先求得算术平均数；算术平均数也可用于图像处理中的平滑运算

续表

统计量	含义	特点及作用
加权算术平均数	在求算术平均数时，考虑到数据集中的 n 个值有时会含有不同的比重，对平均数的影响也就不同。所以用加权平均法来计算其算术平均数。 权重 f_i 为 x_i 出现的频数，加权平均数可以按下式计算 $\bar{x} = \frac{f_1x_1 + f_2x_2 + \cdots + f_3x_3}{\sum f_i} = \frac{1}{n}\sum_{i=1}^{n} f_i x_i$ 其中， $n = f_1 + f_2 + \cdots + f_i = \sum f_i$	加权平均数与算术平均数的应用是大致相同的，但加权平均数要考虑各数据点的贡献作用
几何平均数	n 个数据的连乘积再开 n 次方所得的方根数 $\bar{x}_g = \sqrt[n]{x_1 \cdot x_2 \cdot \cdots \cdot x_i \cdot \cdots \cdot x_n}$	几何平均数用于分析和研究平均改变率、平均增长率、平均定比等，还在偏相关系数里有应用
中位数	若将数据值按大小顺序排列，位于中间的那个值就是中位数，或称“中值”。 当数据集中有奇数个数据时，数据按大小顺序排列，那么第（n+1）/2 位数就是中位数；当有偶数个数据时，中位数为第 n/2 项与第（n/2+1）项的平均数	中位数不受极端数值的影响，如果数据集的分布形状是左右对称的，则中位数等于平均数；如果数据集的分布形状呈左偏或右偏，以中位数表示它们的集中趋势比算术平均数更合理
众数	众数是数据集中出现频数（次数）最多的某个（或某几个）数	众数是数据集中最常出现的，因此一定是数据集中的某个值，代表了多数意见，不受极端值的影响，在频数分布曲线上位居最高点，即曲线的峰值。 众数常用于投票选举。若数据集的分布并不是明显集中在某个数值上，用众数来代表集中情形就没有多大意义，甚至会有误导作用

二、代表数据离散程度的统计量

平均数、中位数、众数在反映总体一般数量水平的同时，也掩盖了总体中各单位的数量差异。所以，只有这些统计量还不能充分说明一个数列中数值的分布情况和波动状态。有时虽然两个数据集的平均数相等，但各数据分布在平均数左右的疏密程度却不相同，也就是它们的离散程度不一样。为了把一个数据集的离散程度表现出来，就需要研究离散度。

代表数据离散程度的统计量包括最大值与最小值、极差、分位数、离差、平均离差、离差平方和、方差、标准差、变差系数等。离散程度越大，数据波动性越大，以小样本数据代表数据总体的可靠性越低；离散程度越小，则数据波动性越小，以小样本数据代表数据总体的可靠性越高。表 7-2 列出了代表离散程度的各个统计量的含义、特点及其在实际应用中的作用。

表 7-2 代表离散程度的统计量的含义、特点及其作用

统计量	含义	特点及作用
最大值与最小值	把数据从小到大排列，最前端的值就是最小值，最后一个就是最大值	通过最大值、最小值和极差，可以了解数据的取值范围、分散程度，易于计算，容易理解，但它们都易受极端数值的影响，弱化了其他值的存在，无法精确地反映所有数据的分散情形，因此，可能会有误导作用
极差	一个数据集的最大值与最小值的差值称为极差，它表示这个数据集的取值范围	在地形分析中，极差主要用于求取一定区域内的高差。对于两个不同地区，虽然它们的平均高程相同，但最高点、最低点及高差不同，说明了这两个地区的高程分布状况有差异
分位数	将数列按大小排列，把数列划分为相等个数的分段，处于分段点上的值就是分位数	分位数剔除了数据集中极端值的影响，但计算麻烦，且没有用到数据集中的所有数据点。分位数在数据分级中应用较多
离差	离差表示各数值与其平均值的离散程度，其值等于某个数值与该数据集的平均值之差 $d_i=x_i-\bar{x}$	两个数据集的均值相同，但其离差可以有很大的差别，这说明这两个数据集与各自平均值的离散程度不同
平均离差	平均离差是把离差取绝对值，然后求和，再除以变量个数 $\frac{\sum \lvert x_i-\bar{x}\rvert}{n}$	平均离差和离差平方和可以克服 $\sum(x_i-\bar{x})$ 恒等于零的缺点，还可以把负数消除，只剩正值，这样更易于描述离散程度，而且离差平方和得到的结果较大，使离散程度更明显
离差平方和	离差平方和是把离差求平方，然后求和 $\sum(x_i-\bar{x})^2$	离差平方和用于相关分析中求取相关系数。 在回归分析中，对回归方程进行显著性检验时，需要对原始数据进行离差平方和的分解，即把离差平方和分解为残差平方和与回归平方和两部分，这两部分的比值可以反映回归方程的显著性。在对趋势面的分析中，对于趋势面的拟合程度可以用离差平方和来检验，其方法也是将原始数据的离差平方和分解为残差平方和与回归平方和两部分，回归平方和所占离差平方和的比重越大，表明拟合程度越高
方差	“方差”是均方差的简称。它是以离差平方和除以变量个数而得到的 $\sigma^2=\frac{\sum(x_i-\bar{x})^2}{n}$	它们是表示一组数据对于平均值离散程度的重要指标，为了应用上的方便，常对方差进行开方，即为标准差。 方差和标准差都可应用于相关分析、回归分析、正态分布检验等，还可用于误差分析、评价数据精度、求取变差系数、偏度系数和峰度系数等。标准差还可用于数据分级
标准差	对方差进行开方，即为标准差 $\sigma=\left(\frac{\sum(x_i-\bar{x})^2}{n}\right)^{\frac{1}{2}}$	—

续表

统计量	含义	特点及作用
变差系数	变差系数，也称为“离差系数”或“变异系数”，是标准差与均值的比值，以 C_v 表示 $C_v=\frac{S}{\bar{x}}\times100\%$ 式中：C_v 为百分率；S 是标准差；$\bar{x}$ 为平均值	变差系数是用相对数的形式来刻画数据离散程度的指标，它可以用来衡量数据在时间与空间上的相对变化（波动）的程度。 变差系数可用来求算地形高程变差系数

三、代表数据形态的统计量

分布形态可以从两个角度考虑，一是数据分布对称程度，另一个是数据分布集中程度。前者的测定参数称为偏度或偏斜度，后者的测定参数称为峰度（表 7-3）。偏度和峰度是衡量数据分布特征的重要指标。

表 7-3　代表数据分布形态的统计量含义及其作用

统计量	含义	作用
偏度	偏度是刻画数据在均值两侧的对称程度的参数，用偏度系数来衡量。 标准偏度系数 g_1 $g_1=\sqrt{\frac{1}{6n}\sum\left(\frac{x_i-\bar{x}}{S}\right)^3}$ 当 $g_1<0$、$g_1=0$、$g_1>0$ 时，数据的分布情况如下图： 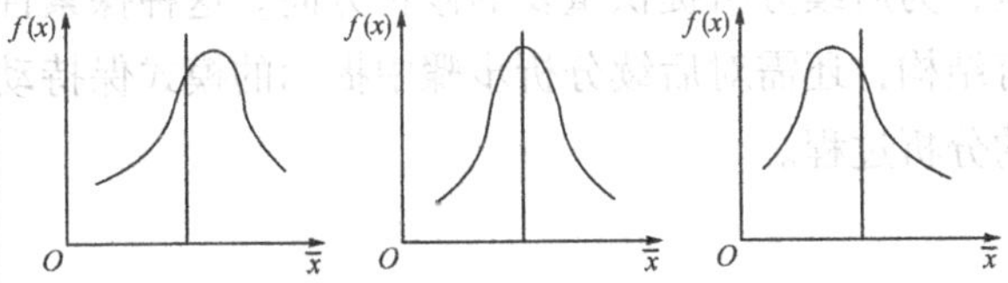 $f(x)$ 是数据分布的密度函数，$\bar{x}$ 是数据的平均值	偏度可以表示数据分布的不对称性，刻画出是向正的方向偏还是向负的方向偏（小于 $\bar{x}$ 或大于 $\bar{x}$）。峰度可以表示数据频数分布曲线峰形的相对高耸程度或尖平程度。 这两个指标主要用于分析数据的频率统计图以及评价正态分布性，当 $g_1=0$ 且 $g_2=0$ 时，数据是标准正态分布
峰度	峰度是刻画数据在均值两侧的集中程度的参数，用峰度系数来衡量。 标准峰度系数 g_2 按下式计算 $g_2=\sqrt{\frac{n}{24}}\left(\frac{1}{n}\sum\left(\frac{x_i-\bar{x}}{S}\right)^4-3\right)$ $f(x)$ 是数据分布的密度函数，$\bar{x}$ 是数据的平均值，S 是标准差。 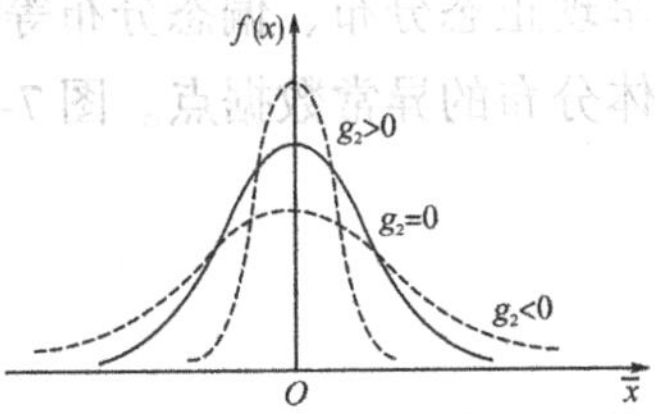 	

四、其他统计量

其他统计量见表 7-4 所列。

表 7-4 其他统计量

统计量	含义	作用
总和	数据集中所有数据相加得到的值	总和一般用于求取总值及各种比值。通过求取一定流域内的沟壑总长度与总面积，可以获得该流域的沟壑密度
比率	两类物体或现象的数值之比	地表粗糙度即是以比率来表达的，它是地表单元的曲面面积与其在水平面上的投影面积之比
比例	某类物体或现象的数值与其总数之比	高程变异系数以某区域高程标准差和平均值的比值来表示
种类	一定区域内，出现多少种不同的值	例如，在不同高程区域内植物、动物或其他研究对象的种类的统计，反映区域生物的多样性

第三节 探索性空间数据分析

在数据分析的完整流程中，通常包含探索性分析与证实性分析两个关键阶段。探索性空间数据分析（exploratory spatial data analysis，ESDA）作为空间统计分析的基础环节，其核心价值在于首先通过系统性方法分离出空间数据中隐含的模式与特征，再依据数据的空间分布特性选择适配的分析模型。此外，ESDA 还能够敏锐地揭示数据与常见理论模型之间意想不到的偏差，为后续分析提供重要的修正方向。这种探索性方法不仅需要灵活适配空间数据的固有结构，还需对后续分析步骤中揭示的模式保持动态响应能力，从而形成一个迭代优化的分析过程。

一、基本分析工具

（一）直方图

直方图是探索性空间数据分析中最基础的可视化工具，其核心原理是对采样数据按照特定的分级方案（如等间隔分级、标准差分分级等）进行归类，统计每个级别内采样点的数量或占总采样数的百分比，最终以条带图或柱状图的形式直观呈现。通过直方图，研究者能够快速把握采样数据的分布特征与总体规律，具体应用包括如下两点。

（1）数据分布检验：判断数据是否呈现正态分布、偏态分布等典型形态；

（2）离群值探测：识别显著偏离整体分布的异常数据点。图 7-2 直观展示了直方图的基本结构与数据表达形式。

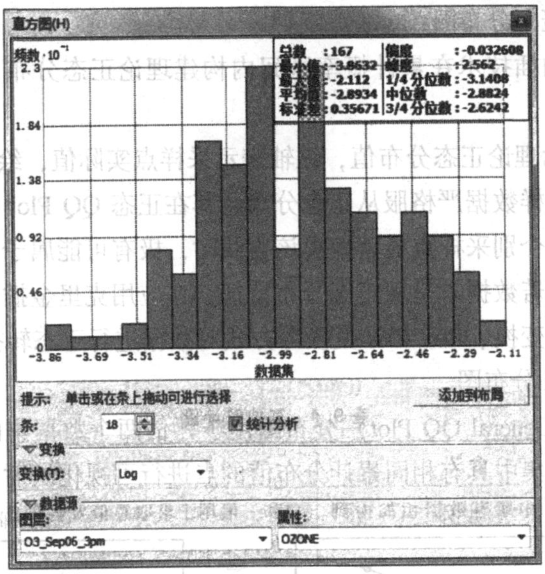

图 7-2　直方图示意图

（二）正态 QQ 图

1. 正态 QQ Plot 分布图

正态 QQ Plot（Normal QQ Plot）分布图是评估单变量样本数据是否服从正态分布的重要工具，其构建流程如下（图 7-3）：

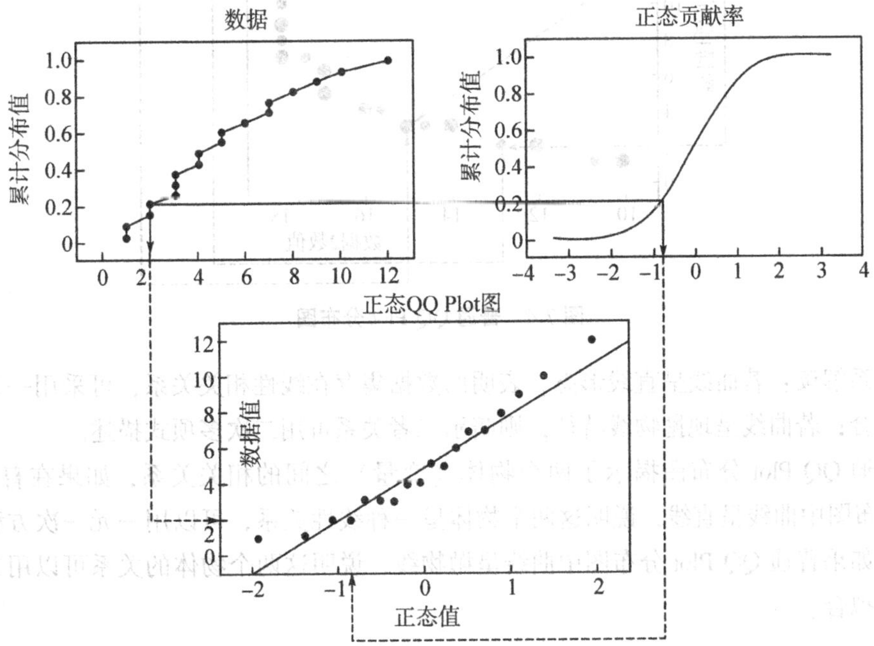

图 7-3　正态 QQ Plot 分布图

（1）对采样值进行升序或降序排列；
（2）计算每个排序后数据的累计概率（即低于该值的数据占总样本的百分比）；

（3）绘制累计概率分布图；

（4）采用线性内插技术在累计概率区间内构建理论正态分布，求解对应的正态分布分位数；

（5）以横轴表示理论正态分布值，纵轴表示采样点实际值，绘制散点图。

关键判据：若采样数据严格服从正态分布，其在正态 QQ Plot 图中的散点应近似分布于一条直线上。当个别采样点显著偏离该直线时，极有可能属于异常点，需进一步检验其合理性。此外，若数据未呈现正态分布特征，在应用克里金插值等依赖正态假设的方法前，需通过对数变换、Box-Cox 变换等方式对数据进行正态转换。

2. 普通 QQ Plot 分布图

普通 QQ Plot（General QQ Plot）分布图用于评估两个数据集的分布相似性，其生成逻辑是对两个数据集中具有相同累计分布值的点进行可视化映射（图 7-4）。

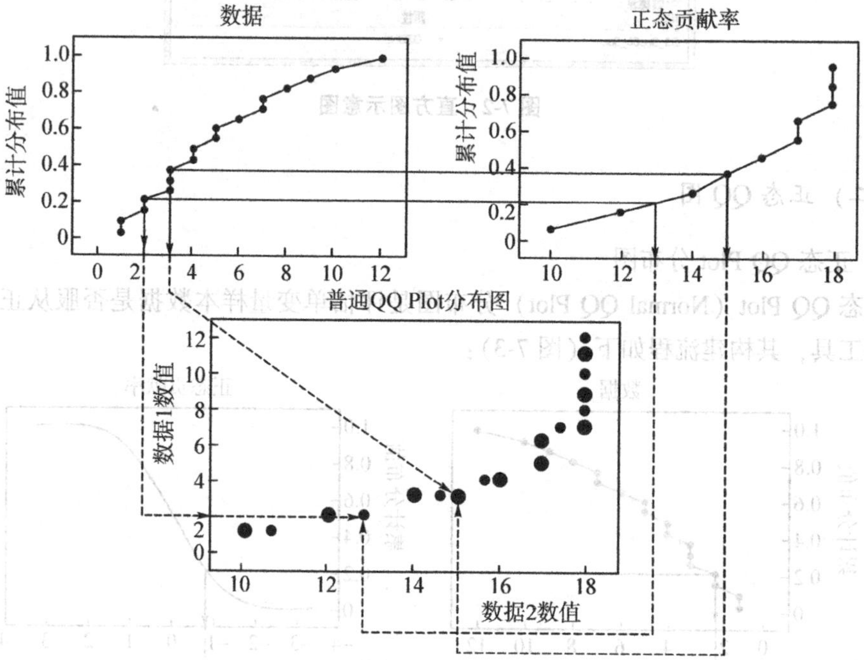

图 7-4 普通 QQ Plot 分布图

关系解读：若曲线呈直线形态，表明两数据集存在线性相关关系，可采用一元一次方程拟合；若曲线呈现抛物线特征，则暗示二者关系可用二次多项式描述。

普通 QQ Plot 分布图揭示了两个物体（变量）之间的相关关系，如果在普通 QQ Plot 分布图中曲线呈直线，说明这两个物体呈一种线性关系，可以用一元一次方程式来拟合；如果普通 QQ Plot 分布图中曲线呈抛物线，说明这两个物体的关系可以用二次多项式来拟合。

（三）方差变异分析工具

半变异函数和协方差函数将统计相关系数的大小表示为以距离为自变量的函数，这是对地理学相近相似定理的定量化。图 7-5 和图 7-6 分别展示了一个典型的半变异函数图及其对应的协方差函数图。

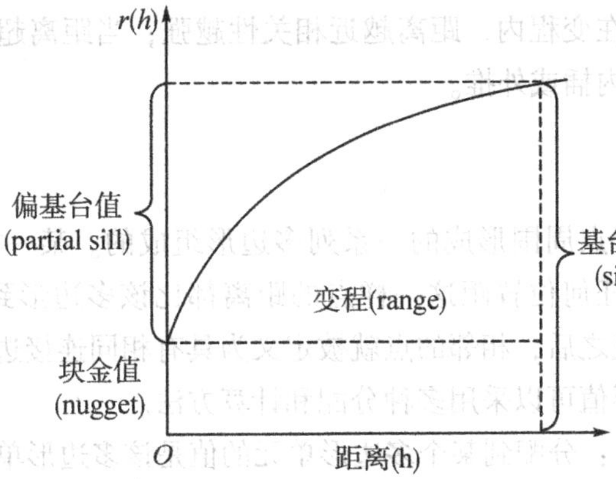

图 7-5 半变异函数图

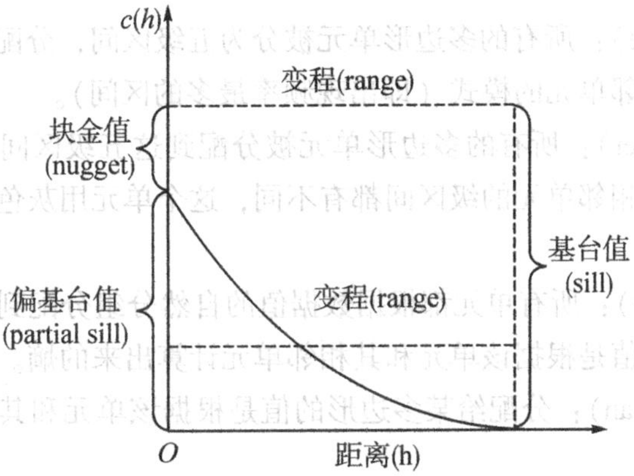

图 7-6 协方差函数图

从图 7-5 和图 7-6 中可观察到：

半变异值随距离增加而递增，协方差值随距离增加而递减。

这种变化规律源于空间相关性的距离衰减特性：当两点距离较近时，属性相似性高，故协方差大而半变异值小；反之，距离较远时，相似性降低，协方差减小而半变异值增大。

半变异函数关键参数解析如下。

（1）在半变异函数曲线图中，间隔为 0 的点与函数趋近平稳的拐点定义了四个核心参数（图 7-5）。

（2）块金值（nugget）：在理论上，当采样点间距为 0 时半变异值应为 0，但由于测量误差（仪器固有误差）与微观空间变异（自然现象在极小尺度的随机波动）的存在，实际值往往大于 0，二者共同构成块金值。

（3）基台值（sill）：当采样点间距增大至某一阈值时，半变异函数值趋于稳定，该稳定值即为基台值；当距离超过基台值对应的范围时，空间相关性消失。

（4）偏基台值（partial sill）：基台值与块金值的差值，反映了空间结构性变异的强度。

（5）变程（range）：半变异函数从块金值达到基台值时的采样点间距，代表空间相关性的有效作用范围。在变程内，距离越近相关性越强；当距离超过变程（$h>R$）时，该点数据无法用于空间内插或外推。

（四）Voronoi 图

Voronoi 图是由在样点周围形成的一系列多边形组成的。某一样点的 Voronoi 多边形的特征是：多边形内任何位置距这一样点的距离都比该多边形到其他样点的距离要近。Voronoi 多边形生成之后，相邻的点就被定义为具有相同连接边的样点。

Voronoi 图中多边形值可以采用多种分配和计算方法。

（1）简化（simple）：分配到某个多边形单元的值是该多边形单元的值。

（2）平均（mean）：分配到某个多边形单元的值是这个单元与其相邻单元的平均值。

（3）模式（mode）：所有的多边形单元被分为五级区间，分配到某个多边形单元的值是这个单元与其相邻单元的模式（即出现频率最多的区间）。

（4）聚类（cluster）：所有的多边形单元被分配到这五级区间中，如果某个多边形单元的级区间与它的相邻单元的级区间都有不同，这个单元用灰色表示，以区别于其他单元。

（5）熵（entropy）：所有单元都根据数据值的自然分组分配到这五级区间中。分配到某个多边形单元的值是根据该单元和其相邻单元计算出来的熵。

（6）中值（median）：分配给某多边形的值是根据该单元和其相邻单元的频率分布计算的中值。

（7）标准差（stDev）：分配给某多边形的值是根据该单元和其相邻单元计算出的标准差。

（8）四分位数间间隔（IQR）：第一、第三和第四分位数是根据某单元和其相邻单元的频率分布得出的。分配给某多边形单元的值是用第三和第四分位数减去第一和第四分位数得到的差。

图 7-7 为简化（simple）Voronoi 图，图 7-8 为熵（entropy）Voronoi 图，显然，不同的多边形赋值方式，获取的 Voronoi 图提供的信息也不同。简化（simple）Voronoi 图可以了解每个采样点控制的区域范围，也可以体现出每个采样点对区域内插的重要性。利用简化（simple）Voronoi 图就可以找出一些对区域内插作用不大且可能影响内插精度的采样点值，可以将它剔除。用聚类和熵的方法生成的 Voronoi 图可用来帮助识别可能的离群值。熵值是度量相邻单元相异性的一个指标。在自然界中，距离相近的事物比距离远的事物具有更大的相似性，因此，局部离群值可以通过高熵值的区域识别出来。同样，一般认为某个特定单元的值至少应与它周围单元中的某一个的值相近。因此聚类方法也能将那些与周围单元不相同的单元识别出来。

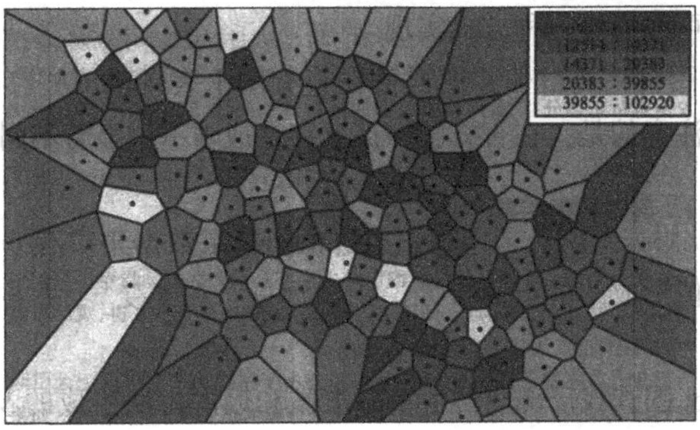

图 7-7 简化（simple）Voronoi 图

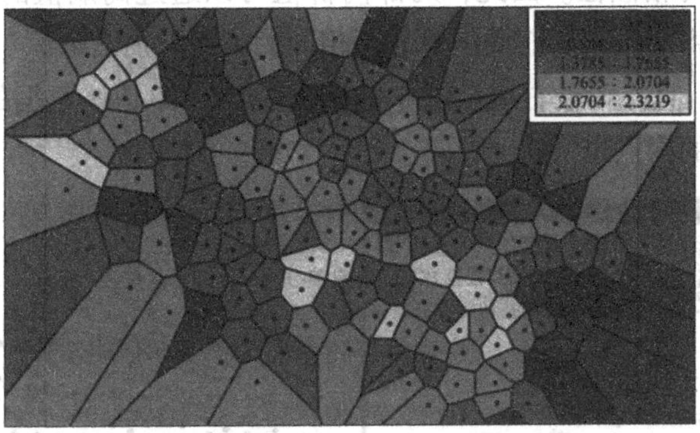

图 7-8 熵（entropy）Voronoi 图

二、检验数据的分布

在空间统计的分析中，许多统计分析模型，如地统计分析，都建立在平稳假设的基础上，这种假设在一定程度上要求所有数据值具有相同的变异性。另外，一些克里金插值（如普通克里金法、简单克里金法和泛克里金法等）都假设数据服从正态分布。如果数据不服从正态分布，则需要进行一定的数据变换，从而使其服从正态分布。因此，在进行地统计学分析前，检验数据分布特征、了解和认识数据具有非常重要的意义。数据的检验可以通过直方图和正态 QQ Plot 分布图完成。如果数据服从正态分布，数据的直方图应该呈钟形曲线，在正态 QQ Plot 分布图中，数据的分布近似成为一条直线。

三、寻找数据的离群值

数据离群值分为全局离群值和局部离群值两大类。全局离群值是指对于数据集中所有点而言，具有很高或很低的值的观测样点。局部离群值指对于整个数据集来讲，观测样点的值处于正常范围，但与其相邻测量点比较，它又偏高或偏低。

离群点的出现有可能就是真实异常值，也可能是由于不正确的测量或记录引起的。如果离群值是真实异常值，这个点可能就是研究和理解这个现象的最重要的点；反之，如果它是由于测量或数据输入的明显错误引起的，在生成表面之前，它们就需要改正或剔除。对于预测表面，离群值可能影响半变异建模和邻域分析的取值。

离群值的寻找可以通过三种方式实现。

（1）利用直方图查找离群值：离群值在直方图上表现为孤立存在或被一群显著不同的值包围。但需注意的是，在直方图中孤立存在或被一群显著不同的值包围的样点不一定是离群值。

（2）用半变异/协方差函数云图识别离群值：如果数据集中有一个异常高值的离群值，则与这个离群值形成的样点对，无论距离远近，在半变异/协方差函数云图中都具有很高的值。

（3）用 Voronoi 图查找局部离群值：用聚类和熵的方法生成的 Voronoi 图可用来帮助识别可能的离群值。熵值是度量相邻单元相异性的指标。通常，距离近的事物比距离远的事物具有更大的相似性。因此，局部离群值可以通过高熵值的区域识别出来。同理，聚类方法也可将那些与它们周围单元不相同的单元识别出来。

如图 7-9 所示，直方图最右边被选中的两个柱状条即是该数据的离群值。相应地，数据点层面上对应的样点也被刷光。

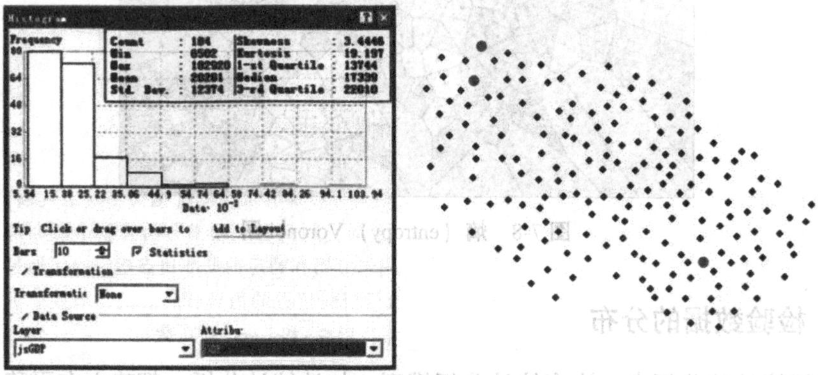

图 7-9　直方图查找离群值图

四、全局趋势分析

在空间数据分析领域，地理现象的空间分布特征通常可拆解为确定性的全局趋势与随机性的短程变异两个关键组成部分。全局趋势如同地理现象的“宏观骨架”，反映了空间物体在较大空间区域上变化的主体特征，它致力于揭示空间物体的总体演变规律，而相对弱化局部细微变异的影响。例如，在研究区域地形高程分布时，全局趋势能够展现出该区域整体是呈现从东向西抬升，还是由南向北下降的大趋势，而暂时忽略局部山丘、洼地等细节。

趋势面分析作为探究全局趋势的核心方法，其基本原理是基于空间抽样获取的数据，通过数学拟合的方式构建一个曲面模型。该数学曲面如同一个“趋势过滤器”，能够有效捕捉并呈现空间分布的变化态势。从结构上看，趋势面分析的结果可细分为趋势面和偏差两大部分。其中，趋势面承载着空间数据总体的变化趋势信息，它的形成受到全局性、大范围因素的驱动。以区域经济发展水平的空间分布为例，国家宏观经济政策、交通网络布局、资源禀赋差异等因素，会在宏观层面上塑造经济发展水平的总体趋势。而偏差部分则反映了实际数据与趋势面之间的差异，包含了局部特殊因素导致的变异信息。

准确识别和量化全局趋势在空间分析统计建模中具有至关重要的作用。当我们能够精准把握全局趋势后，便可以在后续建模过程中，将其从原始数据中分离出去。这样一来，研究人员就能更专注于挖掘短程随机变异蕴含的信息，从而更精确地模拟地理现象的局部特征和细节变化，提升空间分析模型的准确性和可靠性。

透视分析是探测全局趋势的常用且有效的手段。在透视分析过程中，选择合适的透视角度是准确判定趋势特征的关键所在。由于地理空间具有多维性，同样的采样数据，从不同的透视角度观察，所呈现的趋势信息会存在显著差异。以图 7-10 为例，图 7-10（a）展示了某地区东西方向（*X* 轴）和南北方向（*Y* 轴）的高程趋势图，图 7-10（b）则呈现了该地区东南—西北方向和西南—东北方向的高程趋势图。通过对比可以发现，不同的透视方向下，该地区高程趋势的展现形式和显著程度有所不同。在实际进行趋势分析时，研究人员应遵循一定的原则选择透视面，即尽可能使采样数据在透视面上的投影点分布相对集中。只有当投影点分布较为集中时，基于这些投影点拟合得到的趋势方程才能更好地代表数据的整体趋势特征，从而有效反映采样数据集的全局趋势。从图 7-10 中可以直观地看出，在图 7-10（a）中投影点的分布更为集中，其反映的趋势也比图 7-10（b）更为准确、可靠。

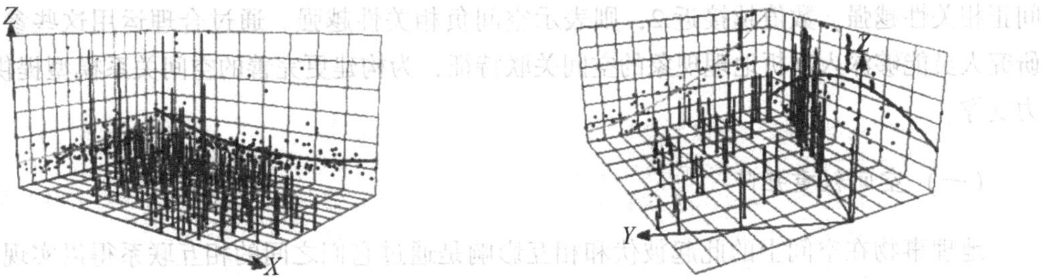

（a）某地区东西方向和南北方向的高程趋势图（b）该地区东南—西北方向和西南—东北方向的高程趋势图

图 7-10 趋势面分析透视面图

五、空间自相关与空间关系建模

在地理研究中，大部分地理现象都遵循空间相关特性，即地理学第一定律所描述的“两个事物距离越近越相似”。这一特性构成了空间统计分析的重要理论基础，它表明地理事物的属性并非相互独立，而是在空间上存在着紧密的关联。半变异/协方差函数云图正是对这种空间相似性的定量化表达工具，通过计算不同距离下样本点之间的半变异值或协方差值，以可视化的方式呈现空间相关性随距离的变化规律。

空间自相关（spatial autocorrelation）分析作为探究空间相关性的核心方法，可进一步细分为全局空间自相关分析和局部空间自相关分析。该分析方法以具有点或面分布特征的特定属性数据为研究对象，其分析结果能够帮助研究人员解释地理现象的空间分布模式，寻找空间聚集性区域或关键“焦点”。

全局空间自相关分析着眼于整个研究范围，旨在判断指定属性在宏观层面上是否存在自相关性。例如，在研究某城市不同街区的犯罪率时，通过全局空间自相关分析，可以了解该城市整体范围内犯罪率是否存在聚集或分散的趋势。常用的全局空间自相关指标有 Moran's I（莫兰指数）等，当 Moran's I 值大于 0 时，表明研究区域内存在正的空间自相关，即相似的属性值倾向于聚集分布；当 Moran's I 值小于 0 时，则表示存在负的空间自相关，即相似的属性值倾向于分散分布；当 Moran's I 值接近 0 时，说明属性值在空间上呈随机分布。

局部空间自相关分析则聚焦于特定的局部地点，深入探究指定属性在局部范围内的自相关情况。以分析某地区土壤重金属含量为例，局部空间自相关分析可以精准定位出哪些区域的土壤重金属含量存在显著的局部聚集现象，哪些区域呈现局部离散特征。在局部空间自相关分析中，Getis-Ord Gi* 指数等指标应用广泛，通过计算局部空间自相关统计量，可以识别出高值聚集区（热点）和低值聚集区（冷点），为环境监测和治理决策提供精准依据。

在空间自相关分析中，具有正自相关的属性，其相邻位置的值与当前位置的值具有较高的相似性。为了更准确地度量和分析空间自相关程度，Moran's I（莫兰指数）和 Geary C 系数是两个常用的重要参数。Moran's I 指数不仅能够判断空间自相关的方向（正相关或负相关），还能通过其数值大小反映自相关的强度；Geary C 系数同样用于衡量空间自相关，与 Moran's I 指数呈反向关系，其值介于 0～2，数值越接近 0，表明空间正相关性越强，数值越接近 2，则表示空间负相关性越强。通过合理运用这些参数，研究人员能够深入剖析地理现象的空间关联特征，为构建更完善的空间关系模型提供有力支撑。

（一）空间权重矩阵

地理事物在空间上的此起彼伏和相互影响是通过它们之间的相互联系得以实现的，空间权重矩阵（spatial weights matrix）是传载这一作用过程的实现方法。因此，构建空间权重矩阵是研究空间自相关的基本前提之一。空间数据中隐含的拓扑信息提供了空间邻近的基本度量。通常定义一个二元对称空间权重矩阵 $W_{n\times n}$ 来表达 n 个空间对象的空间邻近关系，可根据邻接标准或距离标准来度量，还可以根据属性值 W_j 和二元空间权重矩阵来定义一个加权空间邻近度量方法。空间权重矩阵的表达形式为

$$\begin{bmatrix} W_{11} & W_{12} & \cdots & W_{1n} \\ W_{21} & W_{22} & \cdots & W_{2n} \\ \vdots & \vdots & & \vdots \\ W_{n1} & W_{n2} & \cdots & W_{nn} \end{bmatrix}$$

根据邻接标准，当空间对象 i 和空间对象 j 相邻时，空间权重矩阵的元素 W_{ij} 为 1，其他情况为 0，表达式如下：

$$W_{ij}=\begin{cases}1 & (i\text{ 和 }j\text{ 相邻})\\ 0 & (i=j\text{ 或 }i\text{ 和 }j\text{ 不相邻})\end{cases}$$

根据距离标准，当空间对象 i 和空间对象 j 在给定距离 d 之内时，空间权重矩阵的

元素 W_{ij} 为1，否则为0，表达式为

$$W_{ij}=\begin{cases}1 & (\text{对象}\ i\ \text{和对象}\ j\ \text{的距离小于}\ d\ \text{时})\\0 & (\text{其他})\end{cases}$$

如果采用属性值 x_j 和二元空间权重矩阵来定义一个加权空间邻近度量方法，则对应的空间权重矩阵可以定义如下

$$W_{ij}^{*}=\frac{W_{ij}x_j}{\sum_{j=1}^{n}W_{ij}x_j} \tag{7-1}$$

（二）Moran's I（莫兰指数）

Moran's I 是应用最广的一个参数。对于全程空间自相关，Moran's I 的定义是

$$I=\frac{n}{S_0}\frac{\sum_{i=1}^{n}\sum_{j=1}^{n}w_{ij}z_iz_j}{\sum_{i=1}^{n}z_i^{\ 2}} \tag{7-2}$$

式中：z_i 是要素 i 的属性与其平均值 x_i-X 的偏差；$w_{i,j}$ 是要素 i 和 j 之间的空间权重；n 等于要素总数；S_0 是所有空间权重的聚合。

$$S_0=\sum_{i=1}^{n}\sum_{j=1}^{n}w_{ij} \tag{7-3}$$

统计的 z_I 得分按照以下形式计算：

$$z_I=\frac{I-E[I]}{\sqrt{V[I]}} \tag{7-4}$$

其中，

$$E[I]\ =-\frac{1}{n-1}$$

$$V[I]\ =E[I^2]\ -E[^I]\ 2$$

Moran's I 如果是正的而且显著，表明具有正的空间相关性。即在一定范围内各位置的值是相似的，如果是负值而且显著的，则具有负的空间相关性，数据之间不相似。接近于0则表明数据的空间分布是随机的，没有空间相关性。

（三）GerayC 系数

对于全局空间自相关的 GerayC 系数

$$C(d)=\frac{(n-1)\sum_{i=1}^{n}\sum_{j=1}^{n}w_{ij}(x_i-x_j)}{2nS^2\sum_{i=1}^{n}z_i^{\ 2}\sum_{j=1}^{n}w_{ij}} \tag{7-5}$$

对于局部位置 i 的空间自相关，Geray C 系数

$$C_i(d)=\sum_{j\neq i}^{n}w_{ij}(x_i-x_j)^2 \tag{7-6}$$

式中，w_{ij} 是空间权重矩阵 W_{ij} 的各个分项。

C 的值总是正的。假设检验的判据是如果不存在空间自相关性，C 的均值为 1。显著性检验的结果为低值（0 和 1 之间）表明具有正的空间自相关性，显著性检验的结果为高值（大于 1）表明具有负的空间自相关性。

第四节　空间数据常规统计与分析

在 GIS 的应用体系中，空间统计分析占据着核心地位，是 GIS 在众多领域广泛应用的关键技术支撑之一。如同传统统计学包含基础与高级统计方法，空间统计分析也有多种方法和类型。在实际对空间数据进行分析与可视化操作时，基本的空间统计方法是不可或缺的工具。例如，计算某组数据的均值以反映其集中趋势，确定极值来了解数据的变化范围，求解标准差衡量数据的离散程度，这些获取基本统计量的操作，均属于空间数据常规统计分析的范畴。

对于空间分布的点要素集合，依据行政单元或其他面要素进行统计也是常见的常规操作。通过分析点要素与面要素之间的拓扑关系、包含关系等各种空间关系，统计落入各个面域单元内的点的数量，进而探究地理现象的分布规律。例如，统计不同行政区内的商业网点数量，以此分析商业资源的空间布局差异。此外，地图制作作为 GIS 的基础功能，在制作过程中，对数值变量基于特定统计方法进行等级划分，同样属于常规空间数据统计分析。这种分级操作不仅能让地图更直观地展示数据特征，还能为后续的空间分析和决策提供依据。由于空间数据常规统计分析在 GIS 实践中应用广泛、案例繁多，本节将聚焦于典型方法，重点介绍空间数据分级统计分析、空间数据分区统计分析、样方统计与核密度估计。

一、空间数据分级统计分析

分级作为数据加工处理的重要手段，能够将数据划分为不同级别，清晰呈现数据自身特征，为应用研究和专题制图筑牢基础。在实际应用中，分级方法丰富多样，研究者需依据具体研究目的和数据特点，谨慎选择合适方法，以精准突出所需数据信息。本书从不同维度对分级方法进行分类介绍。

（一）按使用分级方法的多少可分为单一分级法和复合分级法

单一分级法：针对一个数据集，全程仅采用一种分级方法。这种方法适用于数据特征相对单一且分布规律明显的情况。例如，在分析某区域地形的海拔高度数据时，若数据分布较为均匀，使用单一的等间距分级法，便能有效呈现地形的起伏变化。

复合分级法：鉴于数据自身的复杂性，部分数据需采用一种分级方法，另一部分数据则适用其他方法，从而更好地满足研究需求。以坡度数据为例，当数据中存在坡面平缓与地势陡峭差异显著的两部分时，对平缓区域采用较为宽泛的分级间隔，对陡峭区域设置更细致的分级，可精准凸显坡度变化特征。

（二）按级差是否相等可分为等值分级法和不等值分级法

等值分级法：该类方法包含等间距分级、等面积分级、分位数分级等。等间距分级依据固定间隔划分数据，等面积分级致力于使各级别在图上所占面积相近，分位数分级则确保每个级别数据个数大致相同。

不等值分级法：涵盖自然裂点法分级、标准差分级、平均值嵌套分级等。这些方法依据数据的内在特征确定级差，能够更灵活地适应数据分布。

（三）按确定级差的方法可分为自定义分级法和模式分级法

本节主要按这种分类体系展开讨论。

（1）自定义分级：研究者依据应用目的，自主设定数据各级别的数值范围。这种方法依赖于研究者对数据集的深入理解，以便准确确定合适的分级临界点。临界点的合理选择至关重要，精准的临界点可增强同一级别区域内数据的同质性，同时扩大各级之间的差异性，使分级结果更好地服务于各类分析需求。例如，在土地利用规划中对坡度进行分级时，需结合农业种植、工程建设等不同应用目标，科学确定临界坡度，为后续规划提供准确参考。

（2）模式分级：指按固定模式进行分级，在固定模式中，级差由特定的算法自动设定。模式分级包括等间距分级、分位数分级、等面积分级、标准差分级和自然裂点法分级等。

①等间距分级：这是一种最简单的分级方法，它按某个恒定间隔来对数据进行分级。假定数据集里有最大值和最小值，那么间距 D=（最大值-最小值）/分级数。等间距分级法原理简单、操作方便，但当数据集中在某一小范围内时，各分级之间数据个数的差别太大，会造成图面配置不均衡，影响制图效果。可见，当数据具有均匀变化的分布特征时，等间距分级法就简明实用；若数据分布差异过大，将会影响制图效果及对统计结果的分析。

②分位数分级：将数列划分为数量相等的分段，如四分位、五分位等，先对数列排序，计算分位数并以此作为分级值。该方法可使各级数据个数相近，常能产出良好的制图效果，有助于清晰展示数据分布的相对关系。

③等面积分级：对于矢量数据而言，对每个多边形都可以求出其面积，将面积的值按大小顺序排列并累加，把累加面积分为相等的几段，作为分级范围，这样，每个级别中包含的样本数目虽然不同，但总面积基本一致。等面积分级法使得每一级在图上占据的面积相等（或大致相等）。这种方法的特点是在图面上只反映各级占有相同的面积，制图效果好，但是没有充分利用图面表示级间的差异。对于规则栅格数据而言，一定区域内的面积可由该区域内的栅格个数乘以栅格分辨率得到，所以按等面积分级只需考虑栅格个数即可。这时可以将数据按大小顺序排列，将数据个数累加，并把累加的个数分为相等的几段，这与分位数分级法得到的分级结果基本上是一致的。

④标准差分级：标准差可以反映各数据间的离散程度，按标准差分级，首先要保证数据的分布具有正态分布的规律，才可计算平均值和标准差 StDev；然后根据数据波动

情况划分等级。以算术平均值作为中间级别的分界点，以一倍标准差为间隔进行分级时，其余分界点为

$$\bar{x}\pm StDev,\ \bar{x}\pm 2StDev,\ \bar{x}\pm 3StDev,\ \cdots,\ \bar{x}\pm iStDev$$

当然也可以采用 1/2 倍标准差参与分级，即

$$\bar{x}\pm 1/2StDev,\ \bar{x}\pm 2/2StDev,\ \bar{x}\pm 3/2StDev,\ \cdots,\ \bar{x}\pm i/2StDev$$

显然，分级数目是由数据本身所决定的，且对于同一数据集。采用一倍标准差时，分级数目最少；采用 1/4 倍标准差时，分级数目最多。

⑤自然裂点法分级：任何统计数列都存在一些自然转折点、特征点，用这些点可以把研究的对象分成性质相似的群组。因此，裂点本身就是分级的良好界线。将统计数据制成频率直方图、坡度曲线图、累计频率直方图，都有助于找出数据的自然裂点。如果频率最低点与峰值构成一条近似正态分布曲线，就可以把任意两个正态分布曲线交点作为分级界线。自然裂点法分级基本上是基于让各级别中的变异总和达到最小的原则来选择分级断点的。

⑥其他分级方法：a. 有规律的不等间距分级。这种方法与等间距分级法的区别在于它的间距是按一定规律变化的，而不是一个恒定的间隔。该方法采用的间隔或级差有算术级数和几何级数两种，每种又都可通过以下六种变化方法来确定各级的分级间隔：按某一恒定速率递增、按某一加速度递增、按某一减速度递增、按某一恒定速率递减、按某一加速度递减、按某一减速度递减。b. 按嵌套平均值分级。该方法先计算整个数据集的平均值，它将数据集分为两部分，每部分中再计算平均值，又各自把所有的那一部分分成两段，以此类推，就可以把数据集区分为 $2n$ 个等级，即 2 的几何级数。n 是计算中的平均值的嵌套序数，用这种方法只能得到偶数个级别，而不可能得到奇数个级别。c. 按面积正态分布分级。按数据的大小排列，累加其面积，然后按正态分布的规则使中间级别所占的面积较大，高端和低端的级别所占的面积都依次减小，并由此来确定每级的分界线。显然，这种方法不仅使每个级别中样本的数目不相等，而且各级别的累加面积呈正态分布。

总之，关于数据的统计分级的研究还有很多，其目的都在于改善分级间隔的规则性、同级之中的同质性和不同级别之间的差异性等。

二、空间数据分区统计分析

空间数据分区统计，是将空间要素按照某种区域单元进行聚合的主要方法。分区统计既可以用于统计区域单元内某种地理要素的数量特征，也可以统计其几何特征。例如：以我国省级行政区为基本面域单元，统计每个省级行政区内机场数量、区县个数等，均属于地理对象属性的分区统计；对于栅格数据，可以按照流域分区统计各个流域的平均坡度、平均海拔等信息，这属于栅格数据的分区统计。如果按照一定的分区统计河流、公路的总长度、基本农田的总面积等，则属于对地理要素几何属性或特征的分区统计。

基于矢量数据，可以统计并分析各个分区内目标要素的属性特征及空间几何特征。例如，可以统计各分区内点要素的数量、线要素的长度及面要素的面积。

上述统计主要针对同一主题的地理要素进行分区统计，与之相对应，还有一类比较常见的分区统计方式，即对各个区域中不同主题要素的属性或几何特征进行分区统计。

三、样方统计与核密度估计

样方法（quadrat sampling method），也称“样方统计法”，是数据统计中应用较为广泛的方法。在非空间数据的统计分析中，直方图就是一种典型的样方法。例如，有两组数据，A(1，2，3，3，3，3，3，4，4，5，6，6，7，8，8，8，9）和 B(7，8，1，2，3，6，8，3，3，3，4，5，6，8，9，3，4)。两组数据完全相同，只是顺序各异。如果不考虑位置排序，则分布完全一样。图 7-11（a）为两组数据分布的柱状图，图 7-11（b）为两组数据的直方图。显然两组数据的分布柱状图因数据分布序列不同而不同，但直方图完全一致。直方图的构建首先需要根据一组数据的最大值和最小值进行分区，然后统计每个分区中数值出现的频次，并作为 y 轴。由于两组数据的数值分布完全一致，因此直方图也相同。这是传统一维变量的分布统计方式。

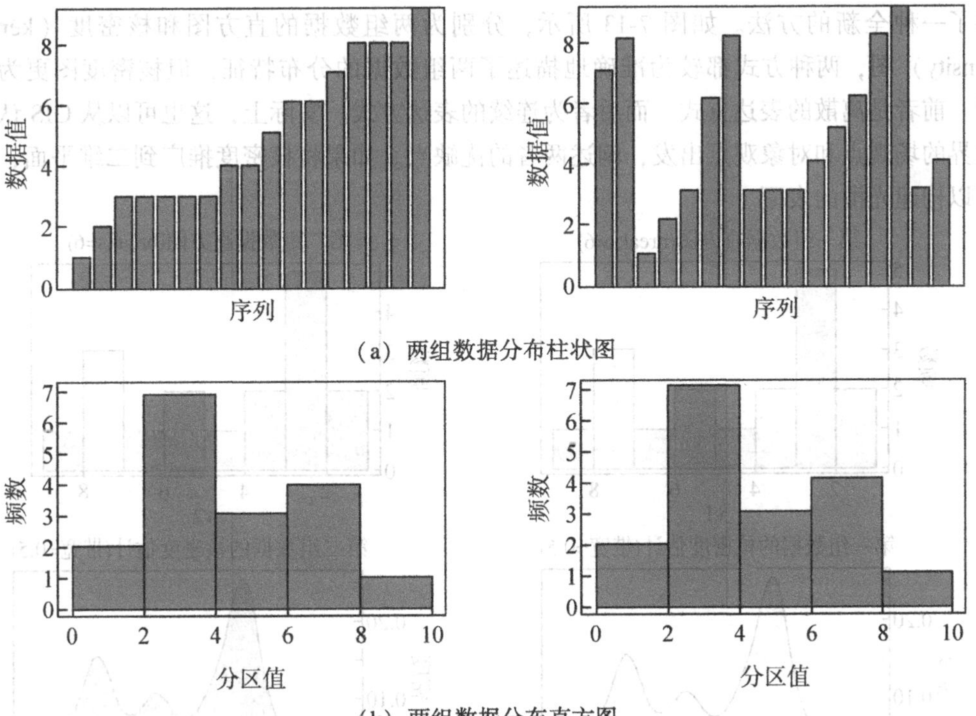

(b) 两组数据分布直方图

图 7-11 两组数据的分布柱状图和分布直方图

由于空间数据具有 x，y 两个维度，因此，在采用样方统计时，就需要同时考虑数据值在 x 和 y 两个方向上的分布。在一般情况下，可以通过两种方式实现样方统计，分别为随机抽样统计和利用所有值统计。前者采用指定大小的正方形区域（或圆形、正六边形等）在目标区域内随机统计，如图 7-12（a）所示。而另一种方式是先将整个目标区域划分为规则的区域，然后统计落入每个分区中点的个数，如图 7-12（b）所示。在两种样方法的示意图中，方格颜色的深浅，代表落入方格中数值的频次。实际上，利用所有值统计的样方法也可以看作一种特殊的分区域统计方法。样方法的主要用途是提供了一种对数据进行聚类的简单方式。

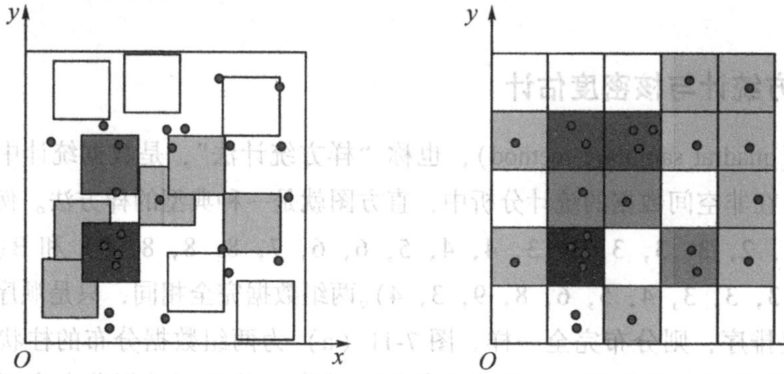

（a）随机抽样统计　　（b）利用所有值统计

图 7-12　二维空间两种常见的样方法示意图

无论是传统统计学中的直方图，还是二维空间中的样方法，尽管统计法算法简单、应用广泛，且易于理解，但基于概率密度函数的核密度估计法为数据分布特征的描述提供了一种全新的方法。如图 7-13 所示，分别为两组数据的直方图和核密度（kernel density）图，两种方式都较为准确地描述了两组数据的分布特征，但核密度图更为平滑。前者是离散的表达方式，而后者为连续的表达方式。实际上，这也可以从 GIS 认识世界的场观点和对象观点出发，阐述两者的优缺点。如果将核密度推广到二维平面，则可以构建光滑的表面。

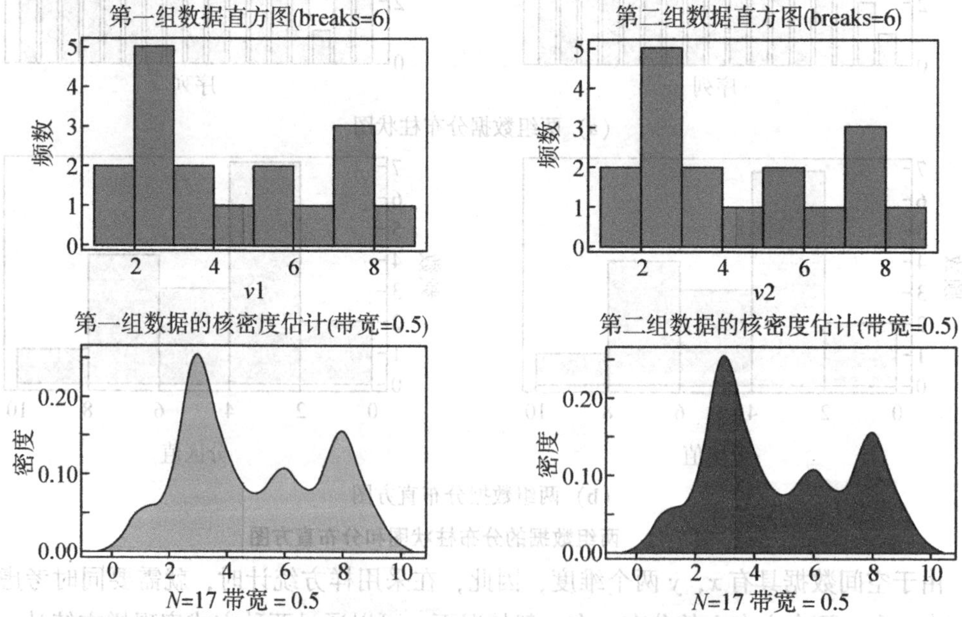

图 7-13　两组数据的分布直方图和分布核密度图

图 7-14（a）所示为一组空间点数据，可以采用核密度的方式构建数据分布的密度表面，密度表面可以是二维的，也可以是三维的。空间核密度的计算公式为

$$\hat{f}(x, y) = \frac{3}{nh^2\pi}\sum_{i=1}^{n}\left[1-\frac{(x-x_i)^2+(y-y_i)^2}{h^2}\right]^2 \tag{7-7}$$

式中：$\hat{f}(x, y)$ 为估算目标栅格单元中心点 $p(x, y)$ 的密度；h 为带宽；x_i，y_i 为样点 i 的坐标；n 为带宽范围内样点的个数；x，y 为估算目标栅格单元的中心点坐标。$(x-x_i)^2+(y-y_i)^2$ 为估算目标栅格中心点到带宽范围内栅格样点 i 之间的欧氏距离的平方。需要指出的是，带宽的大小对分析结果的精细程度有显著的影响，需要根据分析需要的尺度选择合理的带宽。采用空间核密度对图 7-14（a）中的点进行核密度估计，可以分别得到如图 7-14（b）和图 7-14（c）所示的二维核密度表面和三维核密度表面。通过核密度表面，可以很容易通过可视分析观察这些点的空间分布格局。

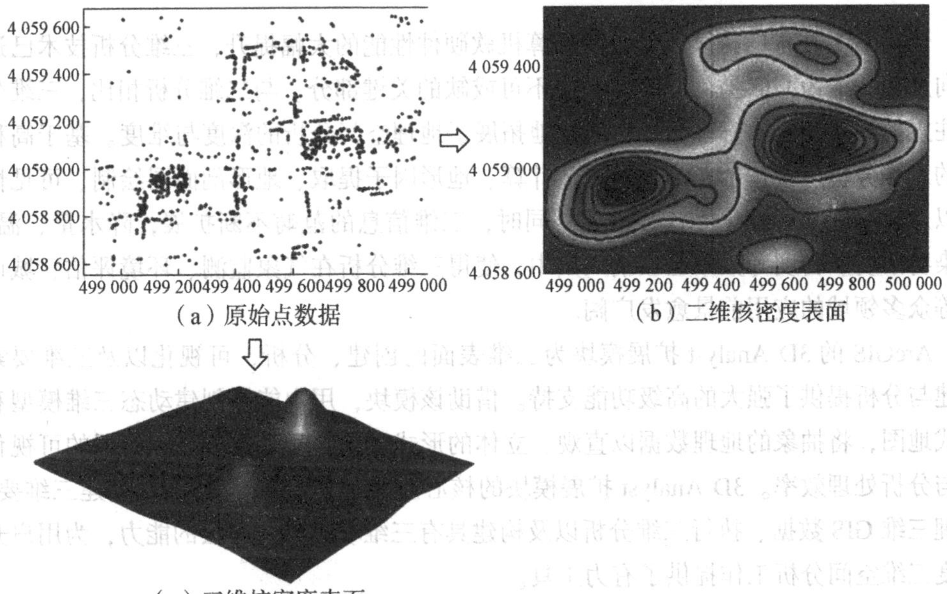

（a）原始点数据　　（b）二维核密度表面

（c）三维核密度表面

图 7-14　二维空间数据及核密度图

样方法、核密度估计法在点、线要素的分析中应用广泛。近年来，随着大数据技术的兴起，基于海量时空点数据的宏观模式汇总，通常用样方法或核密度估计法进行可视化表达，作为最基础的空间可视化及数据分布格局分析。如百度热力图，就是采用核密度估计法实现的。总而言之，核密度估计法是一种非常实用的基本的空间数据聚类方法，是典型的非参数检验统计分析方法。

第八章 ArcGIS 三维分析

伴随 GIS 技术的持续革新以及计算机软硬件性能的大幅提升，三维分析技术已逐步走向成熟，成为 GIS 空间分析体系中不可或缺的关键部分。与二维分析相比，三维分析更注重挖掘和解析第三维信息，极大地拓展了地理空间分析的深度与维度。基于高程信息的三维分析主要包括三维几何参数计算、地形因子提取、地形剖面图绘制、可见性分析以及地形三维可视化等核心内容。同时，三维信息的范畴不断扩展，降水量、温度、污染物浓度、密度等数据也被纳入其中，使得三维分析在气象监测、环境评估、城市规划等众多领域的应用前景愈发广阔。

ArcGIS 的 3D Analyst 扩展模块为三维表面的创建、分析、可视化以及三维要素的构建与分析提供了强大的高级功能支持。借助该模块，用户能够创建动态三维模型和交互式地图，将抽象的地理数据以直观、立体的形式呈现，显著提升地理数据的可视化效果与分析处理效率。3D Analyst 扩展模块的核心应用 ArcScene 具备高效创建三维要素、管理三维 GIS 数据、执行三维分析以及构建具有三维场景属性图层的能力，为用户开展深度三维空间分析工作提供了有力工具。

本章将系统介绍如何运用 ArcGIS 三维分析模块完成三维表面的创建与分析、三维要素的创建与分析，以及在 ArcScene 中实现数据的三维可视化。此外，通过设计多个典型实例和练习，帮助读者深入理解并熟练掌握 ArcGIS 三维分析的理论与方法，提升实际操作能力。

在使用三维分析工具前，首先需要激活 3D Analyst 模块。具体操作如下：在 ArcMap 主菜单中，点击【自定义】菜单下的【扩展模块】选项，在弹出的对话框中勾选 3D Analyst。完成此操作后，位于 ArcToolbox 中的三维分析“3D Analyst 工具”即可启用，为后续的三维分析工作做好准备。

第一节 创建三维表面

具有空间连续特征的地理要素，其属性值可以借助三维坐标系统 X、Y、Z 中的 Z 坐标进行表示，通常将其称为 Z 值。在一定区域范围内，连续的 Z 值共同构成了连续的表面。由于实际表面包含无数个点，在应用过程中难以对所有点进行精确度量和记录，因此，最常用的三维表面构建方式是对区域内不同位置的点进行采样，并通过插值算法生成栅格表面，以此近似模拟真实地理表面。例如，图 8-1 展示的某区域大气污染指数表面栅格模型，其中的点即为大气污染指数的采样点，通过对这些采样点进行处理，最终生成能够反映区域污染状况的三维表面。

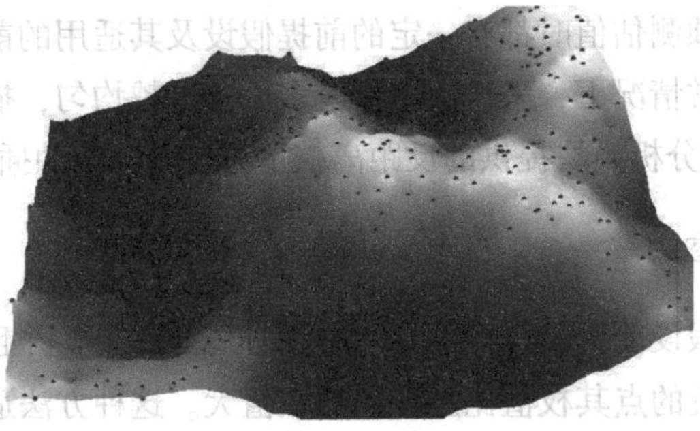

图 8-1 某区域大气污染指数表面栅格模型

利用 ArcGIS 三维分析模块，可以基于现有数据集创建新的三维表面，主要以规则空间格网（栅格模型）和不规则三角网（TIN 模型）两种形式呈现，以满足不同数据分析场景的需求。创建三维表面模型的方法主要有插值法和三角测量法：插值方法包括反距离权重法、克里金法、自然邻域法、样条函数法、地形转栅格法和趋势面法等；三角测量法主要是利用矢量要素生成不规则三角网，也可通过向现有表面添加要素来完成创建。创建完成的表面模型数据可进一步用于地形分析、可视性评估等操作。此外，在 ArcGIS 中，栅格表面和 TIN 表面之间能够实现格式相互转换，为数据处理和分析提供了更多灵活性。

一、栅格表面的创建

栅格表面是基于规则空间格网（栅格数据结构）创建的表面，其核心创建方法是基于点数据，运用插值算法生成连续的栅格表面。插值法的原理是利用有限数量的样本点值，对未知样本点的值进行估计，这种方法广泛应用于生成高程、温度、降水量、化学污染程度等连续表面数据。其应用前提是空间地物具有一定的空间相关性，即距离相近的地物，其属性值更为接近，如，相邻区域的气温、水质等。在实际研究中，往往无法对研究区内每个点的属性值进行测量，而是选取离散的样本点，再通过插值计算未采样点的值。采样点的选取方式包括随机选取、分层选取或规则选取，但必须确保这些点能够代表区域的总体特征。例如，某地区的气象观测站采集的温度、气压等数据，这些离散的点数据能够反映该地区气象指标的总体特征，可用于插值生成连续且规则的栅格面（图 8-2）。

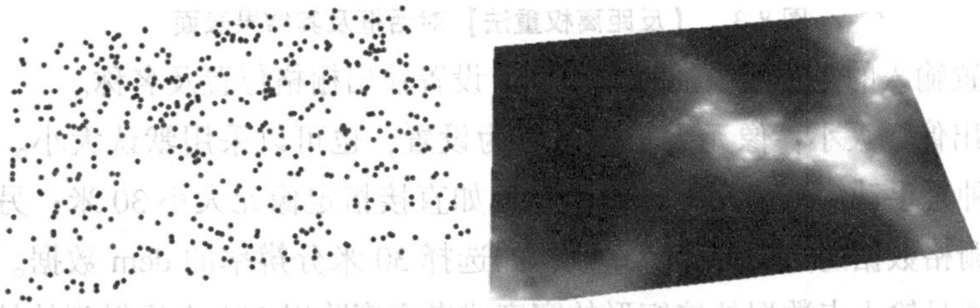

图 8-2 高程点插值及其结果

由点数据插值生成栅格表面的方法有很多，常用的有反距离权重法、克里金法、自然邻域法、样条函数法、地形转栅格法和趋势面法等。根据所要建模的现象及采样点的分布，每种方法进行预测估值时都有一定的前提假设及其适用的前提条件。但是，不论采用哪种方法，在通常情况下，采样点数量越多，分布越均匀，插值效果就会越好。此处将介绍 ArcGIS 三维分析模块提供的反距离权重和克里金两种插值方法。

（一）反距离权重法

反距离权重法的假设前提是每个采样点间都有局部影响，并且这种影响与距离大小成反比，即离目标点近的点其权值比远处点的权值大。这种方法适用于变量的影响随距离增加而减小的情况。例如，计算某一超市的消费者购买力权值，因为人们通常喜欢就近购买，所以距离越远权值越小。反距离权重法又分为可变搜索半径的反距离权重法和固定搜索半径的反距离权重法。可变搜索半径的反距离权重法是在设置搜索半径时指定插值计算中使用的点数。固定搜索半径的反距离权重法是使用指定搜索半径内所有的点作为输入点。

1. 可变搜索半径的反距离权重法

可变搜索半径的反距离权重法是通过设置指定点数来进行插值。这意味着对于每个插值单元，其搜索半径会根据搜索到指定点数时的距离而变化。如果已知采样点在某些区域比较稀疏，可指定最大距离来限制搜索半径，以避免影响插值精度。如果在达到最大搜索距离时，搜索到的点数还没有达到指定的数目，将停止搜索，用已经搜得的点计算插值单元。选择【3D Analyst 工具】→【栅格插值】→【反距离权重法】，打开相应的对话框，图 8-3 展示了反距离权重法的对话框及结果表面，图 8-3（a）为设置界面，图 8-3（b）为插值结果的可视化展示。

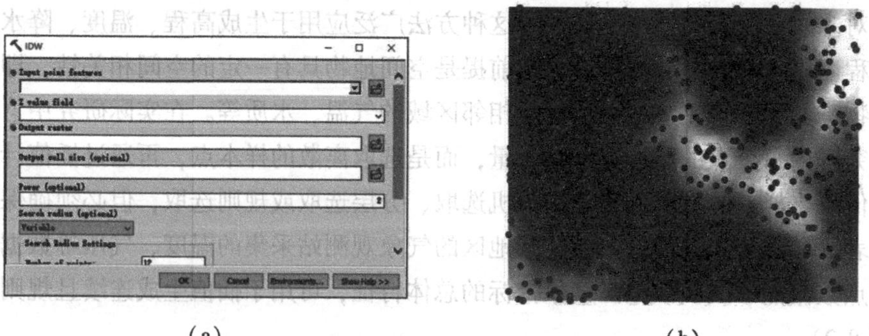

（a）　　　　　　（b）

图 8-3　【反距离权重法】对话框及其结果表面

（1）设置输入的点要素及插值的字段，设置输出栅格位置及名称。

（2）输出像元大小：像元大小可以人为设置，也可以采用默认大小。人为设置分为两种：一种是手动输入像元大小的数值，如直接指定像元大小 30 米；另一种是与文件夹中已有栅格数据的分辨率保持一致，如选择 30 米分辨率的 dem 数据。默认像元大小的计算方法是输入点数据外接矩形的宽度或者高度除以 250 之后得到的较小值，本实验采用默认值。

（3）设置权重幂：在反距离权重插值中，可根据已知点离未知点的距离来决定某点在插值中的影响，这里的权重即距离的指数，幂越大，点的距离对每个处理单元的影响越小；幂越小，表面越平滑。通常认为，幂的合理范围是 0.5～3。

（4）搜索半径："变量"，表示可变搜索半径，这里需要设置"点数"，表示参与插值计算的点数是固定的，此时对于每个插值点来说，搜索半径长度是变化的，取决于达到规定点数所需的搜索长度。此外，"最大距离"用于规定搜索半径不能超出的最大范围。若某一邻域在达到最大半径时仍未搜索到足够的点，则利用该最大半径内搜索到的所有点进行插值。

（5）输入障碍折线要素：某些线性要素，如断层或悬崖，在对各个输入栅格单元进行插值时，可用来限制输入点的搜索。

（6）点击【确定】后，生成的结果图如图 8-3（b）所示。

2. 固定搜索半径的反距离权重法

与可变搜索半径操作方法的不同之处在于，在【搜索半径】参数处选择"固定"搜索半径类型，并设置搜索半径"距离"，此时将使用指定搜索半径内所有点作为输入点。需要注意的是，如果在搜索半径内没有任何点，这时将自动增加栅格单元的搜索半径，直到达到指定的最少点数为止，即"最小点数"的设置。

（二）克里金法

常用的克里金法包括普通克里金法和泛克里金法。普通克里金法应用最为广泛，它假定数据的均值为未知常数，其半变异模型包括球面函数、三角函数、指数函数、高斯函数和线性函数等。泛克里金法则适用于数据趋势已知且能够进行科学判断的情况，其半变异模型分为与一次漂移函数呈线性关系、与二次漂移函数呈线性关系两类。与反距离权重法类似，克里金法也分为可变搜索半径和固定搜索半径两种类型，原理相同，此处不再赘述。在 ArcGIS 中使用克里金法时。

选择【3D Analyst 工具】→【栅格插值】→【克里金法】，打开对话框［图 8-4（a）］。输入点要素"point"并指定插值字段为"height"，设置输出位置，半变异函数选择普通克里金法，设置半变异模型为"球面函数"，输出单元大小采用默认值，选择可变半径参数"变量"，设置搜索半径中的点数为 12，点击【确定】后，生成图 8-4（b）所示的结果。

（a）　　　　（b）

图 8-4　【克里金法】对话框及其结果

二、TIN 表面的创建

不规则三角网（TIN）通常从多种矢量数据源创建，点、线与多边形要素均可作为创建 TIN 的数据源。在创建 TIN 时，输入要素所包含的不同属性（如相对精度、要素识别属性等）将在输出的 TIN 要素中得以保留。

（一）创建 TIN 的基本矢量元素

在 ArCGIS 中，可以使用一种或多种输入要素直接一步创建 TIN 模型，也可以分步创建，还可以通过向已有 TIN 模型添加要素实现对已有模型的改进。TIN 表面可以从点集、隔断线与多边形中生成。点集用来提供高程，作为生成的三角网络中的节点。

1. 点集

如图 8-5 所示，点集是 TIN 的基本输入要素，决定了 TIN 表面的基本形状。TIN 表面可以有效地对异质表面建立模型，在变化大的地方，使用较多的点；对于较平坦的表面，则使用较少的点。需要注意的是，等高线也可以用于创建 TIN 表面，它通过提取等高线上的点来创建 TIN，此方式为散点形式；同时等高线也可以作为隔断线来创建 TIN 表面。

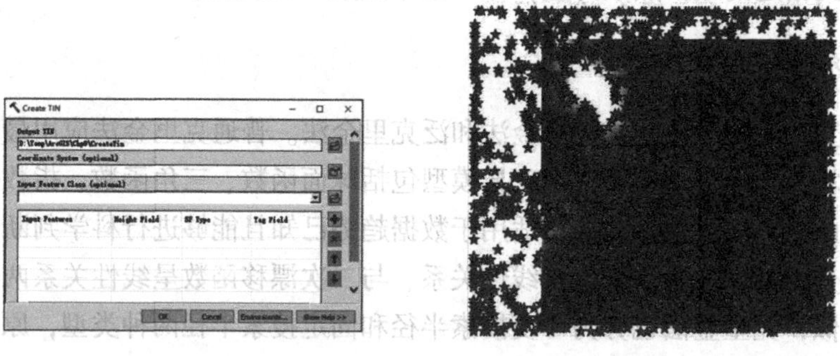

（a）　　　　　　　　　　　　　　　（b）

图 8-5　用于创建 TIN 的基本要素

2. 隔断线

隔断线是线状要素，通常用来表示自然要素，如山脊线、溪流，或用来创建如道路之类的要素。它可以是具有高度的线，也可以是没有高度的线，在 TIN 中构成一条或多条三角形的边序列。隔断线有“软”隔断线和“硬”隔断线两种。

“硬”隔断线表示表面上突然变化的特征线，如山脊线、悬崖及河道等。在创建 TIN 的时候，“硬”隔断线限制了插值计算，它使得计算只能在线的两侧各自进行，而隔断线上的点同时参与线两侧的计算，从而改变 TIN 表面的形状。

“软”隔断线即添加在 TIN 表面上用以表示线性要素但并不改变表面形状的线，它不参与创建 TIN。例如，要标出当前分析区域的边界，可以在 TIN 表面上用“软”隔断线表示出来，其不会影响表面的形状。

3. 多边形

用来表示具有一定面积的表面要素，如湖泊、水体，或用来表示分离区域的边界。边界可以是群岛中单个岛屿的海岸线或某特定研究区的边界。多边形表面要素有以下四种类型。

（1）裁剪多边形：定义插值的边界，处于裁切多边形之外的输入数据将不参与插值与分析操作。

（2）删除多边形：定义插值的边界，与裁切多边形的不同之处在于，多边形之内的输入数据将不参与插值与分析操作。

（3）替换多边形：对边界与内部高度设置相同值，可用来对湖泊或斜坡上底面为平面的开挖洞建模。

（4）填充多边形：它的作用是对落在多边形内所有的三角形赋予整数属性值。其表面的高度不受影响，也不进行裁切或删除。

在 ArcGIS 中，多边形也分“软”和“硬”，用于定义输出表面是平滑过渡（“软”）还是具有明显的中断（“硬”），在 TIN 表面中使用隔断线与多边形，可以更好地控制 TIN 表面的形状。

（二）创建 TIN 的操作

1. 创建 TIN 表面

地形表面数据能让人直观地了解当地的地表起伏状况。从地形图上得到了某地的等高线数据，并且经过实地测量也获取到部分高程点数据，可利用等高线和高程点数据创建此地的 TIN 表面。

选择【3D Analyst 工具】→【数据管理】→【TIN】→【创建 TIN】，打开对话框［图 8-6（a）］。

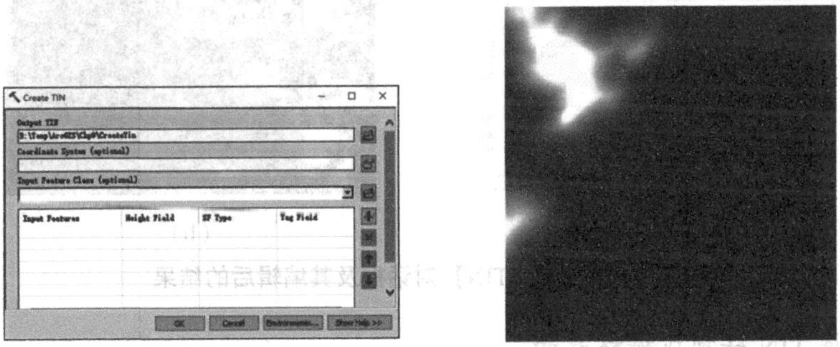

（a） （b）

图 8-6 【创建 TIN】对话框及其结果

（1）选择创建 TIN 所要使用的输入要素图层并设置输出路径及名称。

（2）对每个输入要素类，都需要设置相应的属性以定义表面。①输入要素：用于构造 TIN 的输入要素，输入要素可以是点要素、线要素以及面要素。此处选择了 TIN_point、TIN_contour 两种输入要素。②高度字段：选择具有高程值的字段。③类型：定义要素以何种类型构建 TIN，包括离散多点、隔断线或多边形；点要素为离散多点类型，线要素既可以是离散多点类型，也可以是隔断线类型；面要素为多边形类型。此处将 TIN_contour 线要素的类型设置为了离散多点。④Tagfield：标签字段，如果使用该字段，则面的边界将被强化为隔断线，且这些面内部的三角形会将标签值作为属性；如果不使用标签值，则指定〈无〉。⑤约束型 Delaunay（可选）：如果不选中该项，三角测量将完全遵循 Delaunay 规则，即隔断线将由软件进行增密，导致一条输入隔断线线段将形成多条三角形边；如果选中该项，Delaunay 三角测量将被约束，不会对隔断线进行增密，并且每条隔断线线段都作为一条单边添加。⑥点击【确定】，生成的结果如图 8-6（b）所示。TIN 表面支持多个渲染器，用户可以在【图层属性】→【符号系统】→【添加】中查看和使用高程、坡度、坡向和山体阴影着色的三角形，还可以查看三角化网格面的隔断线、三角边以及节点。本例中通过高程来进行渲染。

2. 编辑 TIN

当地形原始表面创建完成之后，若想在此修建道路和水库，为了直观地查看修建之后的效果，需要将道路和水库数据嵌入原始地形中以改变其原始表面形状，并且按照感兴趣区域生成最终的地形表面。

选择【3D Analyst 工具】→【数据管理】→【TIN】→【编辑 TIN】，打开【编辑 TIN】对话框［图 8-7（a）］。输入原始 TIN，加入道路、水库和感兴趣范围等要素类数据；【类型】参数同创建 TIN 中的类型字段含义一样，如此处将 TIN_road 道路数据作为“硬”隔断线参与编辑表面，TIN_reservoir 水库数据作为“硬”替换多边形数据参与编辑，TIN_bounder 面数据作为“软”裁剪多边形参与编辑，编辑过后的结果如图 8-7（b）所示。

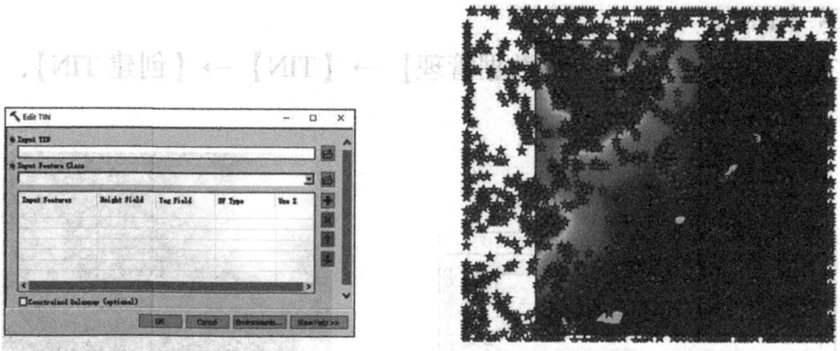

（a）　　　　　　　　　　（b）

图 8-7　【编辑 TIN】对话框及其编辑后的结果

（三）将 TIN 转换成栅格表面

若想根据地形表面数据得到水库的流域范围，则需要较为复杂的地形分析手段。而在地形分析中，基于栅格数据结构的分析方法丰富多样，因此在对 TIN 生成的地形表面进行较为复杂的分析时，一般会将 TIN 转换成栅格表面。

选择【3D Analyst 工具】→【转换】→【由 TIN 转出】→【TIN 转栅格】，打开【TIN 转栅格】对话框［图 8-8（a）］，具体设置如下：

（1）选择输入的 TIN 数据，指定输出栅格的路径和文件名。

（2）选择输出数据类型（可选）为浮点型或者整型。在默认情况下，输出栅格是浮点型。

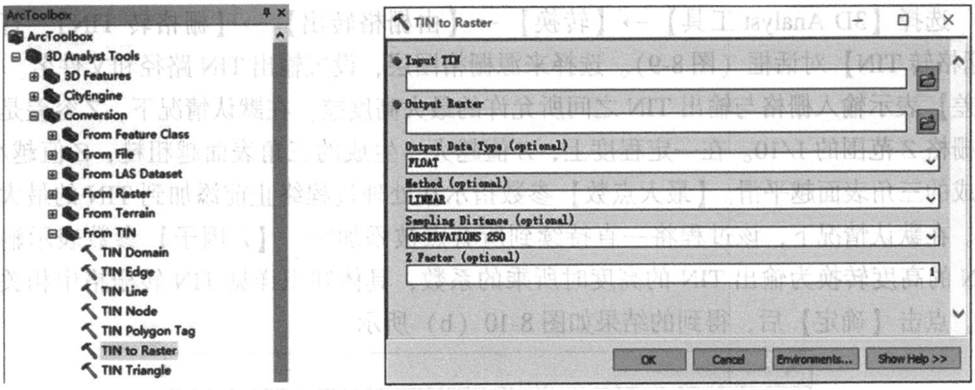

(a) (b)

图 8-8 【TIN 转栅格】对话框及其转换结果

（3）选择方法（可选），在默认情况下，使用 LINEAR 方法计算像元值：

①LINEAR——基于 TIN 三角形，通过线性内插法计算输出栅格的像元值，适用于连续型数据，如地形数据；②NATURAL_NEIGHBORS——基于 TIN 三角形，通过自然邻域法计算输出栅格的像元值，适用于类别型数据，如土地利用数据。

（4）选择采样距离（可选）表示输出像元大小，可采用两种方式进行定义。

①OBSERVATIONS——指示输出数据所需列数的整数，然后基于输出范围和列数确定像元大小，默认情况为 OBSERVATIONS250，此方法使用较少。

②CELLSIZE——输出栅格的像元大小，常用此方法确定栅格的采样距离。对于由等高线创建的表面，为了更好地反映地形数据的细节信息，一般推荐像元大小依据等高线数据的疏密程度和等高距来确定，其取值应不大于等高线最密集处两条等高线平面距离的 1/2，否则对地形数据的综合作用较大，无法体现细节信息，但此举也会增加数据的存储量。当数据精度要求不高时，或者指定了栅格数据分辨率，也可以直接输入指定值，如本例中规定栅格大小为 5 米。

（5）Z 因子（可选）：TIN 的高度转换为输出栅格的高度时所乘的系数，也就是，当二维平面坐标和三维高度坐标度量单位不一致时，用于转换 Z 单位以匹配 *XY* 坐标的单位。如果输入栅格数据为地理坐标（以度为单位），则此处的 Z 因子为根据当地地理位置将地理坐标转换为投影坐标的转换系数，一般建议此种情况在转换前为栅格数据添加上投影；如果输入栅格为投影坐标（以米为单位），则此处的 Z 因子为 1。有时也会遇到以下情形：平面 *XY* 坐标以米为单位，高程信息以厘米为单位，此时 *Z* 因子就为厘米向米转换的系数 0.01。

（6）点击【确定】后，生成的结果图如图 8-8（b）所示。

（四）栅格转换成 TIN

TIN 模型可以减少规则格网方法创建表面带来的数据冗余，同时能更好地表达特征点、线、面的信息。因此，在表面建模过程中，有时也需要将栅格表面转换成 TIN 表面。

选择【3D Analyst 工具】→【转换】→【由栅格转出】→【栅格转 TIN】，打开【栅格转 TIN】对话框（图 8-9）。选择来源栅格图层，设置输出 TIN 路径和文件名。【Z 容差】表示输入栅格与输出 TIN 之间所允许的最大高度差。在默认情况下，Z 容差是输入栅格 Z 范围的 1/10。在一定程度上，Z 值越大，生成的三角表面越粗糙，Z 值越小，生成的三角表面越平滑。【最大点数】参数指示在处理过程终止前添加到 TIN 的最大点数。在默认情况下，该过程将一直持续到所有点被添加完。【Z 因子】参数表示输入 TIN 的高度转换为输出 TIN 的高度时所乘的系数，具体知识详见 TIN 转栅格中相关知识。点击【确定】后，得到的结果如图 8-10（b）所示。

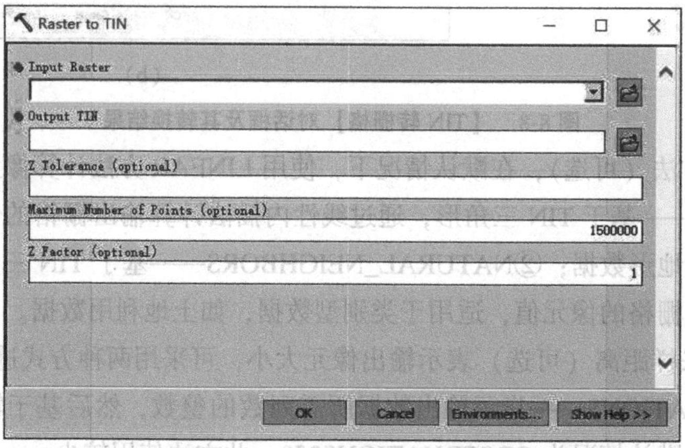

图 8-9 【栅格转 TIN】对话框

(a)　　(b)

图 8-10 输入要素与输出结果

三、地形（Terrain）数据集创建与管理

（一）Terrain 概念

Terrain 数据集是一种基于 TIN 的多分辨率表面数据结构，它依据存储在地理数据库中的测量值构建而成。Terrain 数据集引用原始要素类，并不实际存储为栅格或 TIN 格式，而是通过对数据进行优化组织，实现快速检索，并能动态生成 TIN 表面，有效提升显示效率。Terrain 数据集适用于处理大数据量场景，常用的数据源要素类包括通过激光雷达或声呐创建的 3D 离散多点要素类、利用立体影像在摄影测量工作站创建的 3D 点和线要素类，以及用于界定数据集界限的研究区域边界面要素类。Terrain 数据集规

则用于控制要素对表面的定义方式。例如，将道路路面边缘线要素类作为“硬”隔断线，可在表面创建线性不连续效果。此外，Terrain 金字塔能够确定不同比例尺下要素类的参与方式，在小比例尺显示时，可通过规则隐藏不必要的要素，提升显示性能，同时还能快速检索并创建不同细节层次的表面数据，满足多样化精度需求。

通常，Terrain 数据集适用于大数据量数据。用作 Terrain 数据源的通用要素类包括以下三项：

（1）通过数据源（激光雷达或声呐）创建的 3D 离散多点的多点要素类；

（2）在摄影测量工作站使用立体影像创建的 3D 点和线要素类；

（3）用于定义 Terrain 数据集界限的研究区域边界面要素类。

Terrain 数据集规则用于控制如何使用要素来定义表面。例如，包含道路路面边缘线的要素类可以通过将其要素用作“硬”隔断线的规则来进行控制。这样，就会在表面上产生创建线性不连续 Terrain 的预期效果（图 8-11）。同时，Terrain 数据集还可以通过 Terrain 金字塔来确定一系列比例尺下要素类的参与方式。例如，只有在对中到大比例尺的表面制图表达时才可能需要路面边缘要素，可通过一定的规则来指定在使用小比例尺时不显示这些要素，从而改善性能。对于感兴趣区域（AOI）的表面，Terrain 金字塔可以在数据库中通过一系列适当的分辨率等级，快速检索并创建出不同细节层次的表面数据，以满足不同的精度要求。Terrain 金字塔有助于加快显示速度，尤其是在数据量大而比例尺较小时。

图 8-11 Terrain 数据集示意图

（二）构建 Terrain 数据集

为了监测某流域系统中地形的侵蚀状况，需要获取该流域当前的地形现状。利用无人机获取该流域的雷达点云数据，并基于该地遥感影像数字化得到该流域的水系数据，希望依据感兴趣区域生成该流域的地形表面。

由于用于构建 Terrain 数据集的雷达源数据一般以 ASCII 或 LAS 文件格式存在，因此在创建地形数据集之前需要利用【3D Analyst 工具】→【转换】→【由文件转出】→【3D ASCII 文件转要素类】或者【LAS 转多点】工具将 ASCII 文件或 LAS 文件转为要素类数据并存放在要素集中。

由于本实验中雷达源数据以 LAS 文件存储，因此选择【3D Analyst 工具】→【转换】→【由文件转出】→【LAS 转多点】系列工具，打开【LAS 转多点】对话框（图

8-12)，设置输入输出数据，此处直接将输出多点数据存放进要素集中。【平均点间距】参数指的是输入雷达点数据中点与点之间平面距离的平均值，此距离可以为一个近似值。如果以不同的密度对区域进行采样，此处应该指定较小的间距，并且此处提供的值需要使用输出坐标系的投影单位。本实验根据样点距离设置间距为 1 米。在滚动框下拉菜单中，推荐使用【坐标系】参数给输出数据提供投影信息，因为原始雷达点数据没有投影信息，但是在构建地形数据集中创建金字塔的时候投影信息必不可少。如果此处坐标信息没有设置，则可以选择【数据管理工具】→【投影和变换】→【定义投影】系列工具为其添加投影信息。若无特殊需求，其他参数默认即可成功。

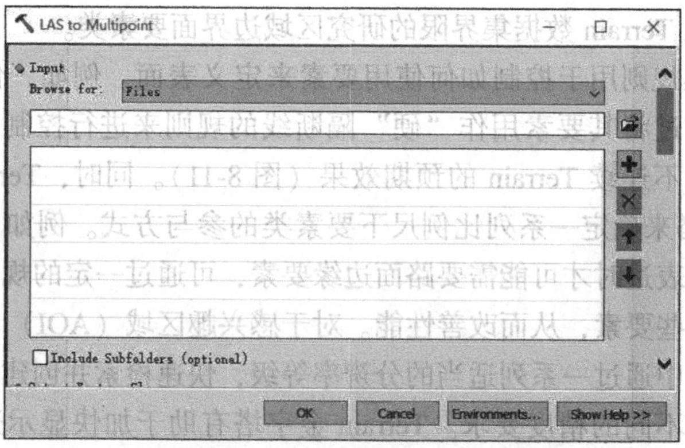

图 8-12 【LAS 转多点】对话框

将原始雷达数据转为多点要素类之后，创建地形数据集可以按照如下步骤进行：

①创建地形；②添加地形金字塔等级；③向地形添加要素类；④构建地形。需要说明的是，必须严格按照这个顺序运行上述各地形处理工具才能成功构建 Terrain 数据集。

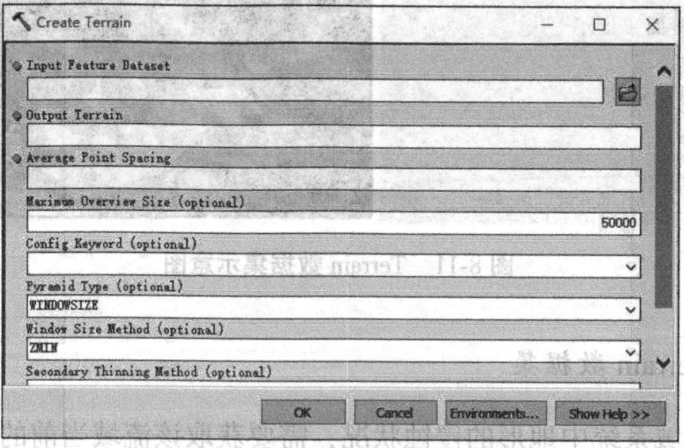

图 8-13 【创建 Terrain】对话框

1. 创建 Terrain

选择【3D Analyst 工具】→【数据管理】→【Terrain 数据集】→【创建 Terrain】系列工具，打开对话框（图 8-13）。此时地形数据集中还没有放置输入要素，因此得到的结果只是一个索引文件，用于之后存放结果数据，且加载进内容列表中不显示。

（1）输入用于存放 Terrain 数据集的要素数据集，设置输出 Terrain 名称，这是最后生成的 Terrain 数据集的名称。

（2）设置平均点间距：需要根据用于构建地形数据集的数据来确定平均点间距参

数。对于摄影测量、雷达和声呐测量采集的数据，其间距通常为已知量，直接使用该值。如果在不同位置上以差异极大的密度收集数据，则应该考虑在高密度区域设置较小的间距。

(3) 根据需要，设置可选参数，包括最大概貌值、配置关键字、金字塔类型、窗口大小方法、二次细化方法和二次细化阈值。其中，最大概貌值是地形数据集的最粗略表示；配置关键字用于优化企业级数据库中 Terrain 存储的参数；金字塔类型指的是构建 Terrain 金字塔的点细化方法，包括指定窗口大小和指定垂直精度两种类型；窗口大小方法用于在由窗口大小定义的区域中选择插值点的条件，但此参数仅适用于在金字塔类型中指定窗口大小时才行；二次细化方法指的是通过外加的细化选项来减少平坦区域上所用的点数，该参数同样仅适用于使用窗口金字塔。

(4) 点击【确定】，生成 Terrain 索引文件，此时内容窗口中无内容显示。

2. 添加 Terrain 金字塔等级

选择【3D Analyst 工具】→【数据管理】→【Terrain 数据集】→【添加 Terrain 金字塔等级】等工具，打开对话框（图 8-14）。此工具设置的金字塔等级决定了要素能够显示的细节的详细程度。创建金字塔等级需要数据有投影信息。

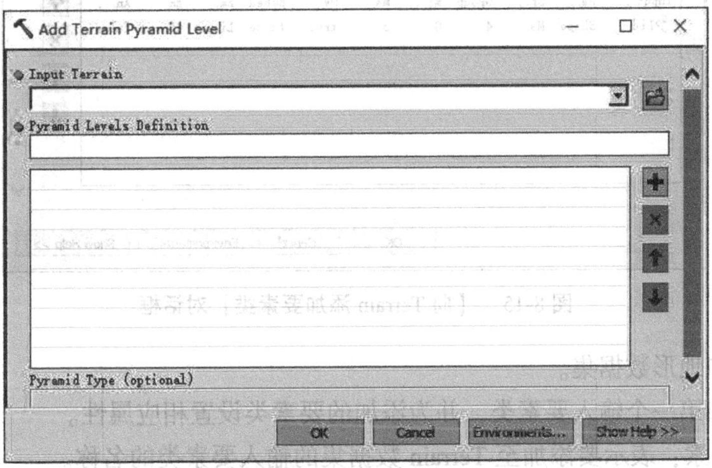

图 8-14 【添加 Terrain 金字塔等级】对话框

(1) 输入步骤 1 中创建的地形数据集。

(2) 在金字塔等级定义窗口输入第一个金字塔等级。金字塔等级指的是 Z 容差或窗口大小以及关联的参考比例。输入的每个金字塔等级包括一对金字塔等级分辨率和参考比例，并以空格分隔。例如："20 24 000" 表示窗口大小为 20，参考比例为 1∶24 000；或者 "1.510 000" 表示 Z 容差为 1.5，参考比例为 1∶10 000。Z 容差值表示处于全分辨率下时可能出现的距 Terrain 高程的最大偏差；窗口大小值定义细化高程点所用的 Terrain 切片区域，细化高程点基于创建 Terrain 过程中定义的窗口大小，从切片区域中选择一个或两个点；参考比例表示强制显示金字塔等级所使用的最大地图比例，以大于此值的比例显示 Terrain 时，将显示下一个最高的金字塔等级。参考比例的设置可以基于地图比例工具，通过不断放大缩小原始数据查看当前状态的比例尺来确定，此处采用此种方式设置了三个参考比例；或者根据具体应用目的指定的分辨率要求来设置。

(3) 单击添加数据按钮将第一个定义的金字塔等级添加到显示窗口。

（4）重复步骤（2）和（3），继续定义地形数据集的每个金字塔等级。

当添加完金字塔之后，如果觉得某一等级金字塔不合适，可以通过【移除 Terrain 金字塔】工具移除不合适的金字塔等级，再重新添加。如果想保留某一金字塔等级但是想改变该等级下的参考比例，可以通过【更改 Terrain 参考比例】工具不移除该金字塔等级而是直接修改参考比例。

3. 向 Terrain 添加要素类

可以向 Terrain 数据集添加一个或多个要素类，这些要素类必须与 Terrain 数据集位于同一个要素数据集中。选择【3D Analyst 工具】→【Terrain 数据集】→【向 Terrain 添加要素类】等工具，打开对话框（图 8-15）。此时才是真正在 Terrain 数据集中添加用于构建数据集的输入要素。

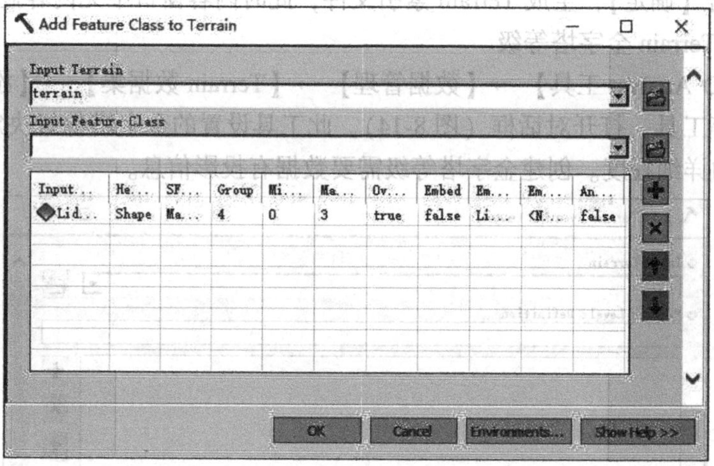

图 8-15 【向 Terrain 添加要素类】对话框

（1）添加地形数据集。

（2）添加第一个输入要素类，并为添加的要素类设置相应属性。

①输入要素：表示要添加至 Terrain 数据集的输入要素类的名称。

②高度字段：高度值所在的字段，三维数据会自动识别几何字段；二维数据可以有高度信息也可以没有高度信息，如果有高度信息，则自行指定高度字段。

③类型：定义要素如何构成 Terrain 表面的要素类型，有散点多点、“软”“硬”隔断线和“软”“硬”多边形之分，详见创建 TIN 表面中相关知识的讲解。

④组：是主题相似的数据，表示相同的地理要素，但细节层次程度不同。

⑤最小分辨率和最大分辨率：用于界定在表面中实施各要素时所处的金字塔等级的范围，可以自己设置感兴趣要素显示的分辨率范围，只有在指定的金字塔范围内，数据才会显示。

⑥概貌：指示是否要将数据强制为 Terrain 数据集中的最粗略表达，仅适用于线和面类型的数据，在一般情况下，仅将那些必须在概貌中呈现的要素设置为 TRUE。

⑦嵌入式：仅适用于多点要素类，如果设置为 True 的话，表示将要素复制到由 Terrain 引用且仅对 Terrain 可用的隐藏要素类，它们包含在 Terrain 数据集中，在 Catalog 中看不见，仅能通过 Terrain 数据集的相关工具访问和修改它。

⑧嵌入字段：如果嵌入了多点要素类，并通过【LAS 转多点】工具为该类创建了 LAS（激光雷达）属性，则在此处可以指定这些属性；这些属性可用于符号化 Terrain。

⑨锚点：仅适用于单点要素类，指定了锚点的这些要素在 Terrain 数据集的所有金字塔等级中均不会被过滤或者降低密度，这些点将保持不变。

（3）为每个要添加的要素类重复步骤（2），继续定义数据集。当添加完要素之后，如果发现不合适的要素被错误添加进去，可以通过【从 Terrain 中移除要素类】工具去掉不合适的要素。同时，还可以通过【更改 Terrain 分辨率界限】工具更改某要素显示的金字塔分辨率上限（最大金字塔分辨率）和下限（最小金字塔分辨率）。当金字塔分辨率超过上限或者小于下限分辨率时，该要素都不显示，从而达到控制要素参与形式的效果。

4. 构建 Terrain

构建 Terrain 是最后一步，确保 Terrain 数据集在初始定义以后可以使用。当修改 Terrain 后可用此功能进行更新。

选择【3D Analyst 工具】→【数据管理】→【Terrain 数据集】→【构建 Terrain】等工具，打开对话框［图 8-16（a）］。输入创建好的地形数据集；根据需要设置【更新范围】参数，此选项默认为 NO_UPDATE_EXTENT，表示采用原先的范围；若选择 UPDATE_EXTENT，则重新计算 Terrain 数据集的空间范围；单击【确定】，执行构建操作。构建完成的 Terrain 地形表面（重新从数据库中加载，不然不会显示）在符号系统中以表面高程显示的效果图如图 8-16（b）所示。

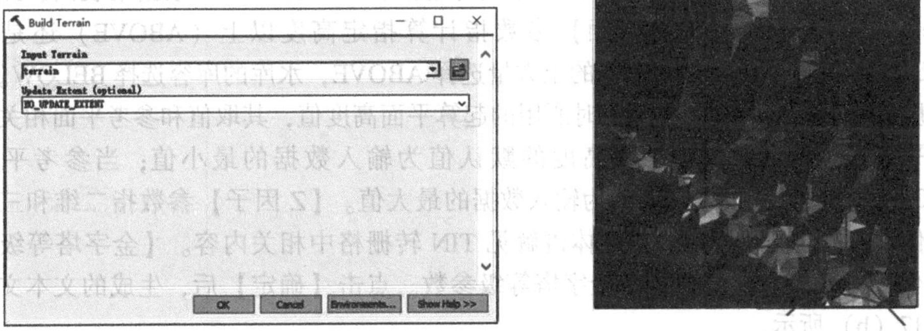

（a）　　　　（b）

图 8-16 【构建 Terrain】对话框及 Terrain 地形效果图

第二节　三维表面分析

三维表面作为地理信息科学领域的重要研究对象，相较于二维表面实现了高度维度的拓展与增值，其蕴含的空间信息更加丰富和立体。通过对三维表面进行深入分析，可以挖掘出诸多有价值的信息，在城市规划、自然资源管理、工程建设等众多领域发挥关键作用。

简单的视觉浏览是初步了解三维表面特征的基础方式，能够帮助我们从宏观层面把握其整体形态与分布趋势。然而，三维表面分析的价值远不止于此：通过计算表面的体积、表面积等基本三维几何参数，可以为城市规划管理和决策提供量化依据；进一步开展更为复杂的分析，如两点之间的通视性分析等，还能满足诸如通信基站选址、军事瞭望点规划等专业需求。本节将围绕三维表面分析的核心内容，重点介绍计算三维表面几何参数、交互式三维表面分析和可见性分析这三大板块。

一、三维表面几何参数

三维表面相较于二维平面，最显著的特征在于增加了表面高度信息。基于这一特性衍生出的表面积与体积等几何参数，成为描述三维表面形态与空间特征的重要指标。在自然规划领域，这些参数可用于精准评估山体土方量，为矿山开采、道路修建等工程提供基础数据；在城市规划场景中，计算建筑物体积、评估地下空间容量等工作也离不开三维表面几何参数的支持。

ArcGIS 的三维分析模块提供了强大的【表面体积】工具，能够高效计算相对于某个参考平面的二维面积、表面面积及体积。在二维平面中，矩形区域的面积通过长与宽的乘积即可得出。而三维表面的表面积计算则更为复杂，它沿着表面斜坡进行测算，充分考虑了高度变化因素。因此，除非表面完全平坦，否则三维表面的表面积总是大于其二维底面积。通过对比表面积与二维底面积，还可以进一步计算表面糙率指数或表面坡度，二者差异越大，表明表面越粗糙，这对于地形稳定性评估、水土保持规划等工作具有重要参考意义。

选择【3D Analyst 工具】→【功能性表面】→【表面体积】等工具，弹出对话框［图 8-17（a）］。输入用于计算面积和体积的栅格、TIN 或 Terrain 数据集表面，此处输入 dem 栅格表面。【参考平面】参数指计算指定高度以上（ABOVE）还是以下（BELOW）的面积参数，如山体的土方量选择 ABOVE，水库的库容选择 BELOW。【平面高度】参数指计算面积和体积时所用的起算平面高度值，其取值和参考平面相关，当参考平面为 ABOVE 时，平面高度的默认值为输入数据的最小值；当参考平面为 BELOW 时，平面高度的默认值为输入数据的最大值。【Z 因子】参数指二维和三维信息单位不一致时的转换系数，具体讲解见 TIN 转栅格中相关内容。【金字塔等级分辨率】仅适用于 Terrain 数据集的金字塔等级参数。点击【确定】后，生成的文本文档如图 8-17（b）所示。

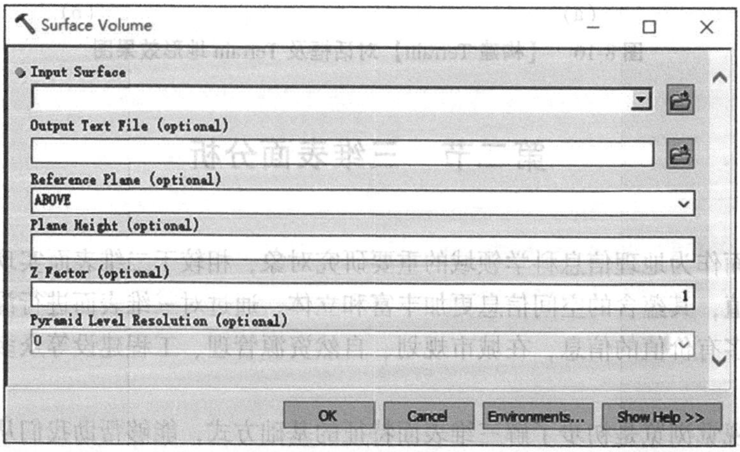

（a）

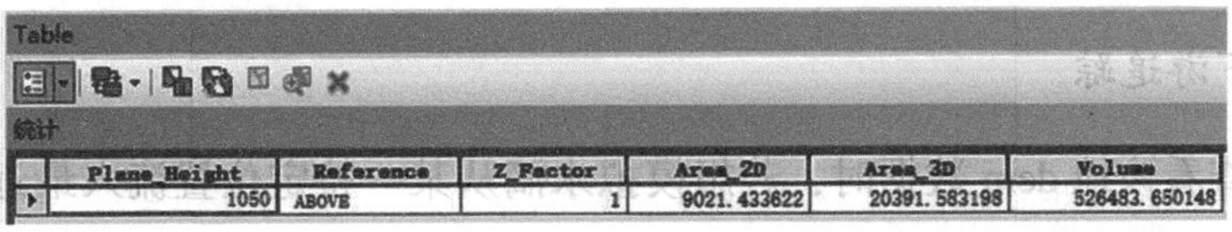

Plane_Height	Reference	Z_Factor	Area_2D	Area_3D	Volume
1050	ABOVE	1	9021.433622	20391.583198	526483.650148

(b)

图 8-17 【表面体积】对话框及其结果文档

二、交互式三维表面分析

在三维表面数据的浏览查看过程中，我们常常会对某些特定区域产生兴趣，并希望提取相关数据进行深入研究。ArcGIS 提供的交互式表面分析工具，能够实现“所做即所得”的实时数据提取，极大地提升了数据处理的效率与灵活性。该功能适用于栅格数据、TIN 表面或 Terrain 数据集，涵盖创建等值线、下游追踪、创建高程点、创建视线、通视分析和提取剖面分析等多种操作。在交互状态下创建的点和线属于图形元素，可借助【绘图】工具下的【将图形转换为要素】工具，将其转换成要素类，为后续更复杂的分析提供基础数据支持。

首先在 ArcMap 菜单栏空白处右击，打开【3D Analyst】工具条（图 8-18）。在 ArcMap 中添加地形栅格数据 dem；然后在【3D Analyst】工具条上选择该数据。

图 8-18 【3D Analyst】工具条

（一）创建等值线

在实时查看该地 dem 数据时，若想获取某个感兴趣区域的等高线数据，可以使用【创建等值线】工具实现此目的。此工具能够在选择的表面图层的特定位置上创建等值线，先点击此工具，再单击感兴趣区域即可，如图 8-19 所示。同时，生成的等值线可以通过【基础工具】条上的【选择元素】工具，选中之后可以直接删除。

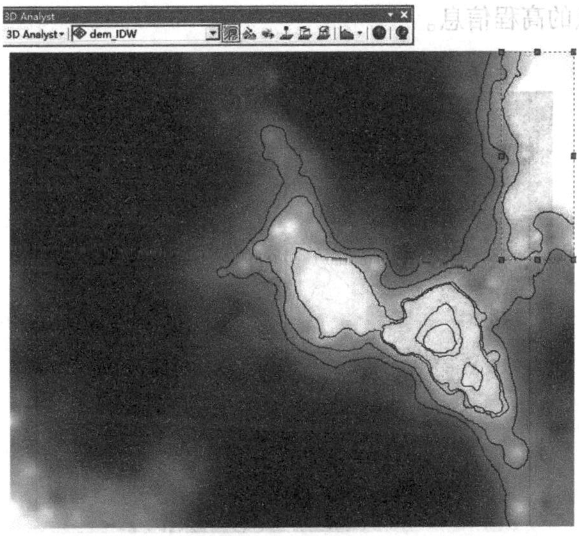

图 8-19 等值线结果图（黑线即等值线）

（二）下游追踪

在实时查看该地 dem 数据时，若想模拟水滴从某一特定位置流入最远处下坡位置所流经的路径，可利用【创建最陡路径】工具完成。此工具主要用于生成某查询点的最陡路径，先点击此工具，再单击感兴趣点位置即可生成，如图 8-20 所示。删除方式与【创建等值线】相同。同时，可以利用【绘图】工具下的【将图形转换为要素】工具转换成要素类，从而为进一步更为复杂的分析提供基础数据。

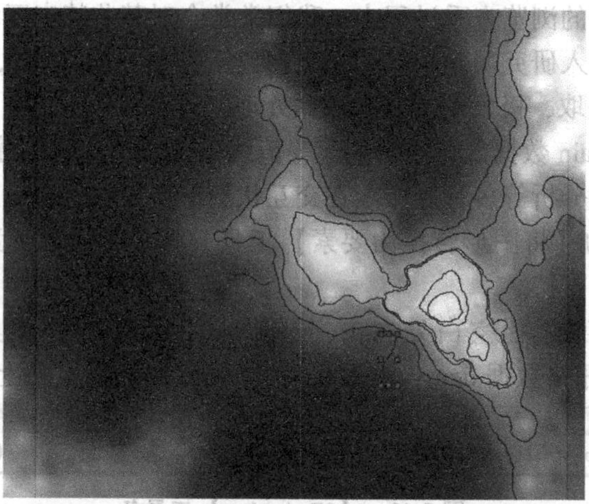

图 8-20　下游追踪结果图（黑线即下游追踪线）

（三）创建高程点

在实时查看该地 dem 数据时，若想挑选某些兴趣点作为预选观景台之用，可以利用【插入点】工具创建备选点，如图 8-21 所示。这些元素导出为要素类之后默认是三维要素。若要想看到该要素的高程信息，可以通过【3D 要素】工具里面的【添加 Z 信息】，批量获取点的高程信息。

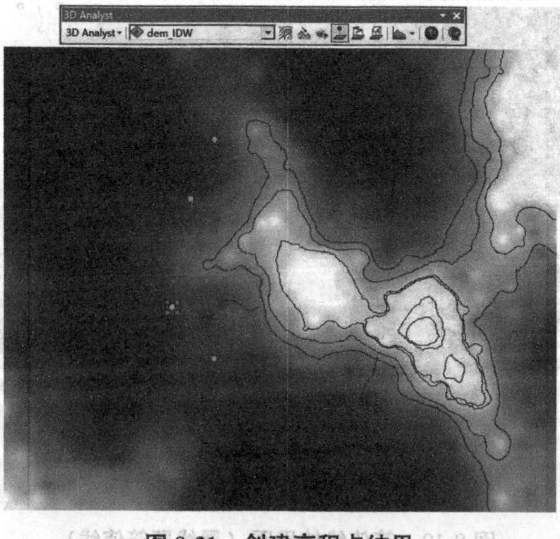

图 8-21　创建高程点结果

（四）通视分析

通视分析用来表示观察者从其所处位置观察表面时，沿视线的表面是可见的还是遮挡的（图 8-22）。利用通视分析可以判断某点相对于另外一点是否可见。如果地形遮挡了目标点，则可以分析得出这些障碍物，以及通视线上哪些区域可见、哪些区域不可见。在通视线上，可视与遮挡的部分分别以不同的颜色表示。

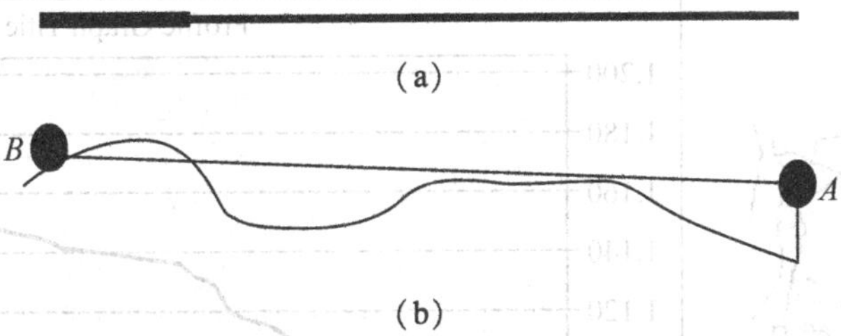

图 8-22 视线瞄准线示意图

在图 8-22（a）中视线瞄准线较细的部分表示通视，较粗的部分表示视线被遮挡。图 8-22（b）中 *A* 点为观察点，偏离地面一定高度（实际应用中通常观察点不会紧贴地面），*B* 点为目标点，从连接 *A*、*B* 两点的直线段可以判别 *AB* 之间哪部分地形遮挡了目标点。

视线瞄准线是表面上两点间的连线，用以表示该视线的遮挡情况。

单击【创建视线】工具，打开【通视分析】对话框［图 8-23（a）］，其中【观察点偏移】表示观察者距离地面的高度，即观察者在什么高度位置观察目标；【目标偏移】表示目标点距离地面的高度。设置完成之后敲击回车键，在地形表面上分别点击两点以示观测者和目标点的位置，点击完成之后就出现视线［图 8-23（b）］。

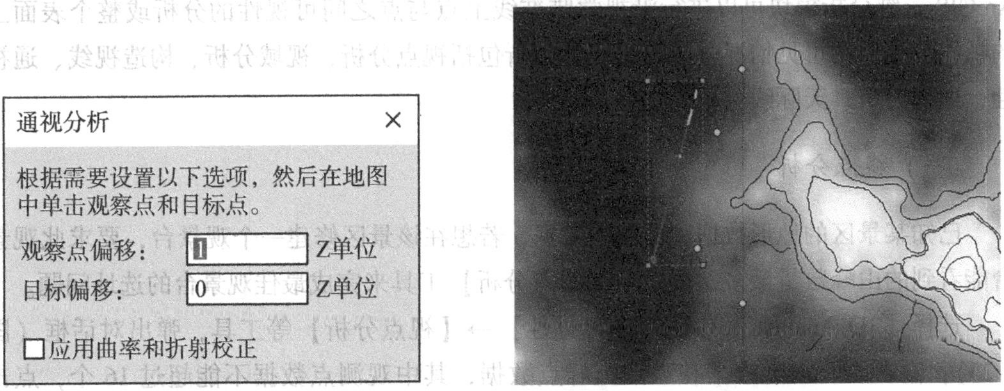

(a) (b)

图 8-23 【通视分析】对话框及分析结果

（五）提取剖面

在工程（如公路、铁路、管线工程等）设计过程中，常常需要提取地形断面，制作剖面图。例如，在规划某条铁路时需要考虑线路上高程变化的情况，以评估在其上铺设轨道的可行性。剖面图表示沿表面上某条线前进时表面高程变化的情况。制作剖面图的步骤如下。

（1）使用【插入线】工具创建线，实时确定剖面线的起终点，或者在【3D Analyst】工具条下拉箭头的【选项】中，选择提前规划好的线要素类数据。

（2）点击【剖面图】工具，生成剖面图［图 8-24（b）］。

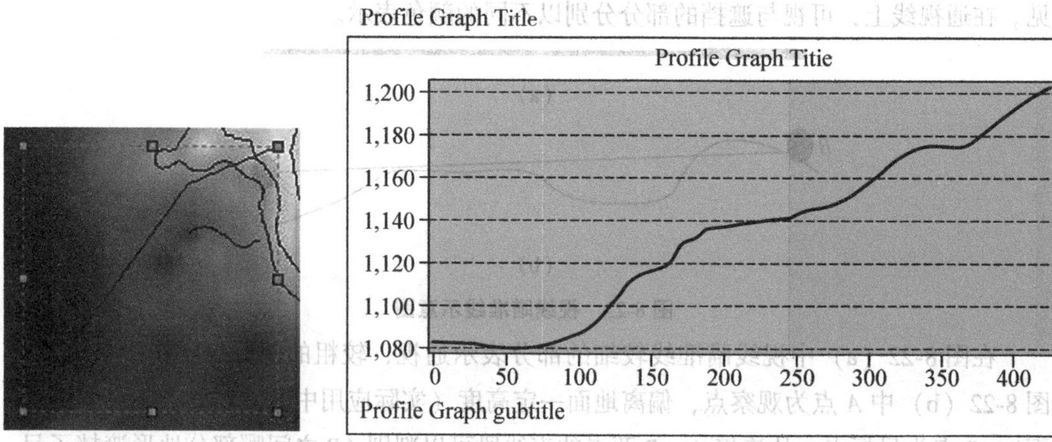

（a）　　　　　　　　　　（b）

图 8-24　剖面线及其对应剖面图

（3）在生成的剖面图标题栏上点击右键，选择属性项，进行布局调整与编辑；同时也可以在剖面图任意位置右击，将剖面图导出为图片等其他格式用于展示或者分析。

三、可见性分析

研究地表某点的可视范围在通信、军事、房地产等应用领域有着重要的意义。ArcGIS 三维分析模块可以进行沿视觉瞄准线上点与点之间可视性的分析或整个表面上的视线范围内的可见情况分析。可见性分析包括视点分析、视域分析、构造视线、通视性、通视分析、天际线分析。

（一）视点分析

已知某景区的地形数据和山峰点数据，若想在该景区修建一个观景台，要求此观景台能看到的山峰数量最多，可以用【视点分析】工具来完成最佳观景台的选址问题。

选择【3D Analyst 工具】→【可见性】→【视点分析】等工具，弹出对话框（图 8-25）；输入地形 dem 数据和观测山峰点数据，其中观测点数据不能超过 16 个，点击【确定】后，生成的结果数据就能看到每个栅格能看到的山峰点个数。同时此工具还可以输出地平面以上的栅格（简称“AGL”），AGL 栅格中每个像元值都记录了为保证像元至少对一个观测点可见而需要向该像元添加的最小高度（若不添加此高度，像元不可见）。

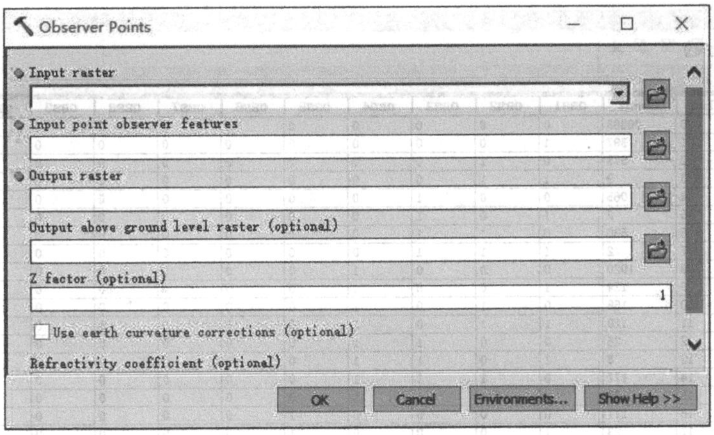

图 8-25 【视点分析】对话框

图 8-26（a）为地形数据和作为观测点的 12 个山峰点数据的分布情况，图 8-26（b）为视点分析结果。使用【识别】工具，点击结果栅格图像中任一位置，会发现栅格中记录了 12 个点中每一个点的可视情况，属性值为 1 代表该点可视，属性值为 0 代表该点不可视。需要注意的是，视点分析结果栅格的 Value 值中存储的是哪些观测点能够看到该栅格像元的二进制编码信息（图 8-27），二进制编码方式为：第 n 个点可见的二进制编码方式为 2^{n-1}，Value 取值为 $\sum_{0}^{n} 2^{n-1}$，点不可见时 Value 值为 0。如图 8-27 所示，视点分析结果属性表中高亮显示的 Value 值为 6 的像元，表示第二个点和第三个点可见，其二进制编码信息为 $2^1+2^2=6$；Value 值为 7 的像元，表示前三个点可见，其二进制编码信息为 $2^0+2^1+2^2=7$；Value 值为 8 的像元，表示第四个点可见，其二进制编码信息为 $2^3=8$。

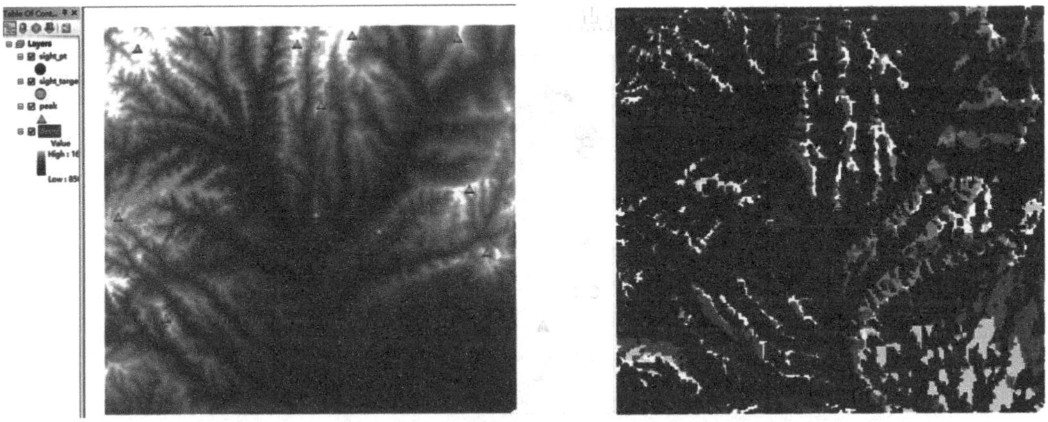

(a) (b)

图 8-26 视点分析结果

Table

Observe_dem21.tif

	OID	Value	Count	OBS1	OBS2	OBS3	OBS4	OBS5	OBS6	OBS7	OBS8	OBS9	OBS10	OBS1
▸	0	0	26608	0	0	0	0	0	0	0	0	0	0	
	1	1	397	1	0	0	0	0	0	0	0	0	0	
	2	2	578	0	1	0	0	0	0	0	0	0	0	
	3	3	9	1	1	0	0	0	0	0	0	0	0	
	4	4	1065	0	0	1	0	0	0	0	0	0	0	
	5	5	2	1	0	1	0	0	0	0	0	0	0	
	6	6	580	0	1	1	0	0	0	0	0	0	0	
	7	7	2	1	1	1	0	0	0	0	0	0	0	
	8	8	1020	0	0	0	1	0	0	0	0	0	0	
	9	9	124	1	0	0	1	0	0	0	0	0	0	
	10	10	169	0	1	0	1	0	0	0	0	0	0	
	11	11	129	1	1	0	1	0	0	0	0	0	0	
	12	12	25	0	0	1	1	0	0	0	0	0	0	
	13	13	8	1	0	1	1	0	0	0	0	0	0	
	14	14	177	0	1	1	1	0	0	0	0	0	0	
	15	15	39	1	1	1	1	0	0	0	0	0	0	
	16	16	117	0	0	0	0	1	0	0	0	0	0	
	17	17	23	1	0	0	0	1	0	0	0	0	0	
	18	25	4	1	0	0	1	1	0	0	0	0	0	

图 8-27　视点分析结果属性表

同时，在视点分析结果属性表中为每一个观测点均添加了一个字段来存储该点的可视情况，这可以用于以下两种应用：①显示指定观测点能看到的区域。例如：如果要显示观测点 1 和观测点 8 看到的所有区域，可打开栅格属性表，选择视点 1（OBS1）和视点 8（OBS8）均等于 1 而其他所有视点均等于 0 的行；②显示能够观测到最多点的区域，在属性表中新建一列用于累计每个视点的可视情况，累计值最大的像元位置即可以观测到最多点的区域，也即本实验中的最佳观景台选址点。如图 8-28 所示，本实验中有多个最佳观景台备选点，此时可以根据其他条件，如交通便利程度等选出唯一的最佳观景台位置。由于栅格数据不利于查看和分析某些特定属性值，可将其转为矢量点要素查看，其具体做法为，在属性表中新建一列 total 用于统计像元的累计值（total = OBS1+…+OBS12），选中 total 中属性值最大的栅格，再利用【转换工具】→【由栅格转出】→【栅格转点】等工具将其转为矢量点。

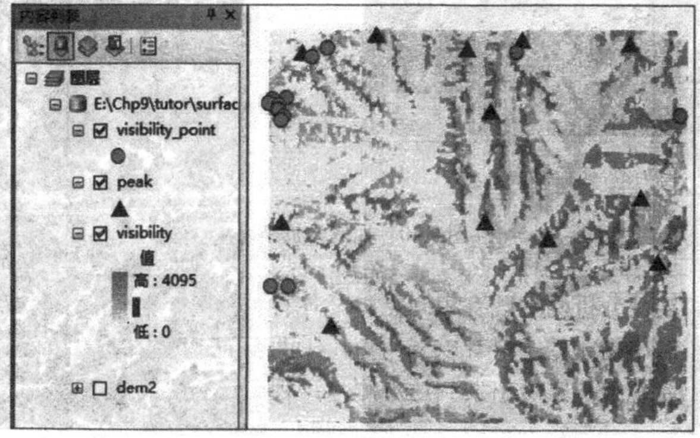

图 8-28　最佳观景台选点结果（圆点为备选点，三角形为山峰点）

（二）视域分析

已知该区域内有一段公路经常发生滑坡，需要建立一个观测哨，要求这个观测哨尽可能多地能观测到该段公路的情况，可以通过【视域分析】工具来完成此任务。视域分析工具可以计算地形表面上单点视域或者多个观测点的共同视域，也可以将线作为观测位置，此时线的节点集合即观测点。计算结果为视域栅格图。对于单个观测点，栅格单元值表示该单元对于观测点是否可见；对于多个观测点，栅格单元值记录的是输入表面栅格中每个像元被观测点观察到的次数，按照通视原理，栅格单元值也可以表达从该像元看到观测点的个数。

选择【3D Analyst 工具】→【可见性】【视域】等工具，弹出对话框（图 8-29）；选择地形表面数据，设置道路折线要素，设置输出路径及文件名，点击【确定】，即可得到分析结果。图 8-30（a）为该段公路和其所处地形数据，图 8-30（b）为视域分析结果，属性值为 0 的区域为不可见区域，也即意味着该区域无法被任何一个观测点观测到，属性值为 1，2，3，…，n 的区域分别表示能看到公路一个、两个、三个、…、n 个折点的区域，属性值最大的区域即最佳观测哨的选址点，可以选中属性值最大的栅格导出为矢量点要素以便于查看，具体方法参照视点分析相关操作。

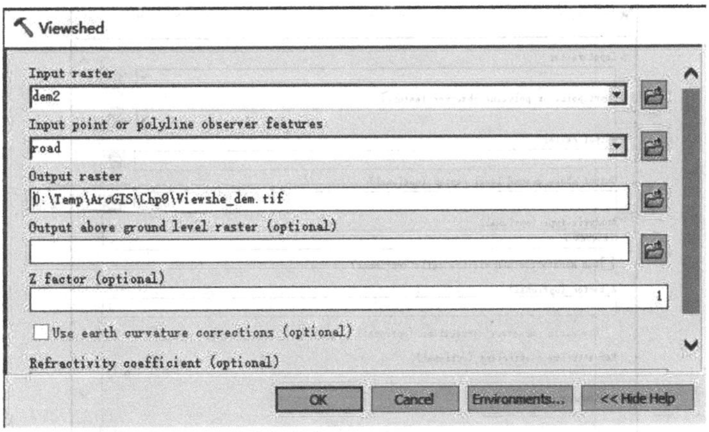

图 8-29 【视域】对话框

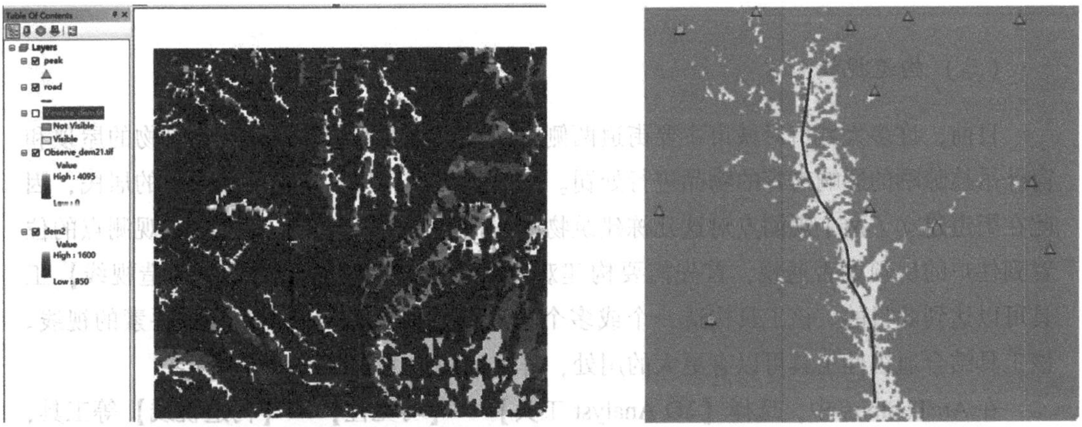

(a) (b)

图 8-30 视域分析结果

视点分析和视域分析两者既有相同点，又各有侧重点。相同点是两者均能实现最佳选址分析，不同之处主要有以下两点：①两者的观测方向存在差异，视点分析侧重于面向观测点，视线从区域出发到达观测点；视域分析更侧重于面向区域，视线从观测点出发达到区域。②视点分析能得到每个观测点的通视情况，这在多个观测点具有不同重要性等级或者观测点具有类型之分或属性之分的情况下大有用武之地，如可以分别获得城市某区域对其自然遗产景点、文化遗产景点、自然文化双重遗产景点的可视情况；但是在视域分析中的观测点都具有无差性，不存在类型或者重要性等的区别，因此视域分析的结果是一个综合结果，只表达可见的观测点的个数，无法得知具体哪些观测点可见。

需要注意的是，ArcGIS 中还提供了一个名为【可见性】的工具（图 8-31），此工具相当于视点分析工具和视域分析工具的综合体，具体表现如下：①当【分析类型】参数选择“FREQUENCY”时，输出栅格记录的是输入表面栅格中每个像元位置对于观测要素可见的次数，此时相当于视域分析工具，且这是默认设置；②当【分析类型】选择“OBSERVERS”时，输出将精确识别从各栅格表面位置进行观察时可见的观察点，此时相当于视点分析工具，输出结果包括每个观察点的可视情况。

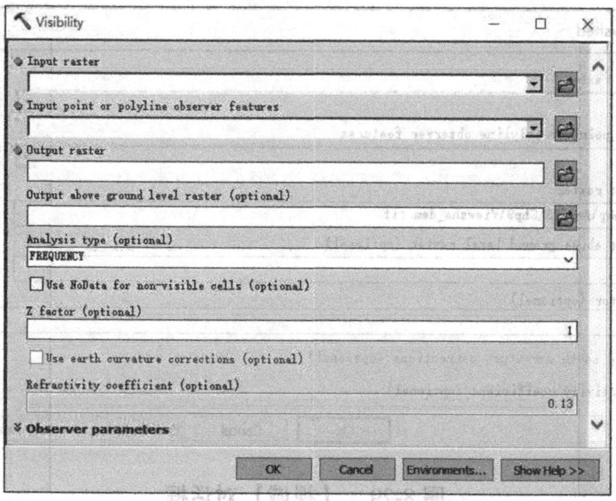

图 8-31 【可见性】对话框

（三）构造视线

目前，许多大城市对城市主要街道两侧的建筑物和重点地区的临街建筑物的屋顶和窗外吊挂晾晒的影响市容的物品进行处罚。已知某街道有几户需要重点观测的居民，因此在街道建立了两个观测点对这几栋建筑物的屋顶进行长期观测。要想确定观测点的位置到住户的房顶能否通视，首先需要构建观测点到住户的视线。利用【构造视线】工具可以达到此目的。该工具构造一个或多个视点要素到目标要素类中每个要素的视线。该工具结合通视性工具可以有更大的用处，详见通视性工具讲解。

在 ArcToolbox 中，选择【3D Analyst 工具】→【可见性】→【构造视线】等工具，打开对话框［图 8-32（a）］。【视点分析】中输入观测点 sight_pt 数据，此处只能输入单点要素；【目标要素】选择需要观测的目标要素 sight_target 数据，此处输入点、多点、线或面要素均可；如果是三维数据，【观察者高度字段】和【目标高度字段】会自动识别几何字段；二维数据需要指定高度字段。点击【确定】即可生成视线，如图 8-32（b）所示。

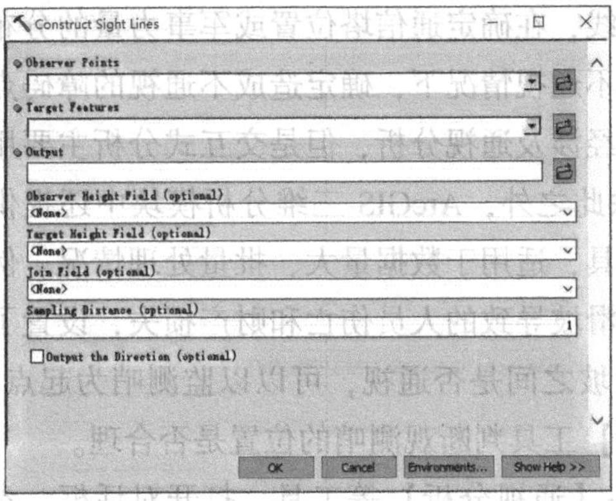

（a）

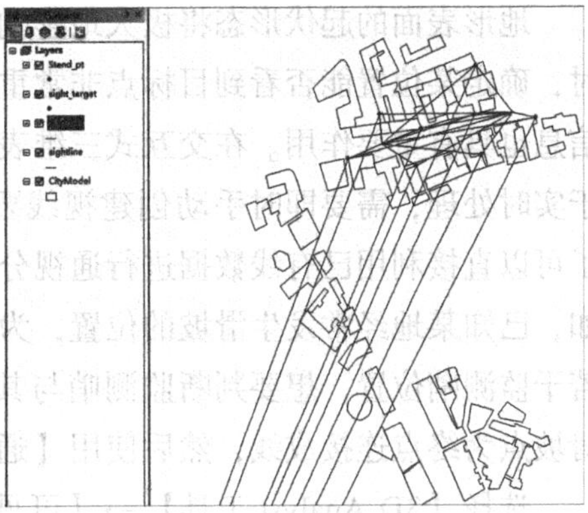

（b）

图 8-32 【构造视线】对话框及分析结果

（四）通视性

在大城市利用观测点监测影响市容的居民案例中，若要想确定观测点到底能否观测到重点住户是否还在继续悬挂影响市容的物件，除了构建观测点和住户间的视线，更重要的是需要判断视线是否通视。可采用【通视性】工具完成此工作，通视性工具可以确定视线穿过潜在障碍物的可见性。

在 ArcToolbox 中，选择【3D Analyst 工具】→【可见性】→【通视性】等工具，打开对话框［图 8-33（a）］，输入视线和障碍物数据，点击【确定】即可。此工具会在视线数据的属性表中新加一个名为“VISIBLE”的字段，0 表示不通视，1 表示通视，如图 8-33（b）所示。可以看出，在该案例中设置的两个监测点不能完全覆盖这个区域的重点检测住户，需要进一步调整位置。

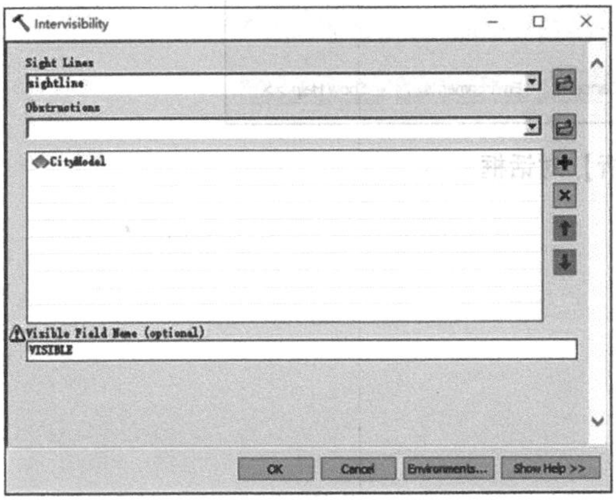

（a）

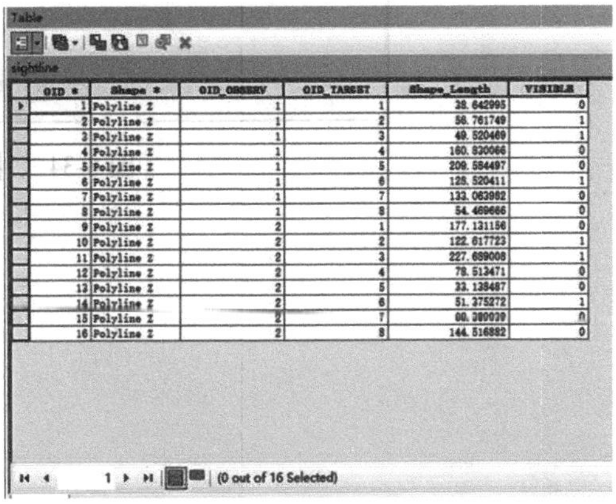

Table

sightline

OID *	Shape *	OID_OBSERV	OID_TARGET	Shape_Length	VISIBLE
1	Polyline Z	1	1	38.642995	0
2	Polyline Z	1	2	56.761749	1
3	Polyline Z	1	3	49.520469	1
4	Polyline Z	1	4	160.830066	0
5	Polyline Z	1	5	209.584497	0
6	Polyline Z	1	6	128.520411	1
7	Polyline Z	1	7	133.063982	0
8	Polyline Z	1	8	54.469666	0
9	Polyline Z	2	1	177.131156	0
10	Polyline Z	2	2	122.617723	1
11	Polyline Z	2	3	227.689008	1
12	Polyline Z	2	4	78.513471	0
13	Polyline Z	2	5	33.138487	0
14	Polyline Z	2	6	51.375272	1
15	Polyline Z	2	7	[illegible]	0
16	Polyline Z	2	8	144.516882	0

(0 out of 16 Selected)

（b）

图 8-33 【通视性】对话框及结果

（五）通视分析

地形表面的起伏形态将极大地影响人的视线，在确定通信塔位置或军事力量的分布时，确定某位置能否看到目标点非常重要；在不通视情况下，确定造成不通视的障碍点信息也具有重要作用。在交互式三维表面中已经涉及通视分析，但是交互式分析主要用于实时处理，需要即时手动创建视线要素。除此之外，ArcGIS 三维分析模块中还提供了可以直接利用已有线数据进行通视分析的工具，适用于数据量大、批量处理情况。例如，已知某地经常发生滑坡的位置，为了减少滑坡导致的人员伤亡和财产损失，设置了若干监测哨位置，想要判断监测哨与其对应滑坡之间是否通视，可以以监测哨为起点、滑坡点为终点连接成线，然后使用【通视分析】工具判断观测哨的位置是否合理。

选择【3D Analyst 工具】→【可见性】→【通视分析】等工具，打开对话框，参数如图 8-34 所示，点击【确定】生成结果（图 8-35），可以看出该地滑坡监测哨的选址极其不合理，监测哨与每一个滑坡之间的视线均被阻碍。

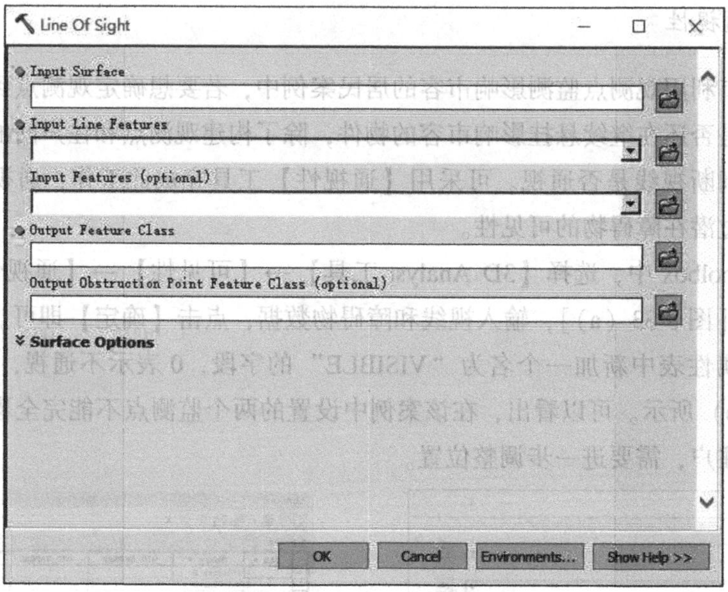

图 8-34 【通视分析】对话框

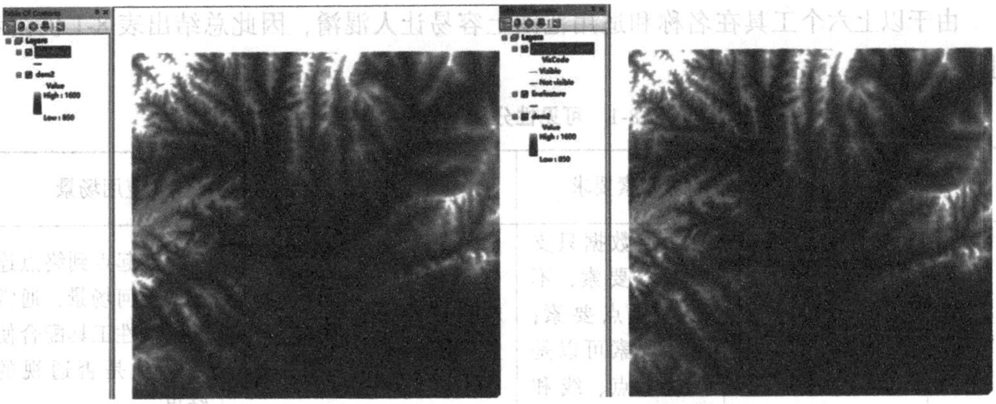

图 8-35 通视分析结果

由于以上六个工具在名称和适用范围上容易让人混淆，因此总结出表8-1供读者对比。

表8-1　可见性分析工具特征汇总

工具名称	工具简介	输入要素要求	输出结果	应用场景
构造视线	创建从一个或多个视点到目标要素类的线要素	观察点数据只支持单点要素，不支持多点要素；目标要素可以是点、多点、线和面要素	输出包含视线的要素类，无法判断是否可视	确定从起点到终点连线的任何场景，通常与通视性工具配合使用达到是否通视的结果
通视性	确定穿过潜在障碍物并由3D要素和表面组合定义的视线可见性	潜在障碍物是阻碍视线的栅格、TIN、多面体和拉伸成面的任意组合，视线必须为3D线	在输入视线的属性表上新增字段或更新现有字段表示此视线通视与否，无法知道具体何处不通视	判断已有视线是否通视的场景
通视分析	确定穿过由表面和多面体要素构成的障碍物的视线的可见性	表面可以是LAS数据集、栅格、TIN或Terrain数据集，视线可以是2D或3D线	生成的线要素分为通视线段和不通视线段；与通视性工具最大的区别在于可以知道导致不通视的障碍区域到底在哪里	判断已有视线是否通视，并想知道通视的障碍点出现在何处的场景
视点分析	识别从各栅格表面位置进行观察时可见的观察点	观察点要素允许的最大点数为16	输出栅格可精确识别从各输入栅格表面进行观测时可见的具体观察点，即输出栅格为每个观察点新建了一个字段，表示该观察点的可视情况	如果给定一组火警瞭望塔的位置，则视域覆盖整个区域所需的最少塔数是多少？如何确定哪些栅格位置具有最佳视野？
视域分析	确定对一组观察点要素可见的栅格表面位置	观察点要素可以是点或线要素，线要素取其折点参与分析	输出栅格只记录输入表面栅格中每个像元位置对于观察点可见的次数	从15米高的火警瞭望塔可看到哪些区域？从现有高速公路可看到所提议的垃圾堆置场的频率？某系列中的下一个通信中继塔应位于何处？
可见性	确定对一组观察点要素可见的栅格表面位置，或者识别从各栅格表面位置进行观察时可见的观察点。可见性工具是视点分析和视域分析工具的综合体	输入表面只能是栅格表面，观察点数据既可以是点数据也可以是折线数据	分析类型参数不同，输出的结果也不同。分析类型选择FREQUENCY，输出结果同视域分析结果；分析类型选择OBSERVERS，输出结果同视点分析结果	视点分析和视域分析的场景均适用

(六) 天际线分析

天际线是城市总体形象的轮廓，在城市特色的构筑过程中，城市轮廓是城市空间形态最典型、最形象的表现方式。天际线是西方城市规划的定型理念，在当今许多城市规划和布局分析中扮演着重要的角色。ArcGIS 三维分析中提供了天际线的相关分析功能。

1. 天际线

已知某区域的建筑物分布情况，想知道从指定观察点看到的该区域天际线是否符合城市空间规划的要求，可使用【天际线】工具完成。该工具生成一个 3D 折线，该折线是天空与各观察点周围的表面以及要素相分离的界限。此工具也可以和其他工具结合使用，尤其是与天际线障碍工具一起使用时，可以创建阴影体。

选择【3D Analyst 工具】→【可见性】→【天际线】等工具，打开对话框（图 8-36）。

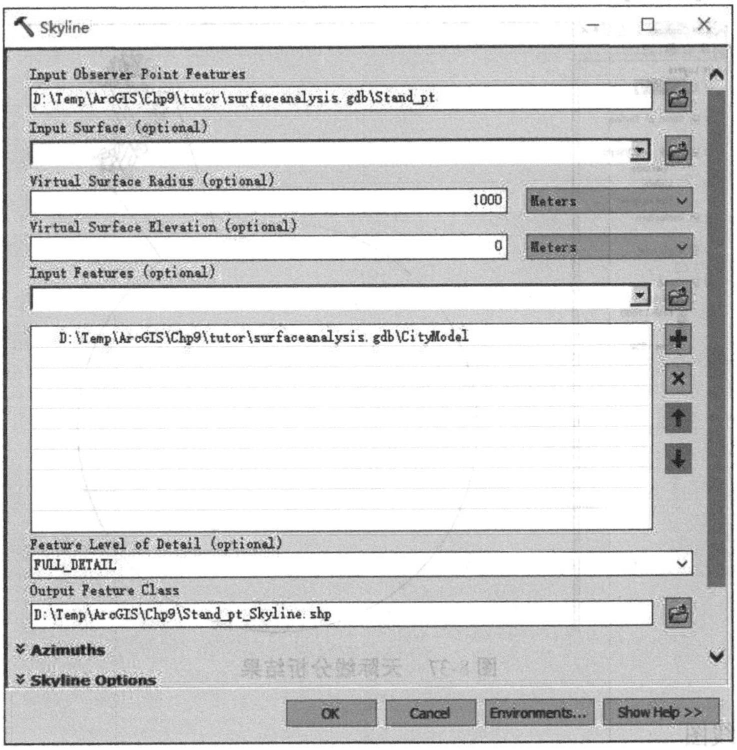

图 8-36 【天际线】对话框

(1) 在【输入观察点要素】中添加 3D 点数据：Stand_pt。如果提供了多个观察点，则会为每个点创建单独的天际线。生成的每条线都具有一个属性值，用于指示与其关联的观察点的 FID。

(2)【输入表面】选择不输入表面，也可以添加 Terrain、栅格数据和图层文件。如果未提供输入表面，工具会通过虚拟表面半径和虚拟表面高程参数采用虚拟表面。建议在未提供表面的情况下，在【输入要素】中提供要素类。

（3）确定【虚拟表面半径】：当未提供地形表面时，用于定义地平线的虚拟表面的半径，此处默认设置为 1 000 米；【虚拟表面高程】：代替实际表面来定义地平线的虚拟表面的高程，此处默认设置为 0 米 。如果提供了实际表面，则可忽略这两个参数；如果未提供实际表面，则变换虚拟半径大小，观察点向四周地平线的视线半径改变，但是输入要素所在位置的天际线不会改变。

（4）选择【输入要素】：CityModel。这些要素可以是多面体、折线和面的任意组合，但折线和面需具有 Z 值或基本高度和拉伸信息。

（5）【要素细节等级】：默认选择 FULL_DETAIL。

（6）设置【输出要素类】的文件名及文件存储位置：Stand_pt_Skyline。

（7）【方位角】等其他条件按需要进行设置。若要生成要素的轮廓，则必须选中【表面选项】中的【使用折射】。本例选择默认设置，生成要素的天际线。

（8）点击【确定】，分析结果如图 8-37 所示。

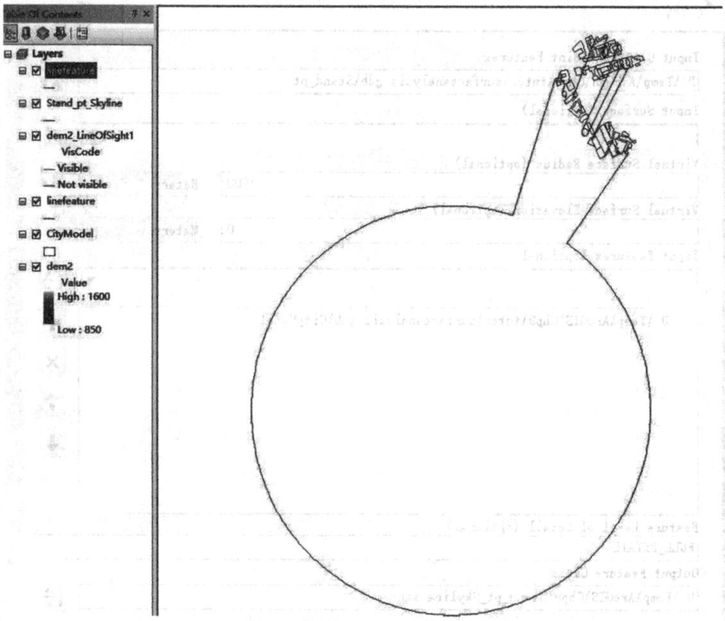

图 8-37　天际线分析结果

2. 天际线图

该工具用于计算天空的可见性，并可选择性地生成角度表和极限图。所生成的表和图表示从观察点到天际线上每个折点的水平角和垂直角。当需要定量刻画天空的可视程度和可视细节时，此工具非常有用。

选择【3D Analyst 工具】→【可见性】→【天际线图】等工具，打开对话框（图 8-38）。输入观察点要素类 Sun_pt，选择天际线数据 Sun_pt_Skyline 作为线要素，基本可见角参数默认为 0，设置输出角度表和输出图表名称，点击确定可以得到极限图和角度表。极限图创建的是第一个观察点的天际线的轮廓，该图代表可以从该观察点的位置看到天空范围，如图 8-39（a）所示，选中该图点击鼠标右键可以导出图片；角度表记录了从观察点到天际线上每个折点的水平角和垂直角，如图 8-39（b）所示。

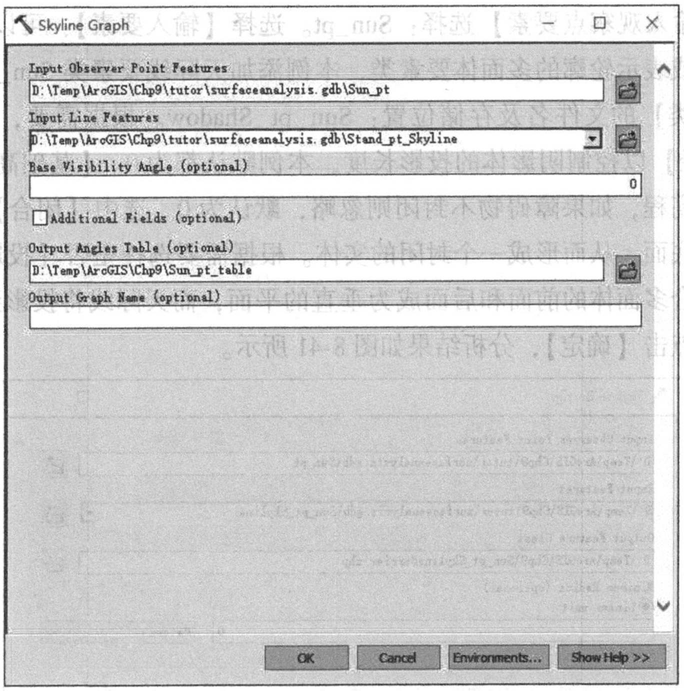

图 8-38 【天际线图】对话框

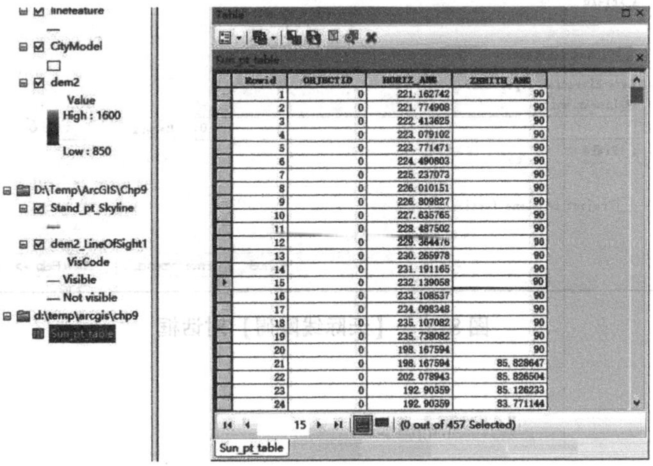

Rowid	OBJECTID	HORIZ_ANG	ZENITH_ANG
1	0	221.162742	90
2	0	221.774908	90
3	0	222.413625	90
4	0	223.079102	90
5	0	223.771471	90
6	0	224.490803	90
7	0	225.237073	90
8	0	226.010151	90
9	0	226.809827	90
10	0	227.635765	90
11	0	228.487502	90
12	0	229.364476	90
13	0	230.265978	90
14	0	231.191165	90
15	0	232.139058	90
16	0	233.108537	90
17	0	234.098348	90
18	0	235.107082	90
19	0	235.738082	90
20	0	198.167594	90
21	0	198.167594	85.828647
22	0	202.078943	85.826504
23	0	192.90359	85.126233
24	0	192.90359	83.771144

（a） （b）

图 8-39 天际线图分析结果

3. 天际线障碍

该工具生成一个表示天际线障碍物或阴影体的多面体要素类。此障碍物从某种意义上说是个表面，而且看起来类似于从观察点到天际线的第一个折点画一条线，然后扫描通过天际线的所有折点的线所形成的三角扇，可选择添加裙面和底面来形成一个封闭的多面体，呈现出实体外观。也可将此封闭的多面体创建为阴影体。如果输入是轮廓（多面体要素类）而不是天际线（折线要素类），那么会将多面体拉伸为阴影体。

选择【3D Analyst 工具】→【可见性】→【天际线障碍】等工具，打开对话框（图 8-40）。【输入观察点要素】选择：Sun_pt。选择【输入要素】：可以选择表示天际线的线要素类或表示轮廓的多面体要素类，本例添加天际线要素类 Sun_pt_Skyline。指定【输出要素类】的文件名及存储位置：Sun_pt_Shadow。根据需要，设置【最小半径】【最大半径】以控制阴影体的投影长度，本例默认都为 0。【基础高程】是指封闭多面体的底面高程，如果障碍物不封闭则忽略，默认为 0。选中【闭合】，生成的多面体添加裙面和底面，从而形成一个封闭的实体。根据需要选择是否【投影到平面】，选中后将使得闭合多面体的前面和后面成为垂直的平面，而天际线将投影到垂直平面上，本例不选中。点击【确定】，分析结果如图 8-41 所示。

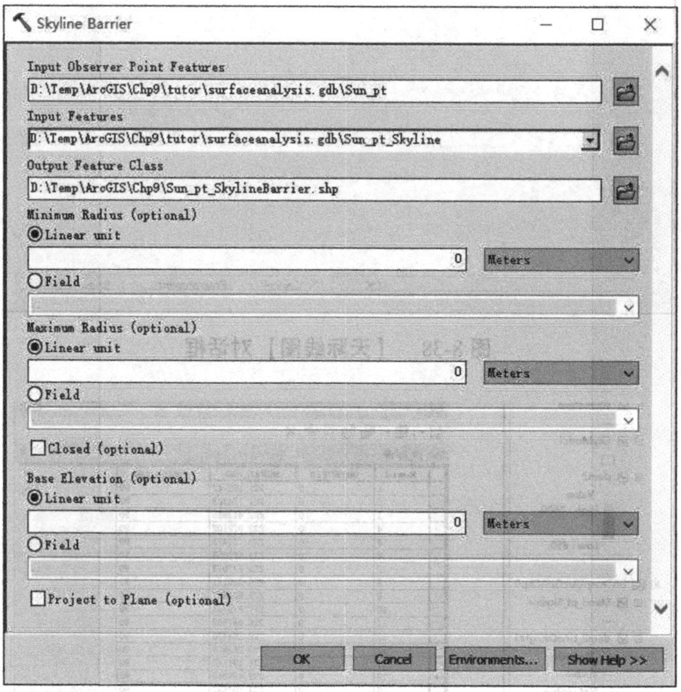

图 8-40　【天际线障碍】对话框

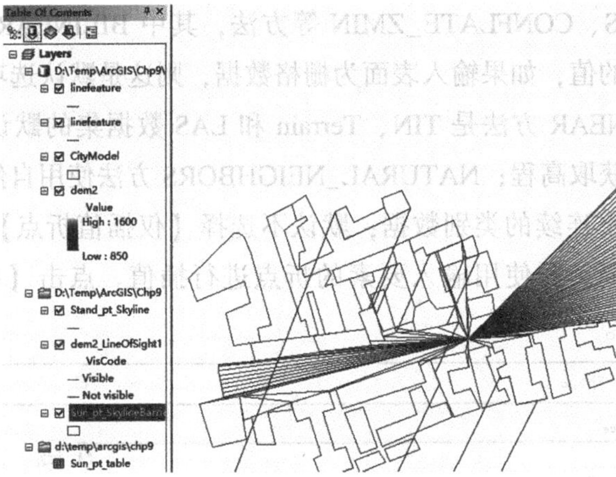

图 8-41　天际线障碍图

第三节　三维要素构建

尽管可通过设置某表面为基准高程对二维要素进行三维可视化显示，但是很多时候具有三维几何的要素更有用，其可不依赖于表面数据独立地快速显示。ArcGIS 的三维分析模块提供了三维要素的创建方法，主要利用 ArcCToolbox 中三维分析下的数据转换工具来实现，它包括将二维要素转换为三维要素、栅格转换为三维要素以及 TIN 转换为三维要素。

一、二维要素三维化

有三种方法能实现将二维要素转换为三维要素数据：①由某一表面获取要素的高程属性值；②将要素的某一属性值作为高程值；③根据 3D 图层转三维要素类。

（一）由某一表面获取要素的高程属性值

表面数据带有三维属性，因此可以利用表面来创建三维要素。例如，可以根据地形数据的高程信息创建出随着地形起伏分布的三维河流数据，创建位于山顶的三维观察哨数据等。【插值 Shape】工具可通过为表面的输入要素插入 Z 值来将二维点、折线或面要素类转换为三维要素类。

在 ArcToolbox 中，选择【3D Analyst 工具】→【功能性表面】→【插值 Shape】等工具，打开对话框（图 8-42）。输入表面和要素类，表面可以是栅格、不规则三角网（TIN）或 Terrain 数据集；设置输出要素类的文件名和路径；【采样距离】参数指的是用于内插 *Z* 值的间距，默认情况是栅格的像元大小或 TIN 的自然增密；【*Z* 因子】参数指的是转换 *Z* 单位以匹配 *X*、*Y* 单位的系数，转换方法详见 TIN 转栅格相关内容；【方法】参数指的是为输入要素定义 *Z* 值的插值方法，包括 BILINEAR、LINEAR、

NATURAL_NEIGHBORS、CONFLATE_ZMIN 等方法，其中 BILINEAR 方法是使用双线性插值法来确定要素的值，如果输入表面为栅格数据，则这是默认选项，此方法适用于连续型分布数据；LINEAR 方法是 TIN、Terrain 和 LAS 数据集的默认插值方法，根据由三角形定义的平面获取高程；NATURAL_NEIGHBORS 方法使用自然邻域插值法来确定要素的值，适用于不连续的类别数据；默认不选择【仅插值折点】参数，该参数表示插值将忽略采样距离，并使用输入要素的折点进行插值。点击【确定】，完成操作，结果如图 8-43 所示。

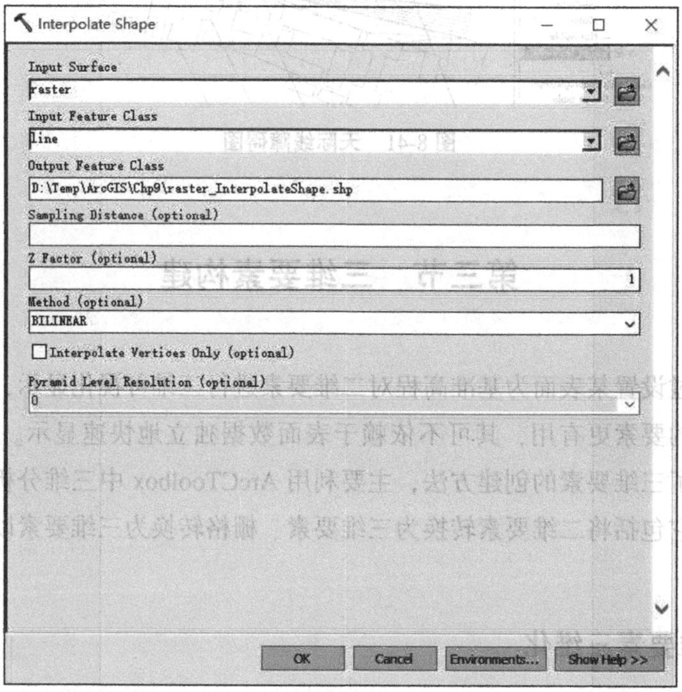

图 8-42 【插值 Shape】对话框

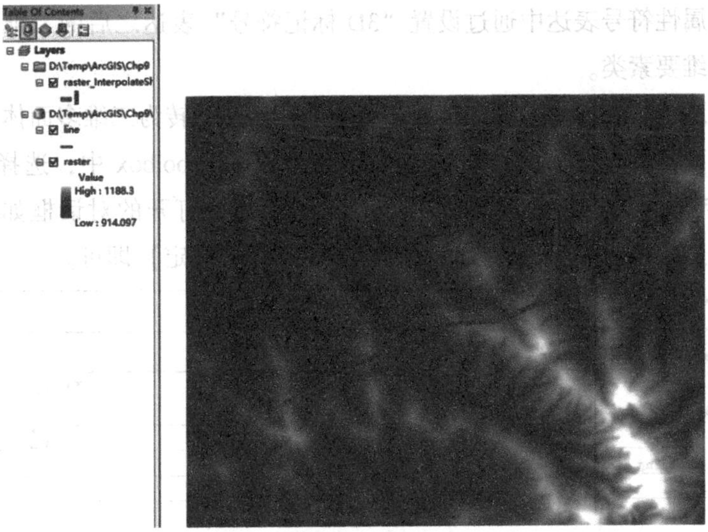

图 8-43 插值 Shape 结果

（二）将要素的某一属性值作为高程值

实地测量数据通常会带有高程属性，可以利用已有的高程属性将其转为三维要素。在 ArcToolbox 中，选择【3D Analyst 工具】→【3D 要素】→【依据属性实现要素转 3D】等工具，打开的对话框如图 8-44（a）；输入带有高度字段的二维要素，设置输出要素类路径和名称，点击【确定】，完成操作，结果如图 8-44（b）所示。

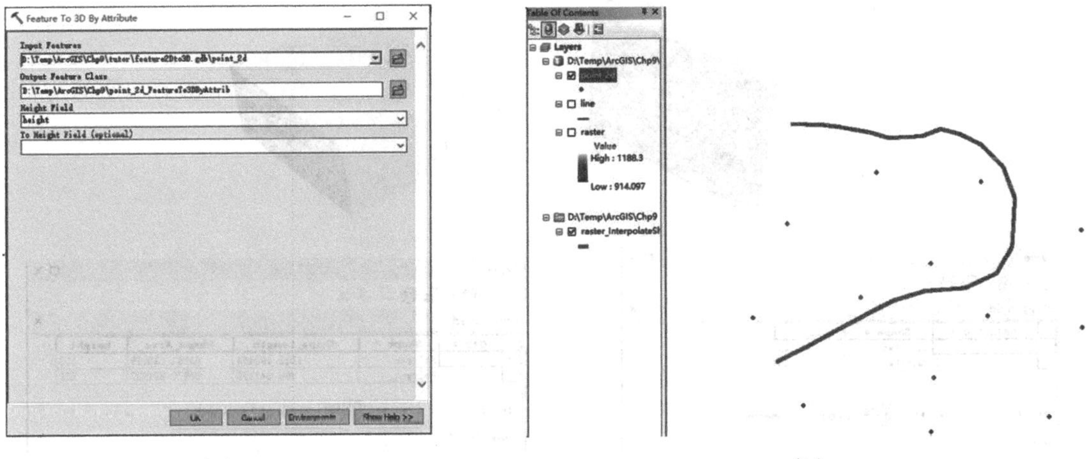

（a）　　（b）

图 8-44 【依据属性实现要素转 3D】对话框及效果

（三）根据 3D 图层转三维要素类

二维矢量数据在 ArcScene 中经过拉伸的方式可达到三维显示的效果，此时可以将这种三维可视化效果转变成具有三维几何的三维数据。二维的点可以拉伸成线，线可以拉伸成面，面可以拉伸成体。拉伸过后的线、面、体可分别转为三维线、三维面和三维体。同时，在属性符号表达中通过设置“3D 标记符号”表达之后的二维要素也可通过此方式转为三维要素类。

下面以二维建筑物的底面轮廓数据拉伸成立方体，并转为三维多面体要素为例。首先，保证二维面数据经过了一定的拉伸；然后，在 ArcToolbox 中，选择【3D Analyst 工具】→【转换】→【3D 图层转要素类】等对话框，打开的对话框如图 8-45 所示；最后，输入经过拉伸后的图层，设置输出名称，点击【确定】即可。

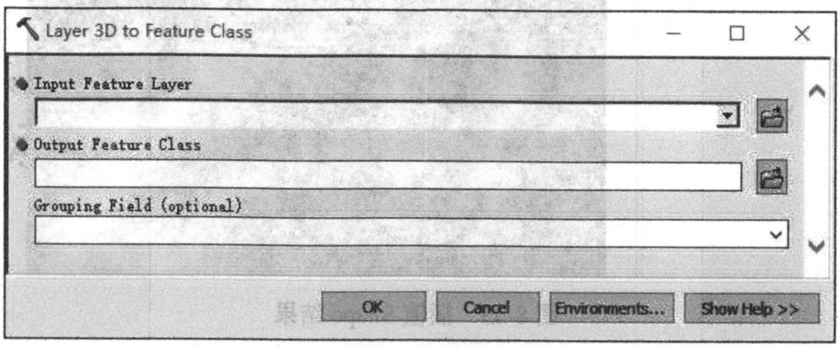

图 8-45　【3D 图层转要素类】对话框

从转换前效果图 8-46（a）可以看出，虽然建筑物被拉伸成立方体的效果，但其属性表中的 Shape 字段显示的为“面”，其本质还是二维面；在图 8-46（b）中，转换过后的数据属性表中 Shape 字段就变为“多面体”，表明此时的数据才是真正的三维体数据。

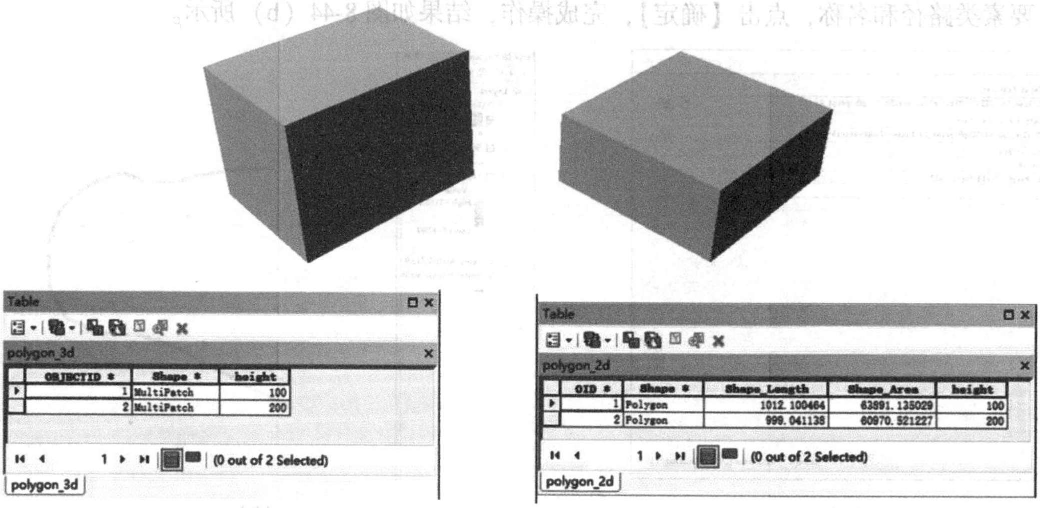

（a）　　　　（b）

图 8-46　3D 图层转要素类结果

二、栅格转换为三维要素

在三维表面中包含大量有用的信息，有时需要将其用于基于矢量的 GIS 操作中。本小节介绍如何将栅格数据转换为矢量数据的方法。

（一）栅格转矢量范围

在某些情况下，栅格数据的范围是有用的，例如，将地形栅格数据的边界线拉伸成围墙的效果，以使地形数据的三维显示更加美观。在这种情况下，就需要用到栅格数据的三维边界线。首先，在 ArcToolbox 中，选择【3D Analyst 工具】→【转换】→【由栅格转出】→【栅格范围】等工具，打开如图 8-47（a）所示的对话框，然后，放入栅格数据。该工具生成的栅格范围矢量数据为三维矢量数据，效果如图 8-47（b）所示。

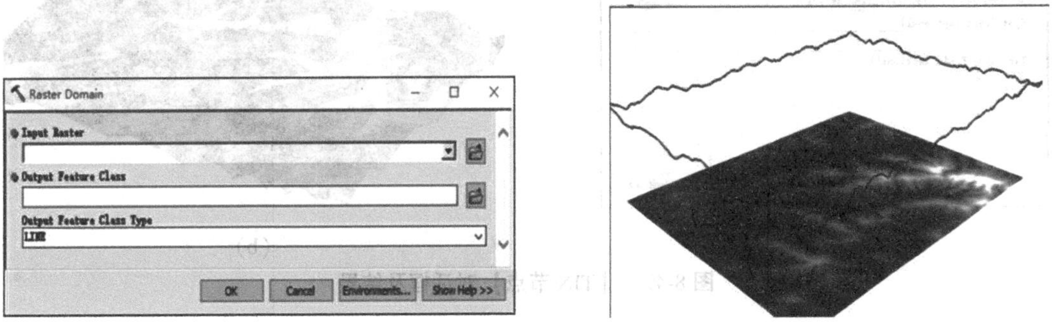

（a）　　　　（b）

图 8-47　【栅格范围】对话框及提取结果

（二）栅格转三维多点数据

与数据管理工具中【栅格转点】工具生成的二维点数据不同，三维分析中的此工具生成的是三维点数据。在 ArcToolbox 中，选择【3D Analyst 工具】→【转换】→【由栅格转出】→【栅格转多点】等工具，打开如图 8-48（a）所示的对话框，然后放入栅格数据。该工具生成的点要素为三维矢量数据，效果如图 8-48（b）所示。

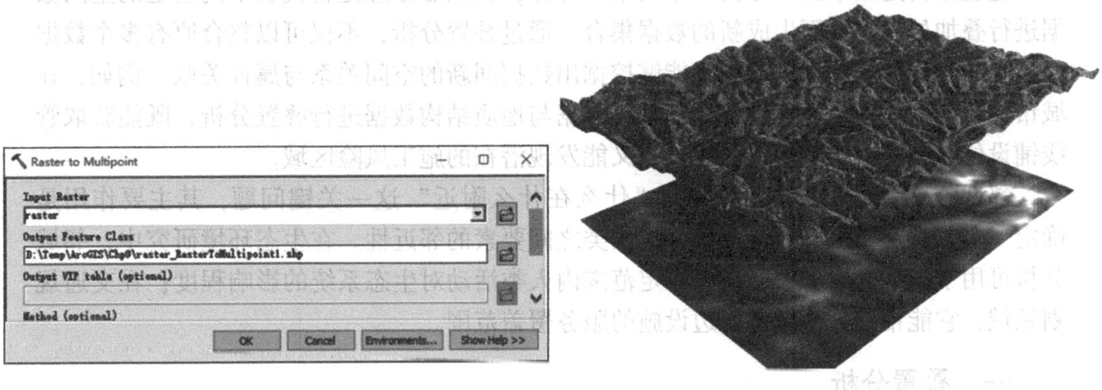

（a）　　　　（b）

图 8-48　【栅格转多点】对话框及结果

三、TIN 转换为三维要素

TIN 表面也可以像栅格表面一样转出为三维矢量边界，转换方式和栅格表面转出矢量边界一样，此处不再赘述。此外，在 ArcGIS 三维分析中还提供了可以将 TIN 数据集的节点提取为三维点要素、将 TIN 三角形的边创建为三维线要素、将 TIN 数据集的隔断线导出为三维线要素的功能。此处以将 TIN 节点提取为三维点要素为例进行说明。选择【3D Analyst 工具】→【转换】→【由 TIN 转出】→【TIN 节点】等工具，弹出如图 8-49（a）所示的对话框。输入数据 TIN2 在 tutor 文件夹中，点字段（可选）参数表示输出要素类的高程属性字段的名称，如果指定名称将生成二维要素类，高程值记录在指定名称的字段中；否则直接生成三维要素类。

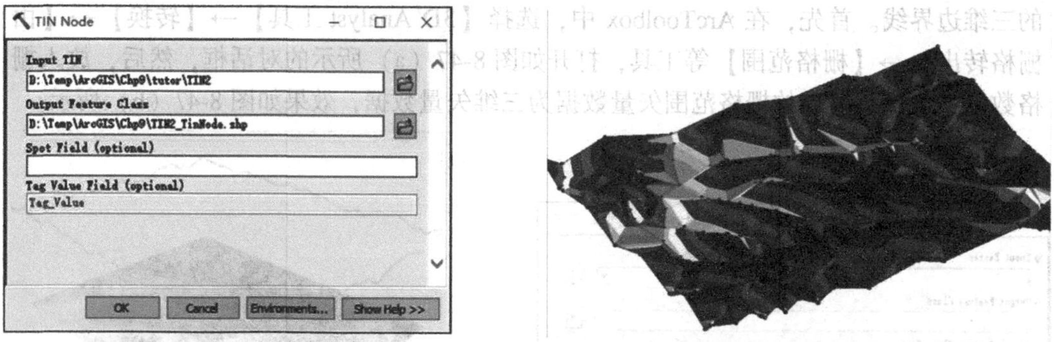

（a）　　　　　　　　（b）

图 8-49　【TIN 节点】对话框及结果

第四节　三维要素分析

在地理信息科学领域，随着空间数据获取技术的不断革新，三维要素分析已成为处理和理解立体空间数据的核心手段。三维要素分析主要聚焦于立体空间数据，涵盖叠置分析与邻域分析两大关键类型，这些分析方法为揭示地理要素在三维空间中的相互关系和分布规律提供了重要途径。

叠置分析是三维要素分析的重要组成部分，其核心原理是将代表不同主题的空间数据进行叠加处理，从而生成新的数据集合。通过叠置分析，不仅可以整合原有多个数据所包含的属性信息，更重要的是能够挖掘出数据间新的空间关系与属性关联。例如，在城市地下空间规划中，通过将地下管线数据与地质结构数据进行叠置分析，既能获取管线铺设位置与地质条件的关联信息，又能发现潜在的施工风险区域。

邻域分析则致力于解决 GIS 中“什么在什么附近”这一关键问题，其主要作用是确定一个或多个要素内部以及两个要素类之间要素的邻近性。在生态环境研究中，邻域分析可用于评估自然保护区周边一定范围内人类活动对生态系统的影响程度；在交通规划领域，它能帮助分析道路周边设施的服务覆盖范围。

一、叠置分析

三维要素的叠置分析包含多种具体方法，主要有 3D 差异、3D 相交、3D 线与多面体相交以及 3D 联合等。这些方法在不同的应用场景下发挥着独特作用，下面重点介绍 3D 差异分析。

（一）3D 差异

3D 差异分析是一种基于空间几何运算的叠置分析方法。其运算逻辑为：首先，计算两个多面体要素的几何并集，构建出包含两个要素所有空间范围的集合；随后，系统会自动识别并消除输入要素与剪除要素在体积上存在重叠的部分；最终，将处理后的结果生成一个全新的要素。

在实际应用中，3D 差异分析具有重要价值。以城市规划场景为例，当需要拆除某地区特定位置的违规建筑物时，规划人员可以将城市建筑模型作为输入要素，将违规建筑的空间范围作为剪除要素，通过 3D 差异分析，能够精准地从城市建筑模型中消除特定空间内的违规建筑物，为后续的城市改造和重建工作提供准确的数据支持。

选择【3D Analyst 工具】→【3D 要素】→【3D 差异】等工具，打开对话框（图 8-50）。【输入要素】中指定为 CityModel，表示被剪除的多面体要素；【剪除要素】中指定为 model_minus，表示要剪除的多面体要素范围；指定【输出要素类】的位置和文件名称：minus_result；【输出表】为可选项，用于保存有关输入要素和差异输出之间关系的信息。点击【确定】，分析结果如图 8-51 所示。

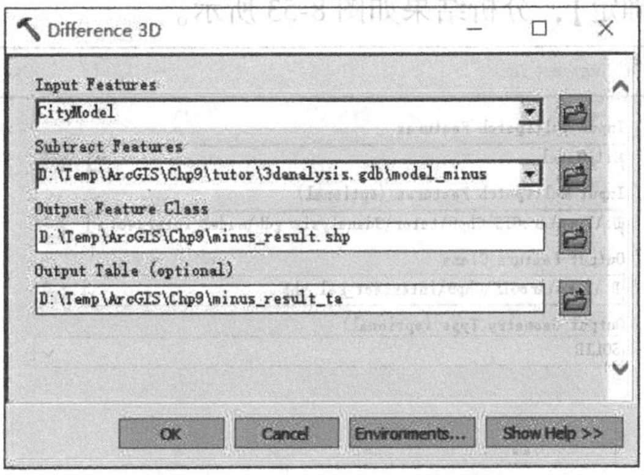

图 8-50　【3D 差异】对话框

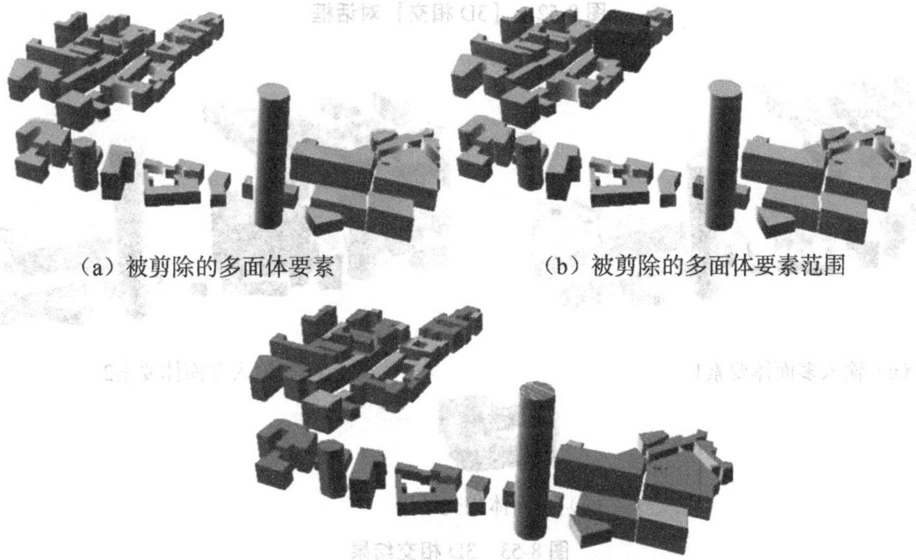

（a）被剪除的多面体要素

（b）被剪除的多面体要素范围

（c）剪除后的多面体要素

图 8-51　3D 差异结果

（二）3D 相交

3D 相交分析计算多面体要素的几何交集，根据重叠体积生成闭合多面体，或根据公共表面积生成非闭合多面体要素，或根据相交边生成线要素。例如，若想知道化工厂等爆炸物形成的污染物影响了多少户居民就可以使用此工具。

选择【3D Analyst 工具】→【3D 要素】→【3D 相交】等工具，打开对话框（图 8-52）。指定参与相交运算的两个多面体要素：CityModel 和 model_intersect；指定【输出要素类】的文件位置和名称：intersect_result；【输出几何类型】为可选项，表示创建的输出要素的几何类型，SOLID 表示创建输入要素之间重叠体积的闭合多面体，SURFACE 创建表示输入要素之间共享面的多面体表面，LINE 创建表示输入要素之间共享边的线；点击【确定】，分析结果如图 8-53 所示。

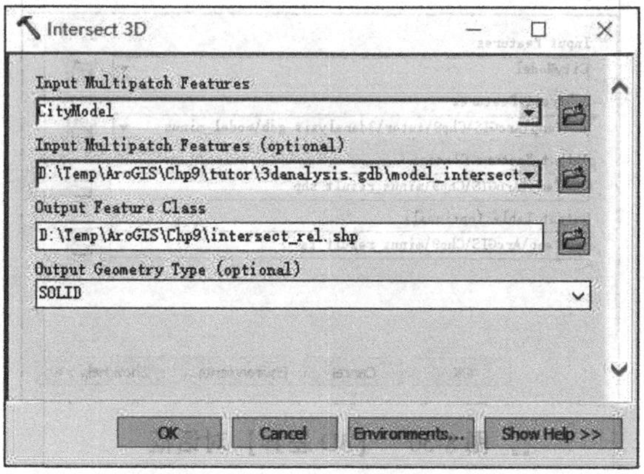

图 8-52　【3D 相交】对话框

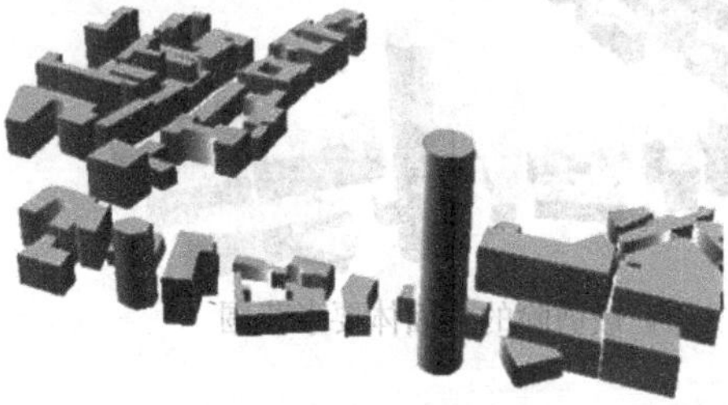

（a）输入多面体要素1

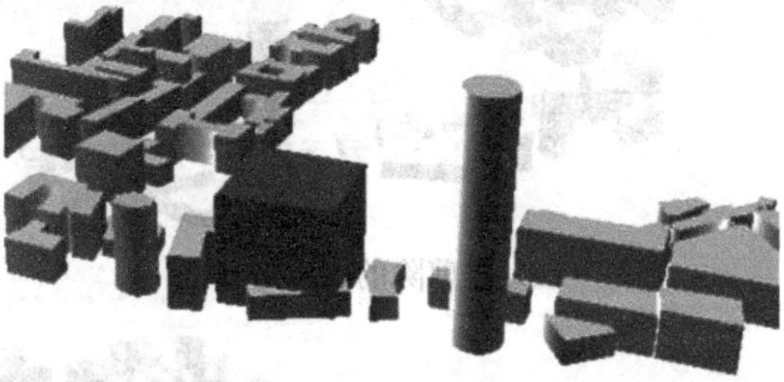

（b）输入多面体要素2

（c）多面体相交结果

图 8-53　3D 相交结果

（三）3D 线与多面体相交

计算 3D 线和多面体要素之间几何交集的数量，并且还提供用于表示相交点的可选要素，以及在交点处对 3D 线进行分割后形成的多条线要素。

选择【3D Analyst 工具】→【3D 要素】→【3D 线与多面体相交】等工具，打开(图 8-54)。指定线要素和参与相交运算的多面体要素：line3d 和 CityModel。【连接属性】用于指定输入线要素类中的属性存储到输出线要素类中，此处选择“IDS_ONLY”，表示仅存储输入要素的标识号属性到输出要素中。根据需要设置【输出点要素】和【输出线要素类】的文件位置及文件名称：intersect_pt 和 intersect_line。点击【确定】，分析结果如图 8-55 所示。

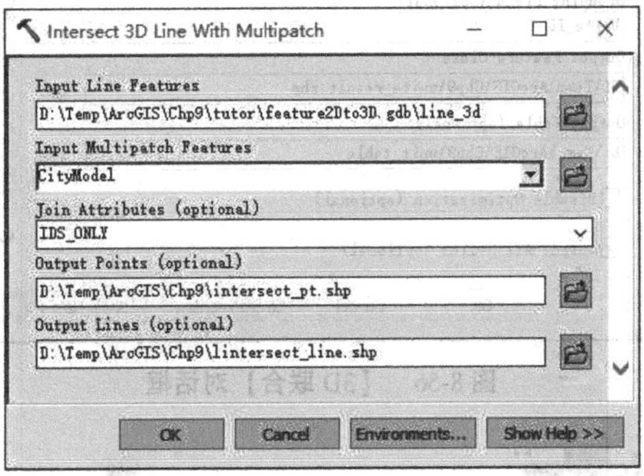

图 8-54 【3D 线与多面体相交】对话框

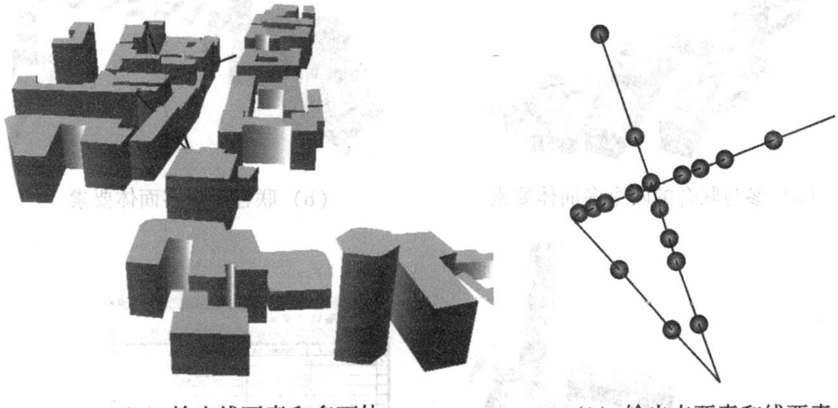

（a）输出线要素和多面体　　（b）输出点要素和线要素

图 8-55 3D 线与多面体相交结果

（四）3D 联合

3D 联合分析是基于输入要素类对闭合的重叠多面要素进行合并，此分析需要闭合的多面体要素。该工具通过使要素相交并移除多余的部分的方式，将包含重叠体积的多面体要素合并，可以使得在计算群体要素的体积时不出现误差。

选择【3D Analyst 工具】→【3D 要素】→【3D 联合】等工具，打开对话框（图 8-56）。【输入多面体要素】：model_unite。在【分组字段】中指定用于将输入多面体要素组合到一起进行聚合的字段 Unite_ID，即用于标识应归到一组的要素的字段。指定【输出要素类】的位置及文件名称：unite_result。指定【输出表】的位置名称：unite_table，这个表是一个多对一表，用于描述输入要素及这些要素聚合所生成的输出要素。

如果选中【输出所有实体】，则将所有输入要素一并输出，对于重叠要素先联合到一起，未重叠的要素将不经修改直接输出；如果不选此项，则仅将联合的要素输出。点击【确定】，分析结果如图 8-57 所示。

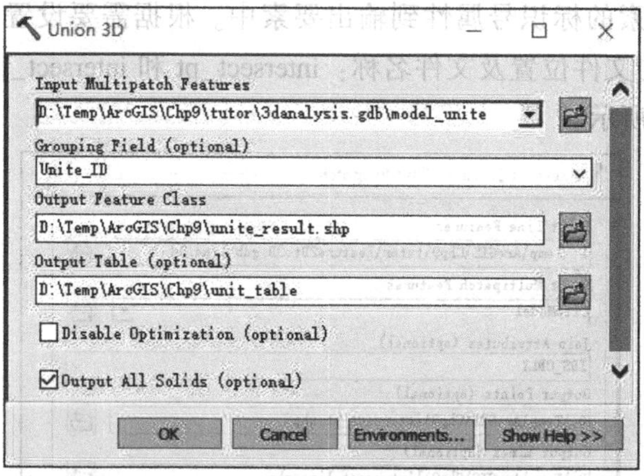

图 8-56　【3D 联合】对话框

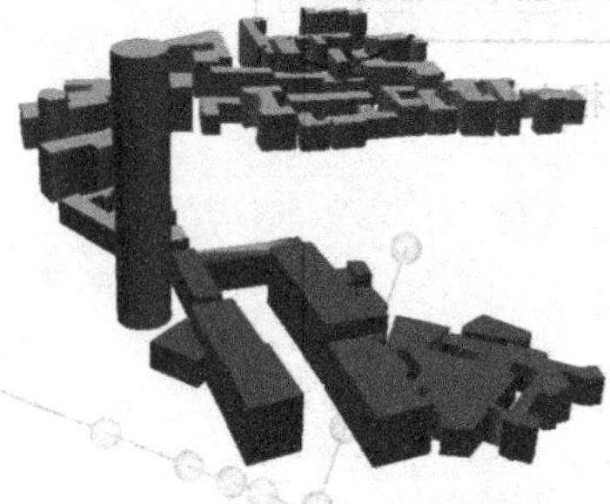

（a）参与联合的两个多面体要素

（b）联合后新多面体要素

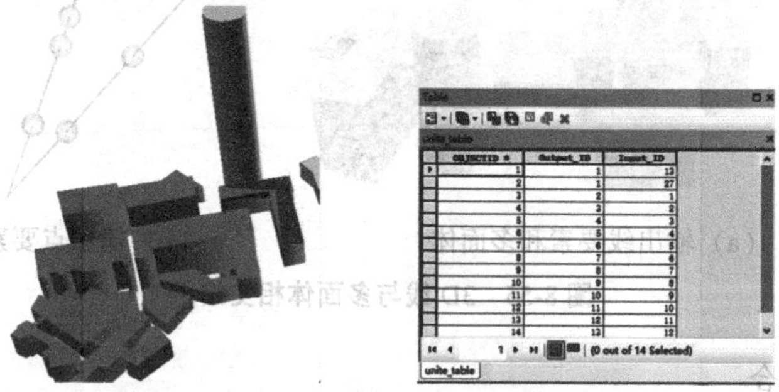

（c）输出表-联合的多面体要素表

图 8-57　联合分析结果

二、邻域分析

在 GIS 的研究与应用中，邻域分析是探索空间要素相互关系的重要手段，核心在于解决"什么在什么附近"这一关键问题。通过精确确定一个或多个要素内部，以及两个要素类之间要素的邻近性，邻域分析能够有效揭示地理现象在空间上的关联模式，为城市规划、生态保护、资源管理等领域提供决策依据。邻域分析主要包括 3D 缓冲和 3D 邻近分析两种方法，它们从不同角度量化和展现空间要素的邻近特征。

（一）3D 缓冲

3D 缓冲分析是基于空间要素的三维拓展运算，其核心原理是围绕点或线要素，在三维空间中创建具有一定半径的缓冲区，进而生成球形（针对点要素）或柱形（针对线要素）的多面体要素。这种分析方法在诸多领域有着广泛应用。例如：在环境科学领域，可用于模拟气体在空间中的扩散范围，帮助评估污染影响区域；在市政工程中，能够模拟已知煤气管道的三维形状，为管道维护、周边施工安全距离规划提供数据支持。

选择【3D Analyst 工具】→【3D 要素】→【3D 缓冲】等工具，打开对话框（图 8-58）。【输入要素】选择待缓冲的点要素：model_bufferpoint。【输出要素类】指包含 3D 缓冲区的输出多面体：buffer_result。【距离】指输入要素的缓冲距离，可以是线性距离或从输入要素属性表中的数值字段获取。如果已经通过输入字段指定缓冲距离，则将通过要素空间参考获得其测量单位；如果已经将线性距离指定为数值，则支持 INCHES（英寸）、FEET（英尺）、CENTIMETERS（厘米）、METERS（米）、KILOMETERS（千米）等。【联合类型】为可选项，指线段折点之间的缓冲区形状，有 STRAIGHT 和 ROUND 之分，STRAIGHT 指折点之间的连接线段是平直的，ROUND 指折点之间的连接线段的形状为圆形。【缓冲质量】用于表示生成的多面体要素的线段数，默认为 20，但可以输入 6～60 的任何数字。缓冲质量值越大，生成的 3D 要素越平滑，但同时也会增加处理时间。【简化（最大允许偏移量）】用于简化输入线，方法是保持它们在其原始形态的指定偏移范围内的形状。如果未指定则不会进行简化。点击【确定】，生成的结果图如图 8-59 所示。

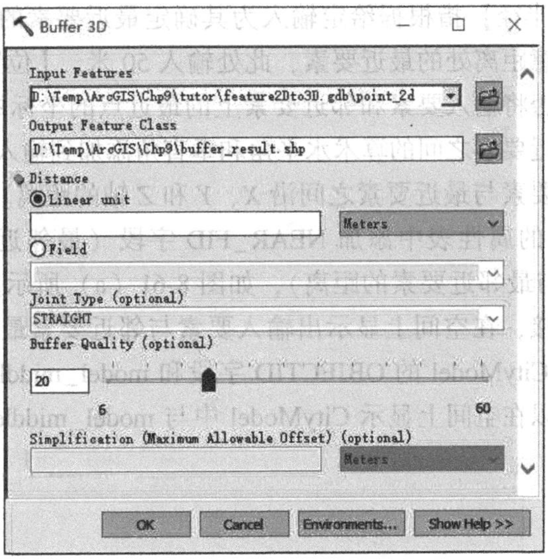

图 8-58 【3D 缓冲】对话框

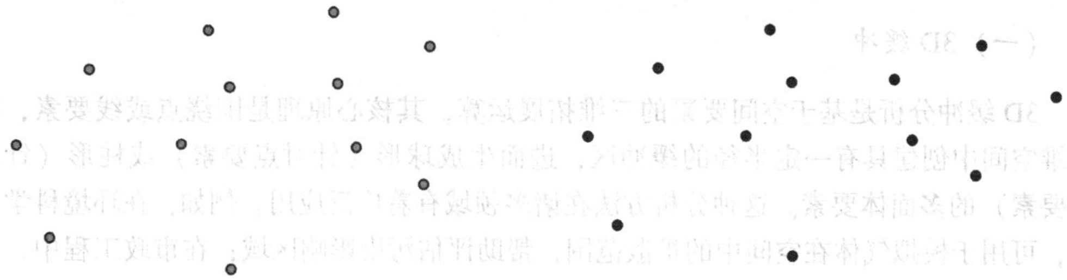

（a）缓冲输入要素　　（b）缓冲结果

图 8-59　3D 缓冲结果

（二）3D 邻近

3D 邻近分析是一种量化空间要素邻近关系的重要工具，其核心功能是计算输入要素类中每个要素到一个或多个邻近要素类中最近要素的三维距离，同时获取最近要素的编号。在实际应用中这一功能具有重要价值。例如：在交通规划中，可快速确定每个公交站点周边最近的居民区，优化公交线路布局；在应急救援场景下，能迅速找到事故地点附近最近的医疗设施，为救援决策提供支持。

选择【3D Analyst 工具】→【3D 要素】→【3D 邻近】等工具，打开对话框（图 8-60）。【输入要素】选择 model_middle，【邻近要素】指用于计算到输入要素邻近性的一个或多个要素。如果指定了多个要素类，则将向输入要素类额外添加一个名为 NEAR_FC 的字段，以识别包含最近要素的邻近要素类，此处选择 CityModel（可以指定多个要素或图层）。【搜索半径】指根据给定输入为其确定最近要素的最大距离，如果未指定值，则将确定在任意距离处的最近要素，此处输入 50 米。【位置】【角度】【增量】为可选项，分别指是否将输入要素和邻近要素上的最近点的坐标添加到输入属性表中，是否将输入要素与最近要素之间的算术水平角和垂直角添加到输入属性表中，是否向输入属性表中添加输入要素与最近要素之间沿 *X*、*Y* 和 *Z* 轴的距离。点击【确定】，分析结果为向输入要素类的属性表中添加 NEAR_FID 字段（最邻近要素的索引），以及 NEAR_DIST 字段（与最邻近要素的距离），如图 8-61（a）所示。有了 NEAR_FID 字段就可以通过空间连接，在空间上显示出输入要素与邻近要素最相近的一个要素。例如，在本例中，通过 CityModel 的 OBJECTID 字段和 model_middle 的 NEAR_FID 字段进行属性连接，就可以在空间上显示 CityModel 中与 model_middle 最近的要素的分布，如图 8-61（b）所示。

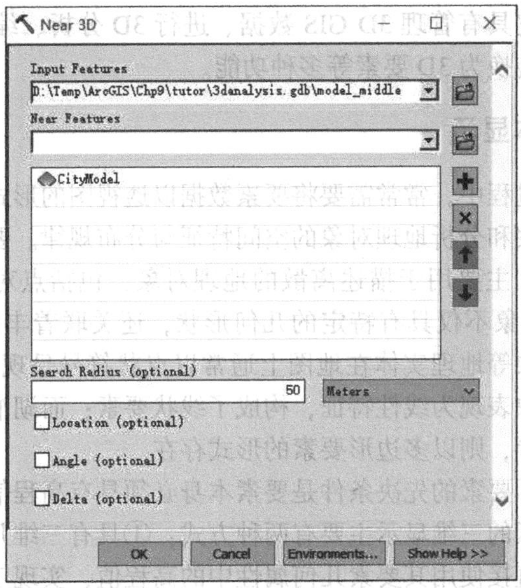

图 8-60　【3D 邻近】对话框

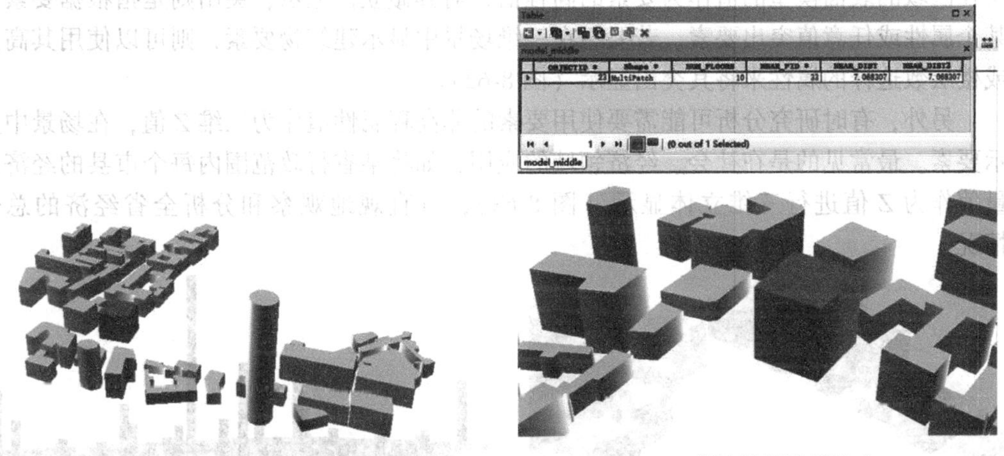

（a）输入要素（绿色）与邻近要素（灰色）　　　（b）邻接效果及属性表

图 8-61　3D 邻近效果

第五节　ArcScene 三维可视化

在地理信息科学领域，三维可视化技术正逐渐成为数据表达与分析的关键手段。相较于传统的二维平面图，在三维场景中，浏览数据能够带来更加直观、真实的视觉体验，有效揭示地理现象的空间分布与内在联系，展现出诸多二维图形无法呈现的信息。例如，通过三维可视化，研究人员可以直观地判读区域地形起伏的形态，清晰识别沟、谷、鞍部等基本地形形态，这种直观性使得三维场景图比二维等高线图更容易被广大读者理解和接受，从而在城市规划、资源勘探、灾害模拟等领域发挥着不可替代的作用。

ArcScene 应用程序是 ArcGIS 三维分析的核心扩展模块，通过在 3D Analyst 菜单中点击相应按钮启动。它具有管理 3D GIS 数据、进行 3D 分析、编辑 3D 要素、创建 3D 图层以及将二维数据转换为 3D 要素等多种功能。

一、要素的立体显示

在地理空间分析过程中，常常需要将要素数据以透视图的形式在三维场景中进行展示，以便更深入地观察和分析地理对象的空间特征与分布规律。要素数据与表面数据存在本质区别，要素数据主要用于描述离散的地理对象，包括点对象、线对象和面对象（多边形）等，这些对象不仅具有特定的几何形状，还关联着丰富的属性信息。例如：通信塔台、烟囱、泉眼等地理实体在地图上通常以点状符号呈现，属于点要素；道路、水系、管线等地理现象表现为线性特征，构成了线状要素；而湖泊、行政区以及大比例尺地形图上的居民地等，则以多边形要素的形式存在。

在三维场景中显示要素的先决条件是要素本身必须具有高程信息或被以某种方式赋予高程值。因此，要素的三维显示主要有两种方式：①具有三维几何要素，在其属性中存储有高程值，可以直接使用其要素几何属性中的高程值，实现三维显示；②对于缺少高程值的要素，可以通过叠加或突出两种方式在三维场景中显示。所谓叠加，即将要素所在区域的表面模型的值作为要素的高程值，对其做立体显示；突出则是指根据要素的某个属性或任意值突出要素，若要想在三维场景中显示建筑物要素，则可以使用其高度或楼层数这样的属性来将其突出显示（图 8-62）。

另外，有时研究分析可能需要使用要素的非高程属性值作为三维 Z 值，在场景中显示要素。最常见的是在社会、经济领域的应用，如将某省行政范围内每个市县的经济总量值作为 Z 值进行三维立体显示（图 8-63），可直观地观察和分析全省经济的总体情况。

图 8-62　建筑物二维图形按高度属性突出

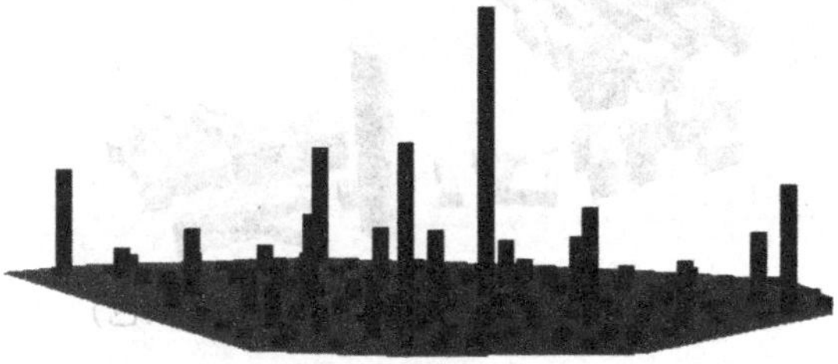

图 8-63　某地区各个城镇人口数突出显示

如前所述，添加到三维场景中的数据并不一定会自动以三维方式显示。栅格影像和二维要素在添加进入场景中时，会放置在一个平坦的三维平面上，若要以三维方式查看它们，需首先定义其 Z 值。而具有三维几何的要素及 TIN 表面将自动以三维方式进行绘制。

ArcGIS 提供了要素图层在三维场景中的三种显示方式：①使用要素的属性设置图层的基准高程；②在表面上叠加要素图层设置基准高程；③突出要素，还可以结合多种显示方式，如，首先使用表面设置基准高程，然后在表面上突出显示要素建筑物，可以更加自然真实地显示城市景观。

（一）通过属性设置基准高程

点击等高线“countour”要素图层，右键选择【属性】，打开【图层属性】对话框；

进入【基本高度】选项卡；选中“使用常量值或表达式”作为基准高程，点击按钮，弹出【表达式构建器】对话框；在【表达式构建器】选择提供 Z 值的字段或表达式即可，如图 8-64 所示。之后，二维要素将以所设定属性或表达式的值为 Z 值在三维场景中显示，图 8-65 是以等高线的高程属性作为基准高程显示的等高线三维透视图。

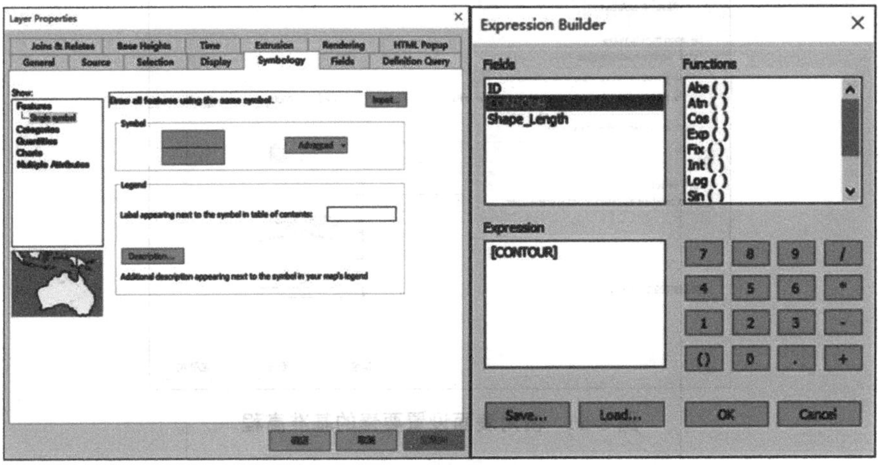

图 8-64　设置要素图层的基准高程

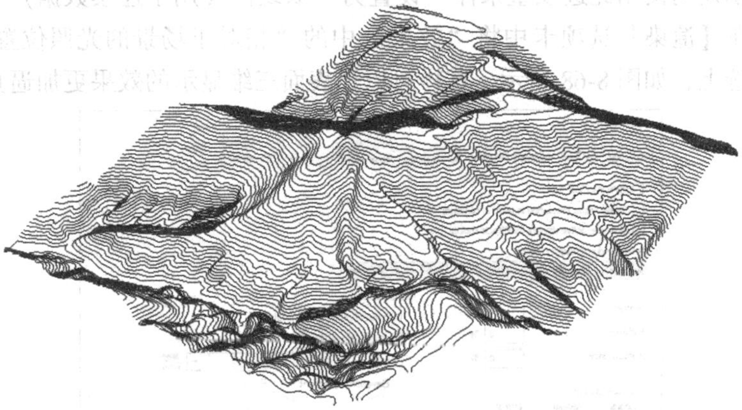

图 8-65　等高线要素的三维显示

（二）使用表面设置基准高程

如果有地形表面或者其他栅格表面，可以在三维场景中使用该方法将表面显示为立体景观。在“raster”图层的【基本高度】选项卡中，在“从表面获取的高程”选项组中，选中“在自定义表面上浮动”单选框，并设置所需表面即可（图 8-66）。要素将会以表面所提供的高程在场景中显示。

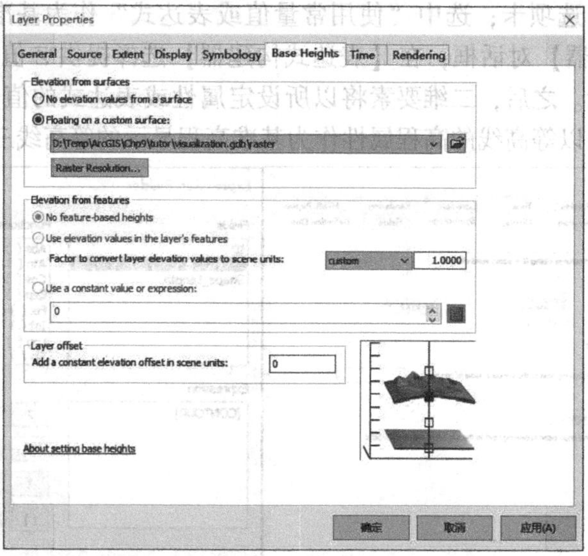

图 8-66　使用表面设置要素的基准高程

当表面根据基准高程浮动之后，表面会三维显示。并且，在图层的【显示】选项卡中将“显示期间使用此选项重采样”设置为“双线性（用于连续数据）”，如图 8-67 所示；同时在【渲染】选项卡中将“效果”中的“相对于场景的光照位置为面要素创造阴影”勾选上，如图 8-68 所示，这样可以让表面三维显示的效果更加逼真。

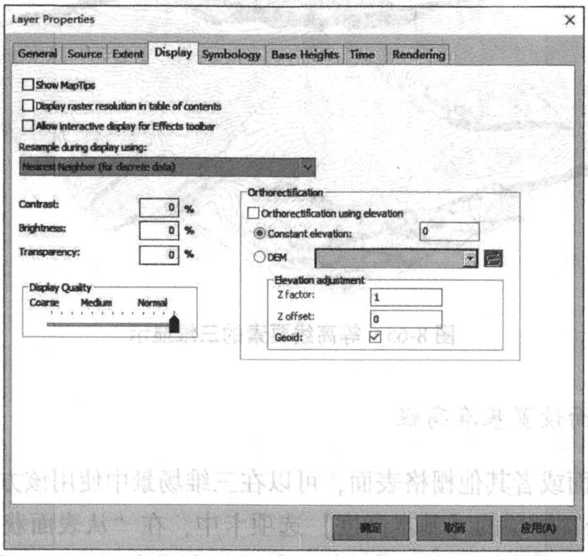

图 8-67　设置图层的显示选项卡

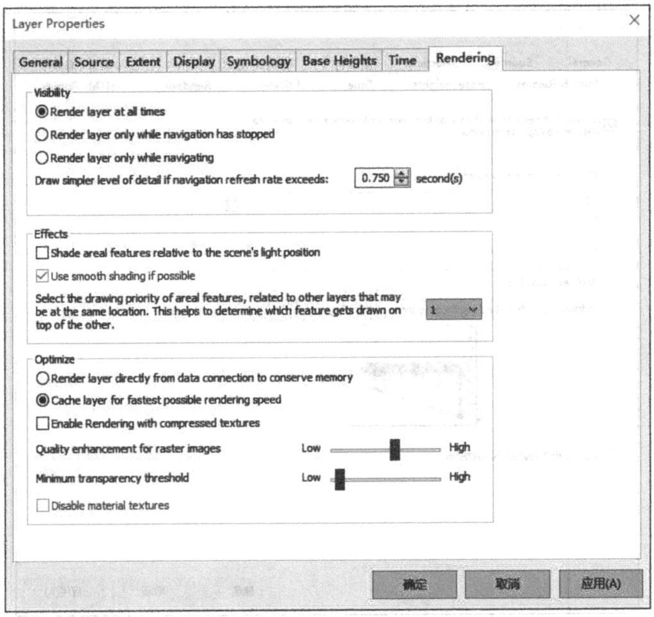

图 8-68　设置图层的渲染选项卡

图 8-69（a）、（b）就是某地区地形数据浮动在自定义表面上并设置显示和渲染前后的效果图。

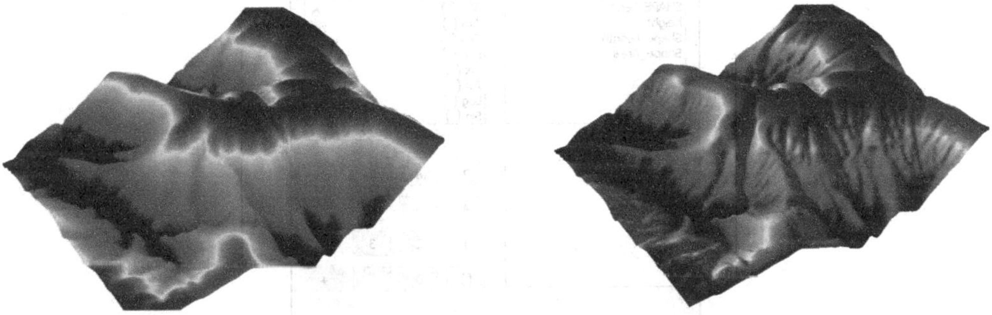

（a）设置显示及渲染前效果图　　（b）设置显示与渲染后效果图

图 8-69　设置显示和渲染前后的地形表面图

（三）要素的拉伸显示

通过将要素属性用作拉伸高度来将 2D 要素拉伸为不同高度的 3D 对象。拉伸仅适用于点、线和面类型。在“building”图层的【图层属性】对话框的【拉伸】标签中，选中“拉伸图层中的要素”复选框（图 8-70），并且在文本框中填写或点击画按钮打开突出表达式构建器建立突出表达式（图 8-71）。图 8-72 为将二维平面建筑按照建筑高度拉伸为三维建筑的效果图。

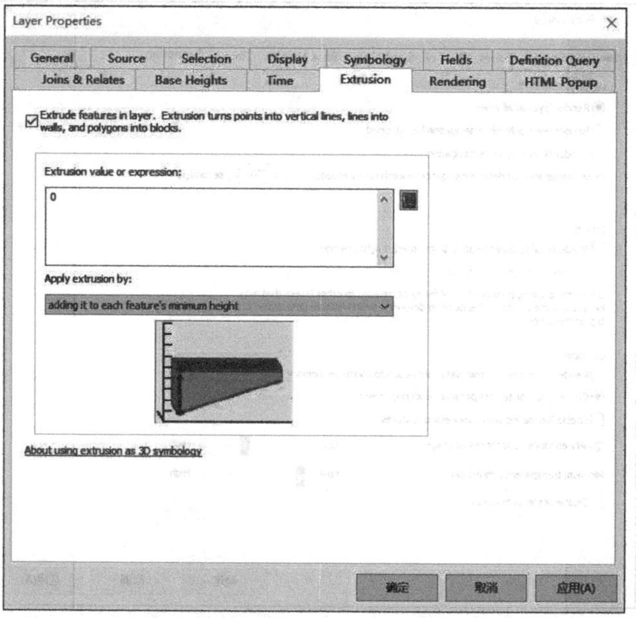

图 8-70　设置对要素进行突出显示

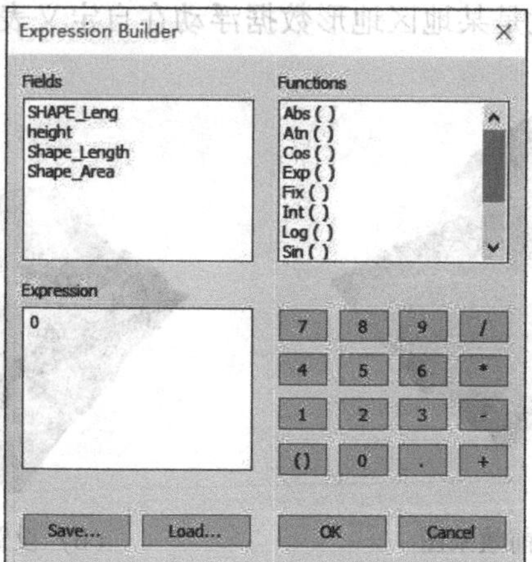

图 8-71　突出表达式生成器

图 8-72　建筑物的三维显示效果图

二、设置场景属性

在实现要素或表面的三维可视化时，需要注意以下一些问题：

（1）添加到场景中的图层必须具有坐标系统才能正确显示；

（2）为更好地表示地表高低起伏的形态，有时需要进行垂直拉伸，以免地形显示过于陡峭或平坦；

（3）为全面地了解区域地形地貌特征，可以进行动画旋转；

（4）为增加场景真实感，需要设置合适的背景颜色；

（5）根据不同分析需求，设置不同的场景光照条件，包括入射方位角、入射高度角及表面阴影对比度；

（6）为提高运行效率，需要尽可能地减小场景范围，去除一些不需要的信息；

以下就 ArcScene 中常用的场景设置内容做简单介绍。

（一）场景坐标系统

如果场景中要显示的数据都处于相同的坐标系统之下，则直接添加数据即可，不需考虑图层的叠加是否正确。如果各个图层存在不同的坐标系统，则需进行适当的转换以确保 ArcScene 能够正确显示它们。通常，当在一个空的场景中加入某图层时，该图层的坐标系统就决定了场景的坐标系统。在这之后可以根据应用需求再对场景的坐标系统进行更改。当其随后加入其他图层到场景中时，ArcScene 将会自动转换新加图层的坐标系统，使之与场景的坐标系统一致。若新加入图层没有坐标系统，则不能正确显示，此时可人为地确定数据的坐标系统。

如果数据本身没有任何坐标系统的信息，ArcScene 会检查图层的坐标值，判断其 X 值是否落在 $-180\sim180$，Y 值是否在 $-90\sim90$。如果满足上述条件，则 ArcScene 认其为经纬度坐标数据；否则，将认其为平面坐标数据。

1. 查询当前场景坐标系统

打开【场景属性】对话框（图 8-73），进入【坐标系】选项卡，将显示当前使用的坐标系统的详细信息。

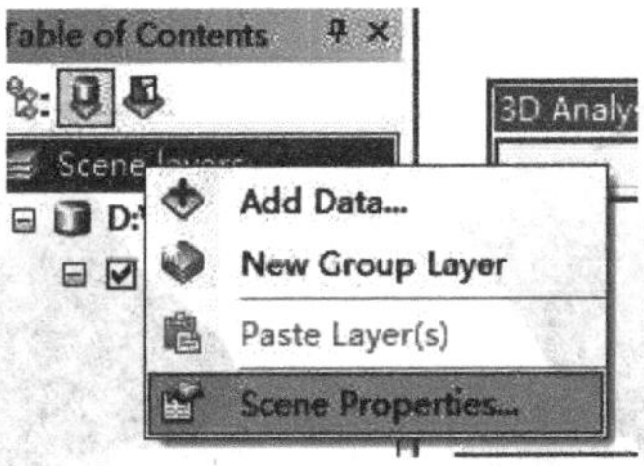

图 8-73　打开【场景属性】

2. 设置场景坐标系统

在【坐标系】对话框中，双击【自定义】，选择自定义坐标系统之后，所有加载到场景中的数据都将使用该坐标系统进行显示。需要注意的是，改变场景的坐标系统，并不会改变图层源数据坐标系统，只是以场景坐标系统对其进行显示。

（二）垂直夸大

垂直夸大常用于强调表面的细微变化。在进行表面的三维显示时，如果表面的水平范围远大于其垂直变化，则表面的三维显示效果可能不太明显，此时，可以进行垂直夸大以利于观察分析。另外，当表面垂直变化过于剧烈，不便于分析应用时也可以进行垂直夸大，此时垂直夸大系数应设置为分数。垂直夸大对场景内所有图层都产生作用，如果要对单个图层做垂直夸大，可以通过改变图层的高程转换系数来实现。

打开【场景属性】对话框，在【常规】选项卡中选择垂直夸大系数（图 8-74），或者点击“基于范围进行计算”按钮，系统将根据场景范围与高程变化范围自动计算垂直拉伸系数。

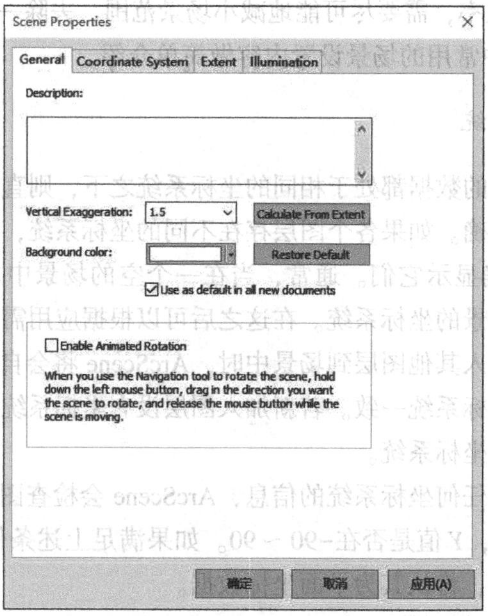

图 8-74　垂直夸大系数选择

图 8-75（a）、（b）为原始表面与设置垂直夸大系数为 2 时的显示效果对比。

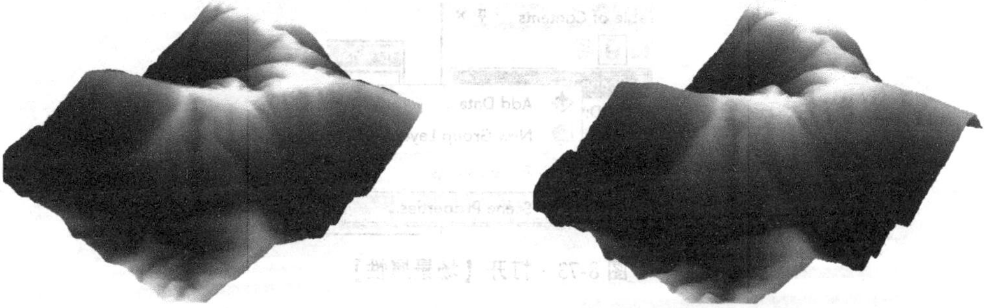

（a）原始表面图　　（b）夸大系数后表面图

图 8-75　原始表面与设置垂直夸大系数为 2 的表面效果对比

（三）使用动画旋转

通过对场景进行旋转观察，可以获得表面总体概况。ArcScene 可以使场景围绕其中心旋转，旋转速度与察看角度可以人为调整，并可以在旋转的同时进行缩放。

欲使用动画旋转，需先激活该功能。打开【场景属性】对话框，在【常规】选项卡中勾选【启用动画旋转】选项，即可激活动画旋转功能。

激活之后，可以使用场景漫游工具左右拖动场景，即可开始旋转，旋转的速度取决于鼠标释放前的速度，在旋转的过程中也可以通过键盘的 Page Up 键和 Page Down 键进行增、减速调节。点击场景即可停止其转动。

（四）设置场景背景颜色

打开【场景属性】对话框，在【常规】选项卡中，选择背景色，还可以将所选颜色设置为场景默认背景色（选中在“所有新文档中用作默认值”复选框）。

（五）改变场景的光照

通过设置光源的方位角、高度角及对比度可以调整场景的照明情况。在【场景属性】对话框的【照明度】选项卡中，可以手工输入方位角和高度或通过鼠标滑动改变这两个参数，另外，还可设置对比度。以上操作如图 8-76 所示。

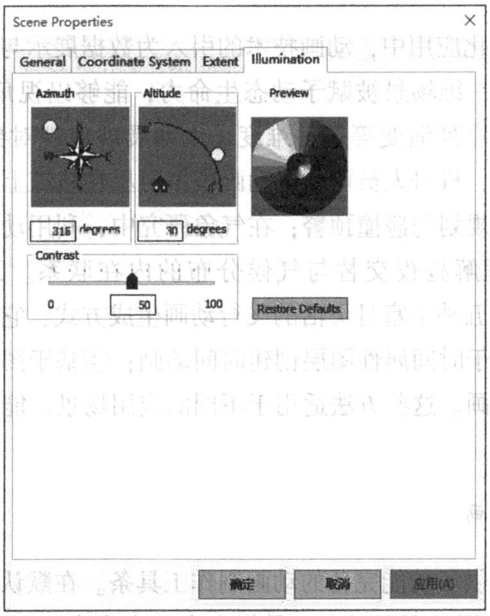

图 8-76　设置场景的光照

（六）改变场景范围

设置合适的场景范围，可以消除一些无关信息，增加绘图时的性能。在默认情况下，场景的范围为场景中所有图层的范围。可以根据应用需求改变场景的范围，使之与某个图层的范围一致，或通过 X、Y 坐标的最大、最小值来指定。

打开【场景属性】对话框，进入【范围】选项卡，设置场景范围有两种方式：①在图层下拉列表中选择某一图层，如此处选择 dem50 图层［图 8-77（a）］；②点击自定义，输入最大最小 X、Y 坐标，从而确定场景范围［图 8-77（b）］。

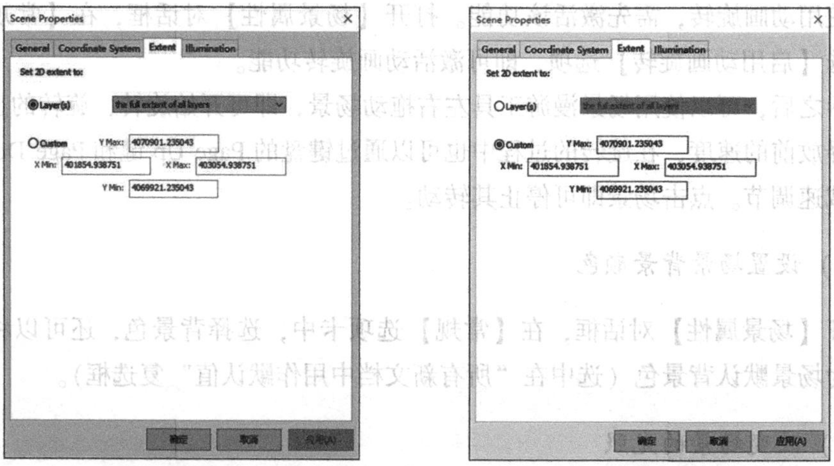

（a）以图层范围为场景范围　　（b）自定义场景范围

图 8-77　设置场景范围的两种方式

三、飞行动画

在 GIS 的三维可视化应用中，动画技术的引入为数据展示与分析带来了革命性的变化。通过动画，静态的三维场景被赋予动态生命力，能够以视角切换、场景属性变更、地理位置迁移以及时间序列演变等多种维度，生动展现地理对象的变化过程与内在规律。例如：在航天领域，科研人员可创建动画模拟卫星在轨道上的运行轨迹及其相互作用关系，助力卫星轨道规划与碰撞预警；在气象研究中，利用动画直观呈现地球自转过程中光照变化，帮助理解昼夜交替与气候分布的内在联系。无论是在 ArcMap 还是 ArcScene 中，均提供了五种丰富且灵活的飞行动画生成方式，它们分别是：①创建关键帧；②录制动画；③基于时间属性图层创建时间动画；④基于图层组创建动画；⑤通过导入路径的方法创建动画。这些方法适用于不同的应用场景，能够满足多样化的可视化需求。

（一）如何制作动画

ArcScene 为用户提供了功能完备的动画制作工具条。在默认状态下，该工具条未显示在 ArcScene 视图中，用户可通过在工具栏空白处点击右键，选择【动画】选项，即可调出动画工具条。此工具条支持制作数据动画、视角动画和场景动画，能够全方位满足用户对动画制作的不同需求。

动画本质上由一条或多条轨迹构成，这些轨迹如同动画的“骨架”，精确控制着对象属性的动态变化，包括场景背景颜色的渐变、图层视觉效果的调整，以及观察点位置的移动等。而轨迹又是由一系列帧组成，每一帧都是特定时间点对象属性的“快照”，是构成动画的最基础元素。在 ArcScene 中，用户可通过以下多种方法生成精彩纷呈的三维动画。

1. 通过创建一系列关键帧组成轨迹来形成动画

在动画工具条中集成了便捷的帧创建工具。用户可通过灵活改变场景属性（如调整场景背景颜色、光照角度）、图层属性（设置图层透明度、比例尺）以及观察点位置等参数，创建具有不同视觉效果的帧。这些帧在有序组合成轨迹后，即可演示生动的动画效果，且动画功能会自动对两帧之间的过渡过程进行平滑处理，使动画播放更加流畅自然。例如，通过将场景背景颜色从白色渐变为黑色，同时调整光照角度，能够轻松制作出场景从白天过渡到黑夜的逼真动画效果。

实现过程如下：

（1）设置动画第一帧的场景属性；

（2）点击动画下拉菜单，选择【创建关键帧】，打开【创建关键帧】对话框（图 8-78）；

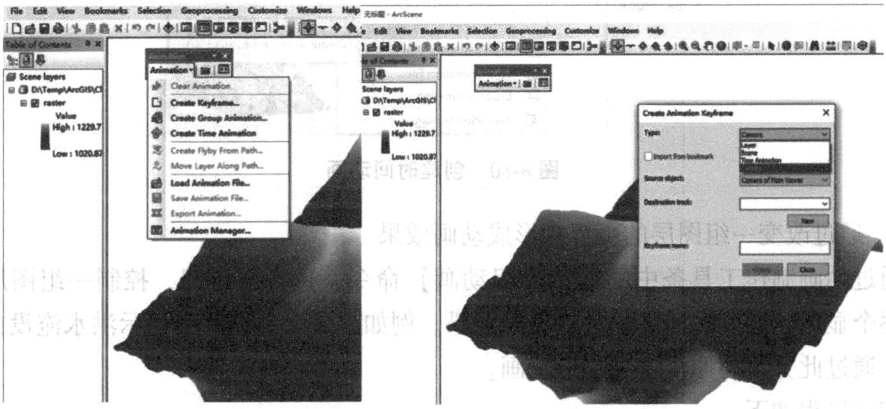

图 8-78 【创建关键帧】对话框

（3）在类型栏中，选择帧类型为“照相机”，即由不同场景构成动画的帧；

（4）点击【新建】按钮，创建一个目标轨迹动画；

（5）点击【创建】抓取一个新的帧；

（6）再次改变场景属性，之后点击【创建】，抓取第二帧，根据需要抓取全部所需的帧；

（7）抓取完全部的帧之后，点击【关闭】，关闭【创建帧】对话框；

（8）点击动画控制器按钮，弹出【动画控制器】工具条（图 8-79）；

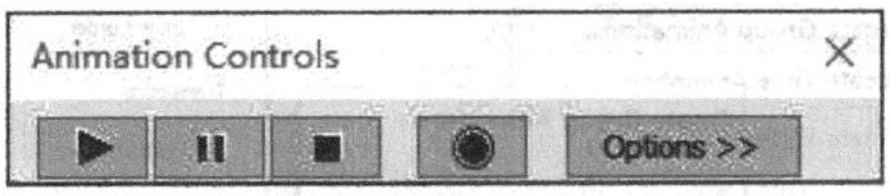

图 8-79 【动画控制器】工具条

（9）点击播放按钮，预览动画。

2. 通过录制导航动作或飞行创建动画

点击动画控制器上的录制按钮开始录制，在场景中通过导航工具进行操作或通过飞行工具进行飞行，操作结束后再次点击录制按钮以停止录制。这个工具类似录像器，可以录制场景中的导航操作或飞行动作，形成动画。

飞行工具可用以实现对场景的飞行浏览。选择该工具后，鼠标将变为一只小鸟的形状；单击场景，鼠标会再次变形。此时，可以通过移动鼠标来控制飞行方向和速度。再次单击鼠标，可从当前视点沿鼠标所指方向向下飞行。在飞行过程中，点击鼠标左键可以加快飞行速度，点击右键可以减速飞行，点击中键可以暂停飞行。

3. 通过启用时间属性的图层创建时间动画轨迹

当图层属性表中有时间字段时，可以启用时间属性并设置相关参数。通过创建时间动画（图 8-80），可以根据时间演变形成一个完整的动画过程。

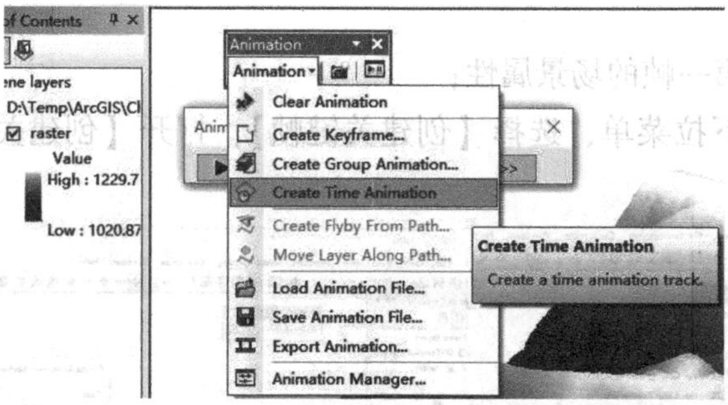

图 8-80　创建时间动画

4. 通过改变一组图层的可视化形成动画效果

通过动画制作工具条中的【创建组动画】命令，选择图层组，控制一组图层按照顺序逐个显示，通过效果调整实现动画效果。例如，可以使用一组显示洪水淹没前后的图层，通过此方法还原洪水发生的动画。

实现过程如下：

（1）在场景中添加相关图层，并按照动画设计的播放顺序从上到下依次调整图层顺序；

（2）选择【动画】→【创建组动画】工具，弹出【创建组动画】对话框（图 8-81）；

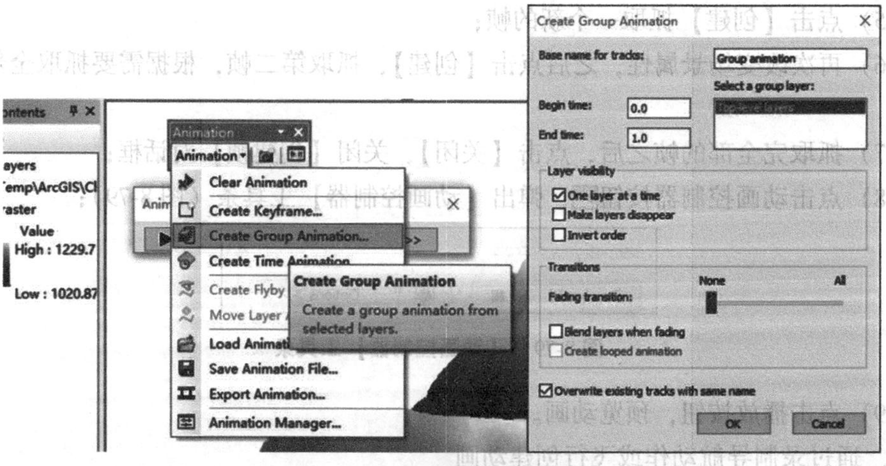

图 8-81　【创建组动画】对话框

（3）在轨迹的基本名称栏中键入动画名称；

（4）设置起止时间；

（5）根据需要调整图层出现的方式【图层可见性】；

（6）利用动画控制工具条对生成的动画进行预览。

5. 通过导入路径的方法生成动画

在场景中加入表示飞行路径的矢量线要素，先选中一条线要素，并在动画工具条中选择【动画】→【根据路径创建飞行动画】等工具，制作沿路径飞行的动画效果，此时可以设置飞行时的一些参数来控制飞行过程中的视觉效果。或用【沿路径移动图层】命令制作某一图层沿路径移动的动画轨迹。此方法一般用来制作场景行走动画。

实现过程如下：

（1）选中场景中表示飞行路径的矢量线要素；

（2）选择【动画】→【根据路径创建飞行动画】等工具，弹出沿路径飞行动画对话框（图 8-82）；

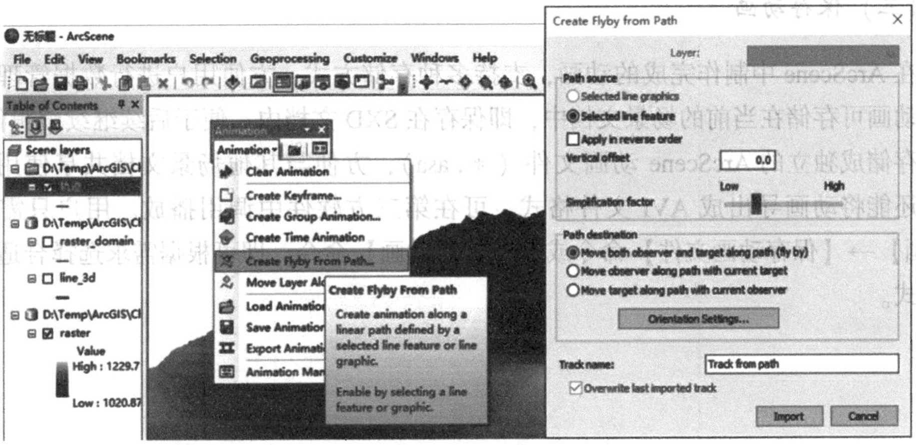

图 8-82　导入路径生成动画工具

（3）在【垂直偏移】栏中键入视高（视点距离地面的垂直距离）；

（4）在【路径目标】选项栏中设置路径目的地，有沿路径移动观察点和目标、保持当前目标沿路径移动观察点、保持当前观察点沿路径移动目标三种方式。

（5）点击【导入】，输入路径；

（6）预览动画，方法同前。

以上是 ArcGIS 中五种基本的动画制作方法。读者可以根据具体的工作需要进行选择，也可组合搭配，达到最好的表达效果。

（二）编辑和管理动画属性

当动画的帧或轨迹创建完成后，用户可借助动画管理器对动画进行精细化编辑和管理。通过动画管理器，不仅可以对组成动画的帧和轨迹进行修改、删除、复制等操作，还能灵活改变帧的时间属性，调整动画播放节奏，并实时预览动画播放效果，确保动画满足实际需求。

（1）启动动画管理器。选择【动画】→【动画管理器】等工具；

（2）打开的动画管理器如图 8-83 所示。

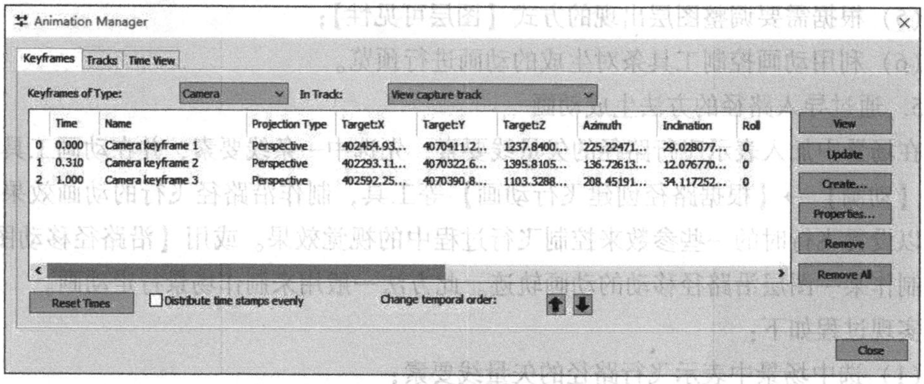

图 8-83　动画管理器

（三）保存动画

在 ArcScene 中制作完成的动画，支持多种存储方式，方便用户进行数据管理与共享。动画可存储在当前的场景文档中，即保存在 SXD 文档内，便于后续继续编辑修改；也可存储成独立的 ArcScene 动画文件（＊.asa），方便与其他场景文档共享使用；此外，还能将动画导出成 AVI 文件格式，可在第三方软件中调用播放。用户只需选择【动画】→【保存动画文件】命令或者【导出动画】命令，即可根据需求选择合适的存储方式。

参考文献

[1] 艾明耀，胡庆武. 高级 GIS 开发教程[M]. 武汉：武汉大学出版社，2017.

[2] 毕硕本，王桥，徐秀华. 地理信息系统软件工程的原理与方法[M]. 北京：科学出版社，2018.

[3] 毕天平. ArcGIS 地理信息系统实验教程[M]. 北京：中国电力出版社，2017.

[4] 陈慧琳，黄成林，郑冬子. 人文地理学[M]. 3 版. 北京：科学出版社，2018.

[5] 承继成，林珲，周成虎，等. 数字地球导论[M]. 北京：科学出版社，2018.

[6] 崔铁军. 地理空间数据库原理[M]. 北京：科学出版社，2017.

[7] 杜清运. 地理信息系统教程[M]. 2 版. 北京：测绘出版社，2023.

[8] 龚健雅. 地理信息系统基础[M]. 北京：科学出版社，2018.

[9] 黄焕春，贾琦，朱柏葳. 国土空间规划 GIS 技术应用教程[M]. 南京：东南大学出版社，2021.

[10] 蒋湧，李卫江，廖邦固，等. 开源地理信息系统 QGIS 空间分析教程[M]. 北京：科学出版社，2021.

[11] 林珲，施迅. 地理信息科学前沿[M]. 北京：高等教育出版社，2017.

[12] 牟乃夏，刘文宝，王海银，等. ArcGIS 10 地埋信息系统教程——从初学到精通[M]. 北京：测绘出版社，2012.

[13] 盛业华. 空间数据采集与管理[M]. 北京：科学出版社，2018.

[14] 汤国安，钱柯健，熊礼阳. 地理信息系统基础实验操作 100 例[M]. 北京：科学出版社，2017.

[15] 汤国安，杨昕，张海平，等. ArcGIS 地理信息系统空间分析实验教程[M]. 3 版. 北京：科学出版社，2021.

[16] 汤国安. 地理信息系统教程[M]. 2 版. 北京：高等教育出版社，2019.

[17] 田永中，张佳会，佘晓君，等. 地理信息系统实验教程[M]. 北京：科学出版社，2018.

[18] 王春，顾留碗，李伟涛. 初识地理信息系统[M]. 北京：科学出版社：2015.

[19] 王志杰. 地理信息系统实验教程[M]. 西安：西安交通大学出版社，2022.

[20] 吴建华. ArcGIS 软件与应用[M]. 2 版. 北京：电子工业出版社，2019.

[21] 谢贤健. 地理信息系统实验教程[M]. 南京：河海大学出版社，2023.

[22] 张红月，张建霞，辛宇. 三维 GIS 技术与实践教程[M]. 武汉：武汉大学出版社，2023.

[23] 张书亮，戴强，辛宇. GIS 综合实验教程[M]. 北京：科学出版社，2020.

[24] 张书亮，熊礼阳，辛宇，等. 地理信息系统实验教程[M]. 北京：高等教育出版社，2024.

[25] 郑江华. 地理信息系统设计开发教程[M]. 北京：电子工业出版社，2020.